U0539084

How Ockham's Razor Set Science Free
and Shapes the Universe

越簡單—越強大
LIFE IS SIMPLE

奧坎的剃刀如何釋放科學並塑造宇宙

JonJoe McFadden

約翰喬伊・麥克法登 ———— 著　吳國慶 ———— 譯

獻給潘（Pen）
和歐里（Ollie）
你們讓我保持清醒。

目次

推薦文　創造現代科學的剃刀　　　　　　　陳瑞麟　007
前言　　　　　　　　　　　　　　　　　　　　　013

第一部：發現

第1章　學者與異端　　　　　　　　　　　　　　027
第2章　上帝的物理學　　　　　　　　　　　　　047
第3章　剃刀　　　　　　　　　　　　　　　　　061
第4章　權利有多簡單？　　　　　　　　　　　　077
第5章　點燃火苗　　　　　　　　　　　　　　　089
第6章　過渡時期　　　　　　　　　　　　　　　103

第二部：解鎖

第7章　日心說下的神秘宇宙　　　　　　　　　　125
第8章　打破天球　　　　　　　　　　　　　　　137
第9章　將簡單化為現實　　　　　　　　　　　　161
第10章　原子與知靈　　　　　　　　　　　　　175
第11章　運動的概念　　　　　　　　　　　　　197
第12章　讓運動發揮作用　　　　　　　　　　　207

第三部：生命的剃刀

 第 13 章　生命的火花　　　　　　　　　　　　221

 第 14 章　生命的重要方向　　　　　　　　　　241

 第 15 章　關於豌豆、月見草、果蠅和盲鼴鼠　　267

第四部：宇宙的剃刀

 第 16 章　所有可能世界中最好的一個？　　　　285

 第 17 章　簡約的量子世界　　　　　　　　　　299

 第 18 章　展開剃刀　　　　　　　　　　　　　315

 第 19 章　所有可能世界中最簡單的一個？　　　331

尾聲　　　　　　　　　　　　　　　　　　　　　355

致謝　　　　　　　　　　　　　　　　　　　　　361

圖片來源　　　　　　　　　　　　　　　　　　　363

注釋　　　　　　　　　　　　　　　　　　　　　365

―― 推 薦 文 ――

創造現代科學的剃刀

陳瑞麟
中正大學哲學系講座教授

　　如果你是文學愛好者，看過艾可（Umberto Eco）《玫瑰的名字》――一本關於中世紀修道院謀殺案的偵探小說――你深深被主人翁威廉修士超凡的推理能力折服，你也知道中世紀的歐洲不是只有十字軍、龍、女巫、莊園、城堡、修道院等，還有豐富的智識生活，你一定會被本書《越簡單越強大》吸引，不僅因為它花了四分之一篇幅引領人們進入陌生又奇異的中世紀世界，也因為它完整地介紹了威廉修士的真實藍本――發明「奧坎剃刀」（Ockham's razor）的威廉――奧坎的威廉（William of Ockham），*通常被簡稱為「奧坎」。

　　不管你是否聽過「奧坎剃刀」這個名詞，你都會感到好奇：它是什麼樣的刀子？用來剃什麼？哲學的朋友也許知道奧坎剃刀是專門用來剃掉「柏拉圖的鬍子」（Plato's beard）。但是你仍然疑問重重：什麼又是柏拉

---

* 「奧坎的威廉」這個名字曾出現在小說內容中，主角巴斯克維爾的威廉自言：「在牛津時我曾和我的朋友，奧肯的威利――現在住在亞威農――辯論。他在我心中播下了懷疑的種子。」（《玫瑰的名字》中譯本，皇冠叢書，頁194）。在這部分討論了奧坎的神學。

圖的鬍子？奧坎剃刀又如何剃掉柏拉圖的鬍子？

　　「奧坎剃刀」是簡約原則（principle of simplicity）的隱喻，是 14 世紀哲學家奧坎提出的思考原則。奧坎自己的原始表述是「若沒必要不應設定更多」（Plurality is not be posited without necessity）以及「用更多東西來做較少東西就能完成的事，毫無意義」。*

　　為什麼這樣的原則會被比喻成剃刀？正是因為它被用來刮除「柏拉圖的鬍子」——它也是一個比喻，喻指被假設存在但在解釋世界時卻沒有必要的東西或實體（entity），因此是多餘的，像是柏拉圖假定了存在於物質世界之外的「理型」（ideal type）。對奧坎來說，理型這種東西在解釋世界時完全沒有必要。所以，哲學界通常把奧坎剃刀表述為「如無必要，勿增添實體」（Entities are not to be added without necessity），這是奧坎剃刀的形上學版本——奧坎本人並沒有講出這句話，但是這個形上學的表述卻是「奧坎剃刀」這個有趣暱稱的源頭。

　　在哲學的形上學爭論中，奧坎也是「唯名論」（nominalism）的創始人，反對西方哲學從柏拉圖以來的「哲學實在論」（philosophical realism）。「哲學實在論」主張我們需要設定「理型」、「共性」（universals）一類超出經驗與個別物體的東西，來解釋這世界為什麼會發生特定的變化。然而，這些超出經驗之外的東西，就把我們的思維帶到經驗之外。奧坎的原則拒絕設定經驗之外的東西，視它們的存在為沒有必要的假設，就把我們的思想焦點拉回具體的世界，也因此點燃了現代科學的方法學革命。

　　現在你知道為什麼一個出自哲學的奧坎剃刀原則，居然能「釋放科學並塑造宇宙」了吧？但是，你可能仍有疑問：有這麼神奇嗎？奧坎剃刀豈

---

* 除了本書前言的說明之外，有心深入的讀者也可以參看：Spade (1999)(ed.), *The Cambridge Companion to Ockham* (Cambridge University Press)，第五章，特別是頁 101 的討論。

不是扮演像上帝一樣的角色？沒錯。對於本書作者，身為科學家的約翰喬伊・麥克法登來說，「簡約原則」在科學上確實取代了中世紀的上帝在神學和科學中的地位。

約翰喬伊・麥克法登把「如無必要，勿增添實體」當中的「實體」理解成「任何思想體系裡的『假設、解釋或模型』」，結果奧坎剃刀變成評估和選擇任何假設的基本原則，而且，科學史確實呈現了奧坎剃刀應用的結果：更簡潔的科學假設、解釋或模型總是在競爭中脫穎而出。本書的目的就在於闡明這一點。

《越簡單越強大》其實是一本現代科學簡史。不像其他現代科學史書總是從哥白尼、伽利略這些科學革命巨人開場，本書把現代科學史的源頭回溯到14世紀的方濟會修士奧坎的威廉，追蹤他所揭櫫的簡約原則——這個現代科學最強大的方法學原則——是怎麼出現的，又如何催生了現代科學。

在第一部分「發現」，約翰喬伊・麥克法登用六章來介紹奧坎的生平與剃刀的登場。第一章戲劇性地從奧坎逃離教皇逮捕令的場景開場，逐步地引入中世紀的宇宙觀和上帝的物理學，剃刀的誕生以及它如何剃除神學，為科學打開大門，讓中世紀晚期的哲學家開始揭開現代科學的封印。然後進入第二部分「解鎖」，大家耳熟能詳的哥白尼、克卜勒、伽利略、波以爾、牛頓、熱力學等現代物理史，一一透過「簡約原則」而上演。在作者筆下，甚至連「複雜」的生命世界也不例外，本書第三部分「生命的剃刀」展現「簡約原則」如何在生物學上發出強大威力。令人印象深刻的是，在討論「天擇」的觀念如何誕生的歷史之中，不像大家一定聯結到達爾文，約翰喬伊・麥克法登別出心裁訴說華萊士（Alfred Wallace）的故事。華萊士在1855年——天擇理論誕生前四年——寫了一篇「控制新物種出現的定律」，約翰喬伊・麥克法登把它稱作「砂勞越定律」，認為它不僅

推薦文 創造現代科學的剃刀

是「天擇」觀念的前身，也是奧坎剃刀的精準應用，「自然世界瞬間簡單了好幾個層次」。最後，第四部分「宇宙的剃刀」則呈現 20 世紀的宇宙論如何被奧坎剃刀所塑造。

我一向主張我們可以、甚至應該從各種不同的角度來書寫科學史。*《越簡單越強大》並沒有把焦點放在科學知識的概念內容與演變發展上，就像大部分的科學史書，它著墨於科學家的生平、性格、經歷、科學探索歷程、以及他們如何發現或發明了最重要的科學成就。然而，本書最獨特之處在於，即使科學家不是從一開始就服膺簡約原則，也會在百折千迴之後，萬流歸宗地依據剃刀原則來劈荊斬棘、剃出一條光明大道。可以這樣說，喬伊麥克法登也應用簡約原則到科學史上，揮舞奧坎剃刀，砍除不必要的歷史假設，把成功的科學成果詮釋為簡約原則篩選機器下的光榮倖存者。

或許，對於一些深受科學史傳統薰陶的讀者而言，研究歷史的教訓似乎總是「歷史很複雜」，不能單面、簡約地看待，否則得到的必定只是殘缺不全的片面。奧坎剃刀究竟能不能用到科學史本身？簡約很好，但是有沒有可能簡化得過頭了？例如，柏拉圖的哲學實在論是奧坎的唯名論對手，而推動哥白尼革命的諸巨人們如哥白尼、克卜勒、伽利略等科學家，也都深受柏拉圖哲學的影響，那麼當真只是簡約原則促成了他們的革命性成果？

另一個例子是如 19 世紀末時，不少大科學家如奧斯特瓦（Wilhelm Ostwald）和馬赫（Ernst Mach）反對原子論，他們主張要解釋我們經驗到的物理、化學等現象，不必設定無法觀察的「原子」。這個主張符合奧坎

---

* 參看陳瑞麟（2020），《人類怎樣質問大自然》（八旗）第三章。讀者如果覺得《越簡單越強大》談到的中世紀哲學與科學內容太簡略，可以 讀《人類怎樣質問大自然》。

剃刀原則吧？然而，20世紀的發展卻是原子論得到更多科學家的支持。約翰喬伊・麥克法登面對這個歷史反例，大概會辯解說：設定「原子」存在是必要的。因此，原子論得到更多支持仍然符合奧坎剃刀原則。現在問題的關鍵變成如何判斷「必要性」？那些支持「多餘實體」的科學家總是可以訴諸於「必要性」這個理由來為自己的假設辯護。不是嗎？

　　從伽利略以來，物理學有一個標舉「美」（beauty）的評價傳統，很多物理學家如維爾澤克（Frank Wilczek）甚至堅持「美」引向「真」，「美」又被理解成「簡潔、簡約、簡單」，物理學家相信這是傳承自畢達哥拉斯、柏拉圖的哲學。[†] 這一點似乎與本書的立場衝突？沒錯，喬伊麥克法登完全繼承奧坎的唯名論哲學觀，他主張「弱奧坎剃刀」，「在敦促我們選擇可以『預測數據』的最簡約模型。」而不在於主張宇宙本身的簡單性是真實的。這個立場上的對立或差異，反映了科學哲學傳統的實在論與反實在論的爭辯——我們大概沒有最終的答案。唯一可知的是，這種哲學價值的爭辯，將會與科學的持續發展長相左右。

[†] 參看維爾澤克（2017），周念縈譯，《萬物皆數》。貓頭鷹。也參看筆者所寫的推薦序〈相信「美」！〉。

前言

　　1964 年 5 月的某一天，兩位美國物理學家站在一座體積接近一輛大卡車的科學設備旁邊，那設備的形狀就像一具有著巨大開口的喇叭，穩穩坐落在紐澤西州霍姆德爾鎮的一個低矮山坡上。照片裡隱約可見這兩人年紀都是三十幾歲。彭齊亞斯（Arno Penzias），1939 年出生，因戰爭避難到布朗克斯的一個巴伐利亞猶太家庭。他戴著眼鏡，身材高大，髮線退得有點高。另一位來自德州休斯頓的伍德羅威爾遜（Robert Woodrow Wilson），臉上留著黑色落腮鬍，身材也一樣高大，頭也已經微禿。這兩個外型相近的物理學家在兩年前的某次會議上相識，彭齊亞斯說起話來滔滔不絕，威爾遜害羞內向，結果兩人一拍即合。他們在世界著名的貝爾實驗室，聯手展開一個用「微波繪製恆星圖」的研究項目。不過他們經常望著天空，似乎感到非常困惑。

　　「微波」是波長介於一公厘和一公尺之間的電磁波，在大約一個世紀前被發現，並在二次大戰期間由軍事科學家將其用於雷達，甚至還試圖製造能擊落敵方導彈的電磁槍，因而成為熱門話題。戰後，在世界知名的麻省理工學院工作的物理學家迪克（Robert Dicke）設計了一種能檢測微波的高效接收器，引起電信公司的興趣。隨著發射器和檢測器技術的陸續出現，一種新的無線通信方式便誕生了。

圖1：貝爾實驗室在紐澤西州霍姆德爾鎮的喇叭型天線，彭齊亞斯和伍德羅威爾遜站在下方。

　　1959年，貝爾實驗室原先打算讓這座霍姆德爾喇叭天線，檢測從衛星反射回來的微波。不過他們當時對微波已不太感興趣，因為公司把目標轉向無線通信技術，因此貝爾實驗室很好心地將這座大型天線裝置出借給可以充分利用巨型微波喇叭天線的科學家。彭齊亞斯和威爾遜兩人便是利用這個機會，展開繪製恆星圖的計畫。1964年5月20日，他們爬進天線的控制室（一個連接喇叭天線後端的高架棚室），然後把天線指向天空。然而無論他們移向何處，甚至將巨大的天線對準夜空裡星星很少的黑暗區域，他們都檢測到一種很小的背景噪音，像是靜電的嘶嘶聲，[1]所以兩人看著天空，感到困惑。

　　他們最先猜測這是來自當地某種微波源的干擾。於是開始著手檢查，排除了紐約市區的雜訊、核爆試驗、附近軍事設施以及大氣亂流等各種干擾。接著他們爬到天線內，發現一對築巢的鴿子，兩人開始懷疑鴿子的糞

便可能是罪魁禍首。於是他們先設置陷阱捕捉鴿子並清理糞便，然而卻不斷有鴿子飛來築巢，他們只好開槍驅離鴿子。不過，即使確定所有前來築巢的鳥類都已驅離，但無論他們在黑暗的夜空中將天線指向何處，依舊持續接收到來自天空各個方向均勻回返的嘶嘶聲。

　　二次大戰後，剛剛說過的另一位科學家迪克，搬到距離霍姆德爾大約一小時車程的普林斯頓大學任教，領導一個關於粒子物理學、雷射和宇宙學的研究小組。他的實驗室專門開發各種高靈敏度的儀器，用來測試愛因斯坦廣義相對論裡的各種宇宙學預測。當時有兩個對立的理論物理學家團體就宇宙學展開了激烈爭論，他們爭辯幾十年前哈伯（Edwin Hubble）的驚人發現，也就是宇宙正在「膨脹」的事實。其中一個陣營支持「穩態理論」（steady-state theory），宣稱宇宙在持續膨脹，並透過不斷創造新物質進入宇宙空間來予以平衡。競爭陣營的學者（包括迪克在內）則認為，宇宙表面的膨脹可以向後回溯，因而提出約在一百四十億年前，宇宙是從一個非常小的點產生劇烈爆炸後而誕生。

　　要區分這兩個對立理論並不容易，因為兩者做出了非常類似的預測。儘管如此，迪克意識到一個爆炸後的宇宙，就像冒煙的宇宙槍一樣，應該會留下某種痕跡，也就是一團均勻的低能量微波輻射。他認為自己在麻省理工學院開發的雷達檢測器，可以用來探測這種宇宙能量團。然而，這種微波輻射的痕跡非常微弱，比任何已知的無線電或雷達訊號都要模糊得多。因此，對這種微波的檢測，需要新一代的高靈敏度微波檢測器，迪克和他的普林斯頓小組準備自己著手建造。

　　經年累月下來，該小組成員不斷發表報告，說明研究正穩定進展當中。彭齊亞斯和威爾遜的一位同事剛好參加了其中一場會議，回來後對兩人傳達了普林斯頓團隊正在努力的消息，這讓他們想到喇叭天線持續收到的微波嘶嘶聲，會不會就是迪克正在尋找的訊號？彭齊亞斯決定打電話

給迪克。就在迪克於普林斯頓的辦公室進行「午餐研討會」（brown bag lunch）時，電話來了。現場同事記得迪克接了電話、專心聆聽，偶爾重複說「喇叭天線」或「噪音過大」等語詞，還連連點頭。掛上電話後，迪克轉頭向他的團隊說：「各位，我們被搶先一步了。」迪克瞭解到，彭齊亞斯和威爾遜已經發現「大霹靂」（The Big Bang）。

第二天，迪克和他的團隊驅車前往貝爾實驗室，欣賞喇叭天線並仔細查看數據。他們確信彭齊亞斯和威爾遜已發現大霹靂遺留的微波輻射。最讓團隊印象深刻的是後來被稱為「宇宙微波背景輻射」（CMB）的均勻度。無論他們把天線對準天空的任何方向，其強度都完全相同。這個發現為彭齊亞斯和威爾遜贏得1978年的諾貝爾獎。大約十年後，美國國家航空暨太空總署（NASA）發射了宇宙背景探測衛星（COBE），試圖更精確地測量與研究這種微弱的宇宙痕跡，結果發現在CMB中微波輻射的強度變化不到十萬分之一。這幾乎比你在最乾淨、最潔白的紙上所能看到的「白度」變化還來得小。又過了十年後的1998年，歐洲太空總署（ESA）也把自己的微波探測器——「普朗克太空天文台」發射到太空，證實了微弱和均勻的宇宙微波背景輻射，持續在太空中的每個方向穿梭著。

CMB就像是宇宙在體積比銀河系還小的時候被拍攝下的一張照片。它的均勻性讓我們知道在那個時刻，也就是當第一束光線從它的幾兆個原子中發出時，我們的宇宙還很「簡單」。事實上，CMB仍是我們今日所知最簡單的物體，甚至比單一個原子還要簡單。它可以只用單一數字，也就是0.00001來描述，這數字指的是其波紋強度的變化程度。正如加拿大安大略省圓周理論物理研究所榮譽主任圖羅克（Neil Turok）最近評論的：「CMB讓我們知道宇宙原來是非常簡單的……〔簡單到〕我們不知道大自然到底如何從中僥倖脫逃而出？」[2]

宇宙**記得**它初始的「簡單」，因此在大霹靂一百四十億年後，宇宙的

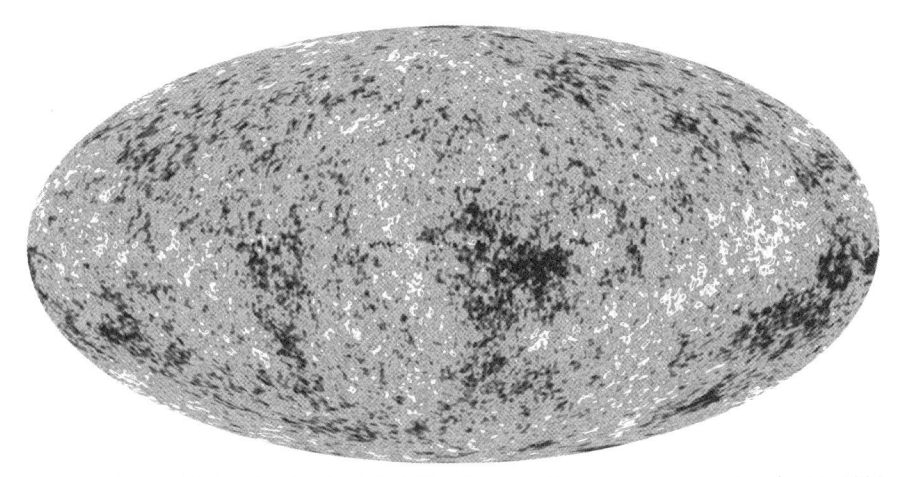

圖2：宇宙微波背景，圖片由美國太空總署提供。http://map.gsfc.nasa.gov/media/121238/index.html

基本架構依舊維持簡單。各位正在看的這本書，便是關於使用被稱為「奧坎剃刀」的「簡化」工具，在人類歷史上不斷發現這些宇宙中最簡單的基本架構。這項簡化工具是以一位方濟會修士的名字命名，他被稱為「奧坎的威廉」（William of Occam），出生年代比彭齊亞斯和威爾遜這兩位發現CMB的科學家早了七個世紀。

我對「簡單」的興趣，起源於在英國薩里大學舉行的一場生物學研究會議，時間大約在歐洲太空總署啟動測量CMB的普朗克太空任務期間。我在該地聽到我的朋友兼同事韋斯特霍夫（Hans Westerhoff）發表的演講，題目為「奧坎剃刀在生物學中沒有一席之地」。漢斯的論證關鍵在於「生命太複雜了」，甚至「複雜到無法還原，即使用奧坎的剃刀來簡化也沒有任何幫助」。那大約在二十多年前，當時我對奧坎的成就完全不清楚，對他的剃刀原則也同樣一無所知。但我記得在每天上班的路上，都會經過一個標示著「往奧坎村」的路標。這種巧合激起我的興趣，並說服自

己當天晚上立刻上網搜索，看看是否能找到任何蛛絲馬跡，可以為這把來自本地的剃刀挽救聲譽。

我一搜索就發現，這把「剃刀」確實是以 13 世紀後期出生在附近薩里村的「奧坎的威廉」命名。奧坎加入方濟會之後，在牛津學習神學，並開始偏好最簡單的解決方案。當然這種想法並非前無古人的全新想法，但奧坎確實因為堅持應用簡約原則，摧毀了大部分中世紀哲學，而讓自己在當時變得惡名昭彰，以至於在他去世三個世紀後，法國神學家弗羅德蒙特（Libert Froidmont）創造出「奧坎的剃刀」這名詞，用來指稱威廉對於剃除「過度複雜性」的偏好。[3]

今日的奧坎剃刀，主要是以「實體不應超過必要數量」的形式為人所知。其中的「實體」（Entities），指的是任何思想體系裡的「假設、解釋或模型」。在前例中，當你意外在喇叭天線裡檢測到微波訊號時，在你確立新的實體（新的假設如大霹靂模型）之前，會先大量尋找其他熟悉的「實體」來解釋這種現象，例如假設是其他雷達設施的干擾或是鴿巢等。不過據我們所知，威廉並未以上述這種「確切」形式，表達過他對簡約的偏好。但他確實在諸如「若沒必要，不應假設更多」或「用更多東西來做較少東西就能完成的事，毫無意義」等短語記載中，表達了同樣意思。

在漢斯研討會之後的那晚，我繼續探索威廉的故事，線索越多，故事就越引人入勝。當威廉的想法（包括他對上帝所有既定「證據」的拆解）開始從牛津地區傳出後，引發了傳授「異端思想」的指控，導致他被傳喚到亞維儂接受教皇的審判。在亞維儂，他被捲入教皇和方濟會之間的致命衝突，這場衝突也同時激怒了威廉，他開始指責教皇所講的才是異端邪說，最終導致他被一群教皇士兵追捕，必須盡速逃離這座城市。

雖然整個過程緊張到扣人心弦，不過現在我手上已有足夠武器來保護

這位本地誕生的英雄。因此，第二天在我個人的演講中，我指出「剃刀」最讓人熟悉的表述方式，就是堅持「如無必要，毋增實體」。這種「如無必要」條款非常仁慈，如果你對一個現象的所有「更簡單解釋」都失敗了，奧坎剃刀會給予你充分許可，讓你根據「必要性」來發明更多荒謬的概念，例如使用「宇宙在一百四十億年前從一個無窮小的點突然出現」這種說法，來解釋你的數據。這就像是福爾摩斯說的：「一旦剔除了所有不可能的事，無論剩下的事有多荒謬，都一定是真相。」[4] 因此，對於我同事漢斯的反方意見，亦即奧坎剃刀不夠鋒利，無法處理生物學上各種複雜微妙的生命肌理，我的反對意見便是「如無必要」條款，也就是奧坎剃刀允許你根據所需，盡可能地發明各種超出必要性的假設實體，只要在最後符合「必要性」就行。

雖然我們之間的爭論不斷，但現在的我已沉迷於探索威廉本人、他的工作以及剃刀在科學上的作用。我的研究帶領我從牛津的修道院和亞維儂的宮殿，一直看到中世紀世界裡「現代科學」升起的第一道曙光。我一路跟隨這道光芒的軌跡，因為它已被從哥白尼到克卜勒、牛頓、愛因斯坦或達爾文等現代科學巨人所接受，他們都表示過偏好「簡單」的解決方案。這趟科學旅程的探索讓我相信，將理論「簡化」為最簡單的做法，不只是與實驗並駕齊驅的科學工具，對科學來說也像數字之於數學或是音符之於音樂一樣重要。事實上，最後分析起來，我相信科學之所以與無數其他理解世界的方式有所區別，便是因為「簡約性」。例如在 1934 年，愛因斯坦認為「所有科學的最大目的，就是利用邏輯推理，以最少的原理或假設來涵蓋最多的經驗事實」。[5] 奧坎的剃刀能幫助我們將一切去蕪存菁成「最簡約」的原理或假設。

目前，奧坎剃刀的工作仍未結束，隨著物理學朝向最簡約理論不斷邁進，生物學家也努力從基因組學（genomics，亦稱基因體學）和其他「組

學」（omics）*技術領域大量湧出的快速資料流中，萃取出最簡約的理論。當然在今日，它依然像奧坎時代一樣具爭議性，統計學家也經常爭論簡約本身的價值和意義。最近有一組法國科學家發表了一篇論文，認為比起大多數流行病學家所使用的笨重複雜模型，經剃刀簡化過的「簡約模型」，更能把席捲世界的 Covid-19 大流行解釋清楚。因此我們可以說，在科學的最前線，「簡約」可以繼續為我們提供最深刻、最神祕，有時也是最令人不安的見解。

也許最令人驚訝的是，我們已越來越清楚奧坎剃刀的價值並不只局限於科學。莎士比亞堅持「簡約是智慧的靈魂」，讓現代各種藝術設計將此原則謹記於心。從約翰凱吉的極簡主義音樂、柯比意簡潔的建築線條、貝克特的精妙劇作，以及 iPad 流暢的設計線條，整個現代文化都沉浸在「簡約」之中。奧坎剃刀在建築師密斯凡德羅的名言「少即是多」得到體現；電腦科學家史特勞斯特魯普（Bjarne Stroustrup、C++ 之父）的「讓簡單的任務變得簡單」的指令，或者「小王子」作者兼飛行員聖修伯里所觀察的「完美似乎不是出現在無可添加之時，而是出現在無法減少之際」。而在工程學上，簡約原則最為人所知的縮寫詞便是 KISS，也就是「保持簡單愚拙」（Keep it simple, stupid）†，這是美國海軍在 1960 年代採用的設計原則，現在也被普遍認為是「音響工程」的建構基礎。如此看來，奧坎的剃刀似乎在背後支撐整個現代世界。

我想先說明本書不打算寫的內容，因為本書目的並非提供資料詳盡的科學史。相反地，我希望透過「有所選擇」的內容，來說明奧坎剃刀的重

---

* Omics 原意為整體的研究領域，亦即生物學上所謂的「組學」，最早出現的「組學」即為基因組學。

† 一般認為這句話來自設計出 U-2 和 SR-71 等高性能偵察機的設計師凱利・詹森（Kelly Johnson）所說，旨在要求飛機設計師必須造出容易維修的設計。

要性,並說明它對關鍵思想和創新上的用途,讓你相信奧坎剃刀的價值確實被忽略了。換言之,許多最偉大科學家所取得的重大進展,也可能被忽略了。因此,對於希望填補這塊空白的讀者,建議可以多閱讀更詳盡的各種科學書籍。[6]

也許更重要的是,這本書並不是科學史,而是一本描述和探索受到「奧坎剃刀」啟發,在各種科學範疇內誕生的「最偉大思想」。因為這一切起始於一個「科學」在本質上屬於「神學分支」的世界。對今日的我們來說,這點似乎相當奇怪,但在人類史的大部分時期,「神學」一直是主流觀點。奧坎的威廉和他的剃刀,幫助科學擺脫了神學的束縛,此一壯舉對人類歷史的後續進展相當重要。即使是現在,科學也經常會受限於各種文化背景,一旦我們考慮科學的起源和發展史時,這種現象尤其明顯。因此本書也將引領各位走入奧坎剃刀運作的更廣闊的世界中。

最後,科學雖是一門學問,但它包含了許多的分支和蔓延的譜系。科學可追溯到古代美索不達米亞平原上第一批天文學家,他們在那裡繪製了恆星移動圖。此外,我們現在稱為阿拉伯數字的系統,就是在古代印度發明的。追尋科學的源頭也會讓我們去到許多技術(如活版印刷)的發源地,像是古代中國。還有愛琴海沿岸的古希臘人,他們首先使用數學來理解世界。接著我們也會到中東和北非看看,伊斯蘭學者在那裡保存並擴展了希臘科學,進入光學和化學等新領域。這幾百個地方、無數次發現以及幾百萬人,都為我們目前稱作「現代科學」的非凡思想體系做出了重要貢獻。然而可悲的是,我在書中舉例說明奧坎剃刀效用的大多數科學家,都是富有的西方白人男性。毫無疑問,這個世界上所有性別和種族的人一定都為現代科學做出了貢獻,但在缺乏機會或在文化偏見和社會障礙下,他們的貢獻未被歷史記錄下來。因此我也試圖在本書後面幾章彌補此一缺陷,說明我所抱持的信念,亦即科學已是也將繼續是人類最共同「合作」

下的努力。

接下來,我們的旅行將從一趟海上航行開始。

| 第一部 |

發現

1

學者與異端

我發現許多異端、錯誤、愚蠢、荒謬、奇幻、瘋狂和受到誹謗的事物，它們與正統信仰、良好道德、自然理性、可靠經驗及友誼慈善相反且明顯違背，因此我決定要糾正這些事物。
——奧坎的威廉，《給小修士的一封信》，1334 年 [1]

逃離

1328 年 5 月 26 日晚上，三名穿著方濟會灰色長袍的光頭修士，逃出教皇城市亞維儂，騎馬向南至十字軍的河畔港口艾格莫爾特，該地大約在馬賽西北方六十英里。帶頭的修士是切塞納的邁克爾，他是方濟會大臣和公章保管人。第二位是方濟會首席律師貝加莫的博諾格拉蒂亞。這兩位逃犯是王子與教皇都熟識的人，經常穿梭在歐洲各地法院，代表官方宣達各項法令。第三位逃犯就是我們的主角，英國學者奧坎的威廉，他的身材矮小，年約四十歲。儘管威廉比其他兩位方濟會兄弟年輕了十幾歲，但威廉的危險思想已為他帶來惡劣名聲和異端的指控。這三人在大膽指責教皇才是異端後，趁亂逃離審判地點。他們若是被捕，將面臨被逐出教會、終身

監禁,甚至在燃燒柴堆上緩慢被燒死的殘酷火刑。

一群「全副武裝的僕人」護送這三人一起逃走。* 他們在艾格莫爾特登上一艘停泊在港口的船,這船隸屬於「喬凡尼‧詹第萊,薩沃納公民,一艘單層甲板大帆船的船長」。[2] 船又長又低,結構類似威尼斯的貢多拉,但船身更大,還配備了風帆與一整排槳,看起來很適合在淺海和河流中航行,因此被廣泛運用在地中海北部港口之間的貨物貿易。修士們登上船後如釋重負,雖然他們心裡很希望趕快出發,然而惡劣的天氣和反向的潮汐阻礙了他們的逃脫計畫。

此時在亞維儂,他們的逃亡已被發現,一隊教皇士兵被派去逮捕他們。這支隊伍在阿拉布雷(Arrabley)勳爵的帶領下,並「在大量教皇和皇家侍從的陪同下」,於深夜抵達港口。此時,方濟會修士乘坐的外邦帆船仍停泊在港口無法出航。阿拉布雷勳爵要求船長交出逃犯,船長先表現出合作態度,邀請阿拉布雷勳爵上船。上船後,這位教皇特使立即宣達逮捕令,並威脅船長如果拒絕交出他們,將會面臨「最嚴厲的懲罰」。兩人達成協議,將會把方濟會修士移交教皇當局。然而就在阿拉布雷下船後,在夜色的掩護下,「船長張開帆,偷偷把船駛離港口⋯⋯」。

看著憤怒的教皇士兵慢慢隱沒在港口的黑暗中,這群嚇壞了的方濟會修士一定很開心,然而他們的歡樂相當短暫,因為就在他們「向下游航行了三十英里」(當地碼頭距離大海還有幾十英里)時,「天意帶來了逆風」,將他們吹回上游,迫使這位外邦船長再次進入教皇兵團的勢力範圍。雙方為了交付方濟會修士的問題恢復談判,這群修士「極度恐懼」地在船上待了幾天。不過狡猾的船長似乎是刻意拖延時間,因為當天氣好轉

---

* 大約幾十年前,喬治‧尼許(George Knysh)在梵蒂岡檔案館中,發現了這個故事的文字紀錄。他好心提供了拉丁文本的「初步翻譯」,我直接引用到他的譯文時,會以引號表示。

時，他又再次將船駛入河道，幸好這次他們順利抵達公海，並在公海遇到「一艘」由船長「李佩雷斯」（Li Pelez）指揮的大型薩沃納戰艦，而且該艦已與新當選的巴伐利亞神聖羅馬帝國皇帝路易斯結盟。於是外邦船長安排修士們登上這艘更大的戰艦。在 6 月 3 日星期五，戰艦和這些方濟會乘客航行到憤怒的教皇無法管轄的地區。威廉終於可以繼續活下去了，而且據我們所知，從此他再也沒有回到法國或英國的家。

這群方濟會修士成功逃離艾格莫爾特後，關於他們逃跑的歷史記載就中斷了。至於威廉和他的朋友在航行中的遭遇，我們可以透過較接近當時的茹因維爾（Jean de Joinville）離開同一港口的描述來瞭解。他在 1248 年陪同路易九世參與了第七次十字軍東征。

> 當馬上船時，我們的水手長把站在船頭的船員叫過來問說：「你們準備好了嗎？」他們回答：「好了，先生。」「那就請文職人員和牧師上船。」他們一上船，水手長就對他們喊道：「看在上帝的份上！」然後齊聲高呼「求造物主聖神降臨！」接著他對船員喊道：「看在上帝的份上，把帆張開！」他們照做了。接著在很短的時間內，風把我們帶到陸地視野之外，所以我們只能看到天空和水面。……我現在告訴你這些事，是為了讓你明白勇於冒險的人有多魯莽……簡直是置身死地，當你晚上在船上躺下睡覺，你完全不知道早上是否會發現自己葬身海底。[3]

到底威廉的想法有多危險，才讓教皇如此煞費心思想要抓到他呢？為了瞭解這點，我們必須進入中世紀世界的古老思維中。

威廉約在 1288 年出生於奧坎，這是位在倫敦西南方約一天路程的一個薩里郡小村莊。除了在諾曼人征服英格蘭二十年後、或者說威廉出生之

前兩百年，也就是1086年所寫的《末日審判書》裡有該村的條目外，當代完全沒有留下任何其他紀錄。這似乎是段很長的時間，在被外邦人征服的動盪後，中世紀英格蘭的變化速度顯然比今日慢上許多。據悉，當時奧坎仍是與下面描述類似的一個微不足道的小村莊，就像它的盎格魯—撒克遜舊名「波切漢姆」（Bocheham，村莊之意）一樣。「這裡為二十六頭乳牛提供了牧場，為大約四十頭豬提供了橡子林地，並為大約二十個家庭提供了居住的土地和一個磨坊。」《末日審判書》裡關於這村莊的記載，將村中居民描述為「三十二個村民和四個邊地莊園……以及三個僕役」。這些僕役都是農奴，地位相當於奴隸，無償地為他們的園主工作，並會連同莊園一併被交易。書中沒提到農奴們的名字，但提到一位盎格魯—撒克遜名為岡德里德的的自由人。依當時的價值估算，整個莊園約值十五英鎊，相當於一個勞動者一年收入的八倍。

我們所知關於威廉的第一個具體事實，就是他在大約十一歲時加入了方濟會。雖然這在當時的貴族家庭十分常見，不過我們可以發現幾件與威廉出身不符的事實。首先，他的家人沒留下任何明文紀錄，這表明他的家庭應該並不富有。其次，在《末日審判書》奧坎村後面的條目下，未曾列出當地有貴族的紀錄。而修道院在當時也兼作非官方「孤兒院」的用途，收留家人不要的孩子。因此威廉人生的起點，更可能是一個孤兒、私生子或是被父母遺棄的孩子。

在奧坎附近的城鎮如基爾福和車特西等地，有幾家小型的方濟修士會，威廉很可能就是在其中一個度過他的早年時期。這種年紀的小男孩抵達後，會被剃光頭並穿上方濟會的灰色連帽袍，* 從類似「見習修士」的職

---

* 修士是大多數建立於12或13世紀的托缽修道組織下的成員，這些組織包括加爾默羅會、方濟會、多米尼加會和奧古斯丁會。我們現在較常看到的方濟會修士是穿著棕色袍服，但一般認為「灰衣修士」這個稱呼源自方濟會早期的習慣（威廉和他的同事可能也

務開始修行，並受到高度嚴格的修士生活規律所約束。每天早上六點左右開始早禱，然後是服務和唱詩，接著是學習課程。受教育的目的是確保他們長大後能夠履行作為修士的主要職責，也就是閱讀禱文和歌頌詩篇；而標準的教學方法，就是讓他們死記硬背、誦讀或吟唱其中段落。在這個教育階段，男孩們不一定能理解他們吟唱的頌歌和拉丁文禱詞的含意。正如喬叟的《女修道院長的故事》裡的男孩承認的那樣：「我學頌歌，但我對文法知之甚少……」

這些早年的修士會生活，讓威廉學習到基本的算術，並閱讀了關於聖經和聖徒的生活紀錄。當時的書籍非常珍貴，教學大多是靠硬背下來；也就是透過大師朗讀，再用尖筆抄錄在蠟版上，如此進行學習。這裡紀律森嚴，可能跟「第戎的聖彼尼諾」[†]所倡導的懲戒制度差不多，同樣會徹底執行；他規定「如果男孩犯了任何錯誤……不要拖延，立刻讓他們脫掉上衣和頭巾，只穿襯衣接受懲罰……」[4]威廉熬過了這種嚴格的生活，而且一定也讓他的前輩們留下深刻印象。因此1305年，威廉在大約二十歲時，被送到了最近的方濟會學校，也就是倫敦市紐蓋特附近的灰衣修士學校，進一步接受中等教育。

紐蓋特是當時倫敦舊城東南方的一個區域，非常接近七座城門中的其中一座，大約就在奧坎或基爾福北邊一天的車程（馬車）；或者，更可能是好幾天的徒步旅行。這座修道院是英格蘭歷史最悠久、規模最大的修士會，擁有一百多名修士，靠近紐蓋特繁忙的肉類市場。我們可以想像這位新手修士的手肘擠過嘈雜、濕滑、臭氣熏天、熙熙攘攘的狹窄巷弄。這些

遵循這種習慣），亦即穿著由未染色的羊毛紡成的長袍，穿久了就會變成灰色。最初的時候，修士與僧侶的區別在於修士採用一種「旅行隱士」的生活方式，但14世紀之後，修士大多已變成居住在修士兄弟會（修道院）中。

[†] St Benigne of Dijon，一位早期被迫害的基督教殉道者。

巷弄的名稱可能是「膀胱街」或「馬肉路」。他必須一邊前行，一邊閃躲帶著滴血的牛、豬、羊屍體的男人和男孩，有時還有熱氣騰騰、凝結血塊製成的「血布丁」（類似血腸的食物）在附近的「布丁巷」出售。等他終於穿過大門，進到相對隱蔽安靜的修士會後，應該會大鬆一口氣。

灰衣修士會是一個介於中等學校和大學之間的普通學校，打算繼續往學術研究發展的修士，會在這裡研習三年的學士學位或六年的碩士學位；若是天資聰穎，還可以繼續攻讀神學博士學位。正是在這所學校，威廉的教育範圍擴大到中世紀大學的「三藝」課程，包括文法、邏輯和修辭，然後進入「四術」課程，包括音樂以及今日成為科學課程一部分的科目──算術、幾何和天文學。

然而威廉和他那些身著灰袍、剃著光頭的同學，一起坐在石牆教室裡聽講師（master）*講授邏輯、算術、幾何或天文學課程時，他們的學習體驗跟現代學生完全不同。其中，最大的差異便是這些重要的教學文本，大都已有幾百年甚至上千年的歷史。

奧坎剃刀之前的擁擠宇宙

> 彷彿有一朵雲團包圍我們，閃閃發光，密密麻麻，刨光的堅硬表面像鑽石一般晶瑩，在陽光反射下令人眼花繚亂。我們穿過永恆的珍珠，就像一縷陽光沒入溪流裡，光線被吸收，但大地並未裂

---

* 中世紀時期進入大學的學生，必須先具備博雅科目的基礎並精通拉丁文，才可擁有文學士（Bachelor of Arts）學位。當文學士繼續鑽研專門科目，提出一篇傑作（master piece），經過師生參與辯論而又能反駁別人的評論時，則授與碩士（Master）頭銜，能以教師的身份教書。而具有碩士學位的教師再到專門學院中繼續研讀數年，取得神學、法學及醫學博士的學位後，才可教授這些專門科目。

開,仍保持完整。我像是無法感知的肉體或是沒有實體的靈魂……就像白色珍珠或白色眉毛一樣暈散開來,然後在我的周圍出現很多渴望說話的面孔。

——但丁,神曲,「月亮之球」

在此先說明一下,今日我們所理解的「科學」,在中世紀的世界裡並不存在。科學這個詞源自拉丁文的 scientia,意思是知識。當然中世紀的學者已有各種可以確定的科學知識,例如月亮的圓度或直角三角形的斜邊平方等於另兩邊的平方和(畢氏定理)等。這些知識與各種「評論」意見(例如誰才是更偉大的詩人,但丁或喬叟?或者什麼才是更大的罪惡,竊盜或通姦?),形成了鮮明對比。因此當時的科學與今日我們所認知的科學,其相異之處就在於當時所謂的「科學」,還包括被認為是已確定的「神學」真理,例如天堂和地獄的存在。

釐清了當時的科學定義後,我們便可以來看威廉在灰衣修士會學習的第一門科學(現代意義上的科學),就是希臘學者的各種「評論」(commentaries),如歐幾里得(數學)和亞里斯多德(幾乎包含一切)的評論,再到西元前 3 世紀和西元前 4 世紀的羅馬學者評論,直到西元 5 至 6 世紀如波愛修斯等學者的評論。威廉學習時期的主流權威是亞里斯多德的評論,因此威廉可能會研讀他的物理學,包括《論動物》(De Animalibus)、《論天》(De Caelo et Mundo)、《論產生和毀滅》(De Generatione et Corruptione)和《天象論》(Meteorologica)四卷等。他學習的評論中可能還包括薩克羅博斯科(Johannes de Sacrobosco)於 1230 年左右撰寫的《天球論》(Tractatus de Sphaera)。這本書除了有亞里斯多德和其後的希臘哲學家(如托勒密)發現的天文學相關摘要,也對中世紀的藝術文學產生深遠影響,其中包括中世紀最偉大的詩歌──但丁的《神曲》。

但丁在1308至1320年間創作了《神曲》，書裡充滿來自薩克羅博斯科《天球論》的元素，以及其他中世紀學者的評論內容，例如培根（Roger Bacon）和格羅塞泰斯特（Robert Grosseteste）等人[5]（當時還在倫敦學習的威廉也研究了他們的評論）的評論，再加上詩人豐富的想像力，如此寫就而成。雖然《神曲》看起來有點像是異想天開，但它恰好可以說明中世紀哲學[6]中的神學和科學到底如何糾纏不清。因此，這正是最好的起點，讓我們能探索奧坎的剃刀如何讓科學進一步發展。

在《神曲》這首史詩中，但丁帶我們參觀了「中世紀宇宙」的各個區域。他從地球開始這趟旅程，先下降到地獄，然後鑽過地獄抵達「煉獄」。[*]最後終於在碧雅翠絲（Beatrice）[†]的靈魂陪伴下升入天堂。隨後，碧雅翠絲帶但丁遊歷了十重天，參觀了太陽、月亮之球（在本節開頭引用過）以及水星、金星、火星、木星和土星等行星。通道中像「鑽石般明亮」的材料，是一個由透明水晶製成的旋轉球體，人們認為月亮（「永恆之珠」）就停泊在其上。月球藉由球體的轉動，每月繞地球運行一周。太陽和每一顆行星，同樣被這水晶球推動，在它們自己的繞地軌道運行。在最靠近的月球球體上，但丁遇到了天堂上的神靈居民，亦即受祝福者靈魂的「面孔」。

但丁的天堂顯然是一個「物理空間」；但這到底是科學還是神學？其實兩者都是。這個空間不僅充滿靈魂和天使，也充滿我們今日將其描述為科學上的問題。例如在他們遊歷期間，但丁和碧雅翠絲就月球上出現黑

---

[*] 在天主教教義中，煉獄是在罪人的靈魂已經設法離開地獄後，還必須在可以進入天堂之前，先經歷一段時間的痛苦試煉來贖罪的地方。

[†] 根據記載，但丁只見過碧雅翠絲兩次，一次是在她八歲時造訪她家，另一次則是她成年時在街上偶遇時打了招呼。雖然兩人緣淺，不過詩人但丁已把碧雅翠絲當成自己一生的繆思女神，屢次在作品中提及。

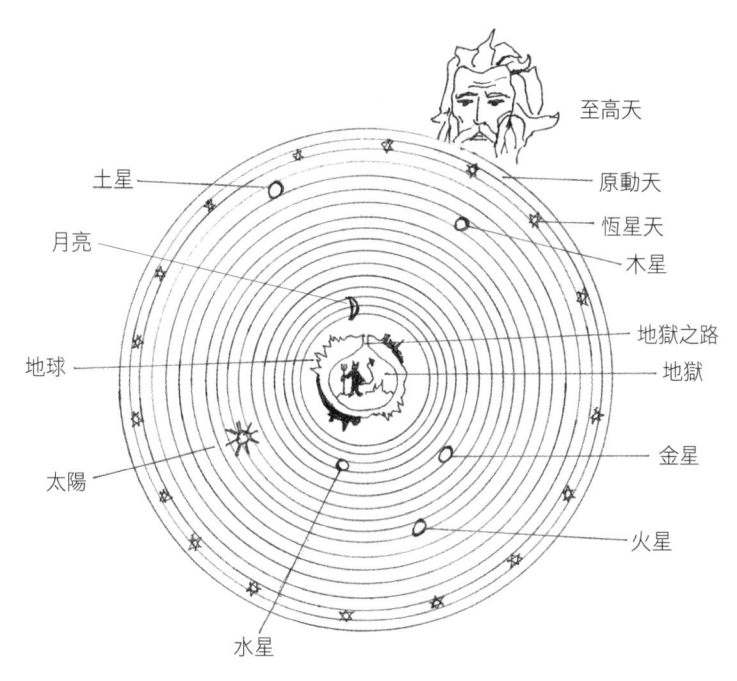

圖3：中世紀的宇宙（九重天說）

　　斑的可能原因進行了長時間的討論。這是古代和中世紀世界學者都爭論不休的話題，因為月亮作為天堂住民的居住地，應該是純潔無瑕才對。有人宣稱這些斑點是人類罪惡的汙點；而碧雅翠絲也討論並反駁月球有「透明區域」的另一種可能性。換言之，科學和神學都包含在中世紀宇宙的「科學」範疇裡。

　　但丁繼續上升，在抵達引領這些行星的最高天球之前，先穿過五個固定在日常軌道上運行的行星球體，並對這些行星的性質進行了大量討論。例如它們是附著在球體上的球體，還是天球中的孔洞，以便神聖的星光透過它們發光？碧雅翠絲解釋天球之上是最高層的天堂與原動天，其目的是為了帶引這些球體內部的行星和其他球體，為它們提供繞行前進的力量。

接著再往上走,便是神和聖徒們的居所。

我應該說明,在薩克羅博斯科的天文學文本《天球論》裡,並未包括天使或是提及任何其他明確的神學內容,因為這書是基於亞里斯多德對天文學方面的評論,因此大部分內容都屬於常人的世俗觀點。儘管如此,中世紀世界裡研究亞里斯多德的大多是神學家,因此他們試圖將亞里斯多德的天文學融入自己的基督教天堂概念,並在他們的評論中反映出來。因此,但丁的詩讓人們一窺威廉研究過的天空,以及這些當時受過教育的男女仰望夜空時想到的景象。這種想法當然與我們現代的夜空觀念——夜空裡其實充滿了岩石球體或熾熱氣體球體,彼此被巨大的空間隔開——相去甚遠;而中世紀人們眼中看到的卻是天堂的牆壁上裝飾著太陽、月亮和其他星辰。如果他們能像但丁一樣升到最高處,剝開星空,就能看到天使、聖徒以及上帝的臉。

因此,中世紀的宇宙是希臘天文學和基督教神學的奇異混合物。其中的神學成分,是從希伯來聖經和基督教神學家的著作拼湊而成。為了找出科學的起源,我們必須從紐蓋特向東航行,並在時間上回到古代的美索不達米亞地區。

星星

在晴朗的夜晚仰望夜空,你可以看到大約兩千顆星星,還可能看到月球和多達五顆的行星。月亮很容易看到,但兩千顆左右的星星當中哪些是行星呢?

古老的巴比倫人(西元前 1800-600)能為你提供答案。他們在炎熱的夏夜裡睡在涼爽的屋頂上,因此對夜空裡星星的動向非常熟悉。他們從小就認識大約由兩千顆固定星星形成的「星座」,這些星座會在夜空以北極星為中心,在其周圍以完美的圓旋轉並閃爍著。但他們發現了五顆不會閃

爍的星星,而且沒有遵循圓形路徑移動,反而更喜歡在被稱為黃道十二宮的廣闊星座中徘徊。這幾顆星星的漫遊習慣,為自己贏得了希臘語中「流浪的星星」或「行星」的稱謂。

行星最讓古代天文學家感興趣的部分便是「運動」的特徵。就像大多數古代人一樣,古代天文學家會將物體區分為無生命或有生命。他們認為,除非受到力量的推動,否則無生命物體往往靜止不動;而有生命的物體則擁有由賦予肉體生命的超自然靈魂而來的自主運動能力。由於行星在天空中不規則地移動,且看不到任何可見的推動者,因此巴比倫人與幾乎所有古代人都相信,這些行星和我們一樣,受到超自然力量或靈魂的推動。巴比倫人認為我們稱為水星的行星,被納布神的戰車拉著繞行天空飛翔。同樣地,伊什塔爾、涅伽爾、馬爾杜克和尼努爾塔等神靈,分別駕馭我們今日所知的金星、火星、木星和土星。而為了讓月亮和太陽也有自己獨立的動力,巴比倫人把它們裝在太陽神辛和月神沙瑪許的戰車上。* 這五顆行星加上太陽、月亮,被他們與我們用來代表一週的七天。如果每顆恆星上都綁定一位神祇,諸神的工作可能太過繁重,因此巴比倫人選擇一個更簡單的方案,將這些星星連接到一個半球狀的「宇宙牡蠣殼」內面,這牡蠣殼每天會圍繞北極星由東向西旋轉。

這種充滿神靈的宇宙在今天聽起來相當古怪,但在古代對重力沒有任何概念的情況下,只能用諸神的力量在天上完成這項工作。正如我們即將看到的,科學並非用來尋找終極的真理,而是被我們用來建立「有效預測的假設或模型」。巴比倫人充滿神靈的天空模型運作良好,主要目的是為他們提供日曆,讓他們的天文學家和占星家預測種植、收穫、結婚或發動

---

* 這七個巴比倫神的名字為 Nabu、Ishtar、Nergal、Marduk、Ninurta、Sin 與 Shamash。大多數古代人並未區分我們今天所知道的五顆行星以及恆星太陽與衛星月亮,它們都被稱為會運動的「行星」。

戰爭的最佳時間。

球體

巴比倫在西元前 539 年落入阿契美尼德波斯帝國的手中，但他們的天文學流傳下來，穿越愛琴海被古希臘天文學家發現。巴比倫諸神的天堂萬神殿，被希臘諸神如阿芙洛黛特或阿瑞斯等神給取代。這些更有哲學頭腦的希臘人，例如在安納托利亞海岸的希臘小鎮米利都的哲學家阿那克西美尼（Anaximenes，西元前 585-528），利用一系列「同心圓」的力量取代神力，使諸神的神力對天體運行而言變得毫無必要。這種把行星鑲嵌在球體上的旋轉機制，推動月亮、太陽、行星和恆星等環繞地球運行並穿越天際。為了解決大家在天空中看不到這個旋轉球體的明顯問題，阿那克西美尼使用了一個方法，困擾了後來的「前現代科學」。他發明了一個「實體」來填補解釋上的缺陷，提出「天球」是由一種完全透明、如水晶般的天堂「精髓元素」所構成，並稱之為以太（aether）或第五元素，我們也從中獲得現代常用的英語單字 quintessential（精髓的）。

當然，現實世界裡並沒有關於「天球」或「以太」存在的證據。但在古代世界，它們是解釋天體運動的方便手段，因為只用兩個實體便能取代眾神。然而假設它們存在的說法，卻啟發了神祕主義者、哲學家、占星家和天文學家，在幾千年來發明出更多的實體。畢達哥拉斯（西元前 570-495）出生在薩摩斯島，宣稱這個球體的旋轉，創造出一種只有高度和諧的耳朵才能聽到的「天籟音樂」。在阿那克西美尼使用「以太」一詞後一千年，煉金術士宣稱要從魔藥中提煉出這種精髓的「第五元素」。而在畢達哥拉斯之後兩千年，作曲家仍在創作有關天球的音樂。因此，實體最後雖然可能變得多餘，但它們通常非常耐用。

儘管水晶球模型對每天在天空以完美圓圈運動的太陽、月亮，以及在

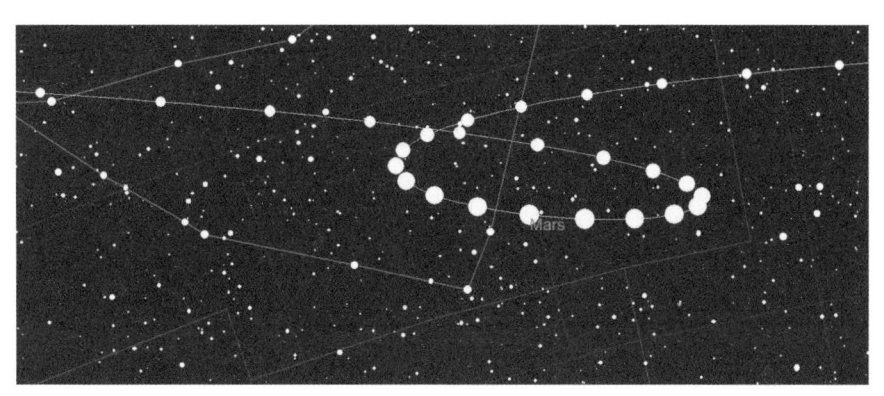

圖 4：在夜晚星星背景下，火星的連續移動位置。https://commons.wikimedia.org/wiki/File:Mars_motion_2018.png

將恆星固定在天空方面，都能順利解釋，但在試圖解釋這些流浪「行星」的運動時，卻遇到了重大難題。因為它們的路徑不僅不是圓形，甚至還會隨恆星從東向西旋轉，並經常改變路線，也就是我們今日所說的由西向東的「逆行」運動（如今日占星學家常說的「水逆」等）。對由性情反覆無常的「眾神」所推動的古代巴比倫行星來說，隨意「逆行」並不是問題，不過到底該如何讓「天球」表面上那幾個跟著旋轉的鑲嵌物體來回移動呢？

　　古代世界最偉大的哲學家、大約在西元前 428 年出生在一個雅典富有家庭的柏拉圖，認為自己知道答案。他長大後成為蘇格拉底的學生，並在這位老哲學家被處決後，*創立了世界上第一所哲學學校，也就是著名的雅典「柏拉圖學院」。他在學院裡就哲學、藝術、政治、倫理和科學，尤其是畢達哥拉斯的數學和天文學，進行了廣泛的講座和寫作。他最有影響力

---

* 蘇格拉底遭誣陷不敬神的罪名，在陪審團判決下被判處死刑。

的思想，深刻塑造了西方文化的過程，即為「理型論」（Form）[*]概念和隨之而來的哲學傳統，亦即「哲學實在論」（philosophical realism）。

　　柏拉圖的理型論涵蓋了經驗的各個層面，但最容易透過數學和考量幾何對象（如圓）的性質來加以說明。例如，他提出「什麼是圓？」的問題，你可能會指出一個刻在石頭上或畫在沙子上的特定形狀，但柏拉圖說你若仔細觀察，就會發現這個圓，甚至任何物理的圓都並非完美，它們都有某部分的扭曲或其他缺陷，而且都會隨著時間過去而發生變形或腐化。如果圓實際上不存在，我們怎麼能談論圓呢？

　　這種問題不僅限於幾何圖形，在我們賦予任何對象或概念的每一個詞語中都非常明顯，例如岩石、沙子、貓、魚、愛情、正義、法律、貴族等等。個別案例或實體彼此並不相同，沒有一個能真正對應於理想完美的貓、岩石或貴族。然而，我們在識別和談論它們方面並沒有困難，那我們到底是把它們與什麼東西進行比較，才將它們同樣識別為圓、岩石、魚或貓呢？

　　柏拉圖提出了非常與眾不同的答案。他說，我們看到的世界是「更高層次現實的理型或共性所反映出的陰影」而已。換言之，在柏拉圖理型的世界裡，「完美的貓會在完美的貴族照看下，繞著完美的岩石周圍，以完美的圓形路徑追逐完美的老鼠」。柏拉圖相信理型或共性是最真實的現實，是一種存在於人類感官之外無形但完美的領域。這種理論體系通常被稱為「哲學實在論」，用以彰顯柏拉圖和他的追隨者相信理型或共性不僅是真實的，而且是產生人類感官知覺的最終極「現實」。[†]

　　柏拉圖在他著名的「洞穴寓言」中，以圖形的方式說明了他的模型。

---

[*] 當我們說到哲學實體時，所提到的「Form」（理型）多半使用大寫。

[†] 請不要把它與真正理性上或實用意義上的「現實」混淆。

在寓言中，有一個人被困在洞穴裡，被鐵鍊鎖住、動彈不得，只能面對被他「身後火苗」照亮的洞穴牆壁。由於真實物體（類似於他的理型）在火與他的背後之間，因此洞穴人只能感知投射到穴壁上的陰影。他確信這些陰影就是真實世界，完全不知自己背後還有一個更生動的現實，而且只要轉身就能看到。柏拉圖認為理型的真實世界，無法被我們的感官所感知，卻能被我們的思想感知，因此建議「哲學家的思想連同整個靈魂，必須從成為主體的『可見的經驗世界』轉過頭來，思考更生動的完美現實。其中最明亮美好的部分被稱為善。」[7]

沒有人確定柏拉圖的「完美形式」位於何處，但在他的《斐德若篇》（*Phaedrus*）中，他說它們位在「超越天堂的地方」。而同樣身在天界的這些行星，也必須在各個方面都是完美的，包括沿著完美的圓形路徑並等速行進。不過柏拉圖認為這種說法顯然與他的感官相互矛盾，這也是人類從所感知的地球洞穴中，因位置上的劣勢而得到的結果。所以他敦促自己的追隨者忽略被感官扭曲的現實，用自己的智慧去發現「圓周運動、等速穿過天空以及完全的規律，全都是『假設』，這樣才可能將行星從所呈現的表象中拯救出來（例如為何會逆行運動）」。[8]因此，拯救天空中行星的表象，正如後來「拯救地球表象」的挑戰，成為天文學家兩千多年來的首要任務。

第一個接受拯救天空表象挑戰的是柏拉圖的學生——尼多斯的歐多克索斯（Eudoxus，西元前410-347），他以一種大家已經熟悉的模式，添加了更多球體。

請想像一下你正站在柏拉圖所說的洞穴中，該洞穴就位於歐多克索斯模型的「簡易版」中心。這模型只由一個球體組成，我們可以在下頁圖5看到水晶球體的帶狀部分（儘管記住歐多克索斯的想像是整個球體）。附在帶狀圓周內側某處有一盞明亮的燈光，我們稱它為「行星」。現在請

想像環帶旋轉時只看燈光的部分，便會看到行星沿著一條完美的圓形路徑運行。接著，請更進一步想像將一個完整的水晶球安裝到帶子內部，使環帶與球體有相同的圓心。當這條環帶沿著水晶球表面的固定軌道平穩旋轉時，從環帶和球體之間的位置看，行星正沿著一條圓形路徑運行。接著，在環帶旋轉的情況下，我們讓內部球體在另一個中心軸上旋轉。從它的所在位置抬頭看，行星的運動仍是完美的圓形，但你從洞穴的位置看時，行星似乎遵循一條更複雜的路徑，也就是兩個圓周疊加並錯開的運動路徑運動——就像天空中的行星那樣移動著。

　　歐多克索斯的模型運行良好，但它需要二十七個球體（圓周）才能完整描述這些行星。柏拉圖的睿智學生亞里斯多德又在其上添加了更多球體，使其表現得像是現代的滾珠軸承一樣，以防某個球體的運動傳遞到相鄰的球體上，因此這些天空球體的數量躍升至五十六顆。儘管解決了移動

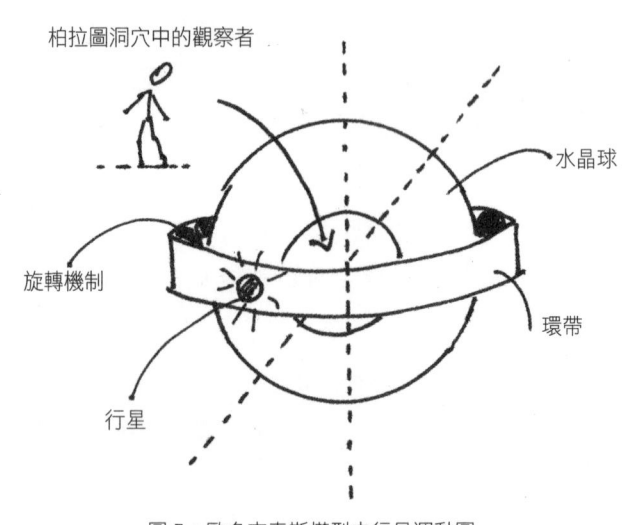

圖5：歐多克索斯模型中行星運動圖。

的問題，但行星表象仍存在另一個問題。這些剛性旋轉球體很難符合行星運動的另一個特點──「規律增減」（非閃爍）的行星光度。而且為了保持亮度恆定，它們一定得離地球忽遠忽近。到底該如何在一個剛性球體表面上呈現這種操作？

古代最後一位偉大的天文學家托勒密（Ptolemy，90-168）設計了一種解決方案。他住在亞歷山卓（Alexandria）這座以大圖書館聞名的古典文明城市。他吸收了西元前3世紀希臘天文學家阿波羅尼烏斯的一個想法。* 請各位想像一下，現在我們不是將圖5中的假想行星固定在一條環帶上，而是把它懸掛在一個小的旋轉輪上，就像掛在摩天輪上搖晃的座椅一樣，再把這小轉輪的輪軸連接在環帶上，讓水晶球體與環帶像之前一樣旋轉。現在如摩天輪座位旋轉的方式提供了一個額外的旋轉，讓行星可以輪流靠近或遠離你的觀看位置。由於轉輪的加入，行星的明暗變化可以被解釋了。不過，怎麼可能有轉輪會在堅如磐石的水晶球上擺動這些行星呢？托勒密並沒有試著解釋。

即使已經到了如此複雜的地步，行星的運動也並不完全符合托勒密的模型。為了解決這個問題，他又引入兩個額外的複雜條件。首先，他把地球（也就是圖中柏拉圖的洞穴）從球體旋轉的精確中心，移動到剛好偏離圓心的另一個點，並稱之為「偏心」（off-centre）。接著，他偷偷放棄柏拉圖所說的等速運動原理，允許每顆行星看起來只是對空間中的某個假想點（稱為等分點，equant）進行等速旋轉。

托勒密在大約西元150年寫成的《天文學大成》（Almagest）中，描述了他最終的宇宙幾何模型。這座模型極複雜，其中包含大約八十個圓周、轉輪、偏心和等分點。它也是一個「純想像」的模型，因為它涉及行

---

* 事實上，阿波羅尼烏斯是出生在安納托利亞的小亞細亞人，而非希臘人。

星在天空會旋轉擺動的摩天輪座椅上，穿過所謂的「固體」水晶球，條理清晰地旋轉著。而且它同樣是以地球為中心，而非以太陽為中心。然而這種模型所做的天文預測非常準確，可用來解釋當時天文學家在天空觀察到大部分的行星運動，以及各種事件的日期（例如日食），以至於它在天文學中流傳了一千多年。這本書也在阿拉伯世界得到廣泛的研究，甚至之前說過奧坎的威廉，也可能在牛津學習過薩克羅博斯科的《天球論》；這本書裡大部分的天文學內容，都是透過以阿拉伯語流傳的托勒密《天文學大成》翻譯而來（本書稍後會提到阿拉伯世界的影響）。

一個如此錯誤的模型，怎麼可能會得出如此正確的預測？這真是個挑戰世俗觀念的深刻問題，亦即科學的使命本應是「超越」我們感官和智力的限制，來發現世界的真實面貌。如果像托勒密這樣，基於「大量錯誤假設」的科學模型仍能做出「準確的預測」，那麼我們該如何判斷一個特定理論或假設到底是對是錯？這就好比今日的科學模型同樣能解釋目前大部分的數據預測，但可能也跟托勒密的模型一樣有重大缺陷，那我們該如何發現真相？

你可能已經猜到了，這問題的答案將涉及奧坎的剃刀。然而一旦採用了簡約原則，便意味著我們可能放棄被稱為科學的天真觀點，亦即「尋求真理」這件事，轉而支持更微妙且也許更令人不安的，接受真理可能「超出」我們掌握的事實？雖然可能面臨這種限制，然而只要有了奧坎的剃刀，就能讓科學幫助我們理解這個世界，讓我們可以把火箭飛到遙遠的星球，或者讓幾十億人擺脫疾病或飢餓的束縛。也就是說，儘管科學可能不知道它會飛往何處，但過程一定充滿驚喜。

天堂的墜落

托勒密的模型可說是「古典科學」的最後一項偉大成就。他的家鄉亞

歷山卓一直是基督教時代的學習中心。由於這裡的圖書館非常有名，以致在西元開始的前兩個世紀裡，亞歷山卓被視為整個古代世界的學習之都。亞歷山卓博物館成立於西元前300年左右，可說是世界上最早將知名學者（如歐幾里得等）納為教職員的大學。它的最後一位主管是名叫「亞歷山卓的席恩」的數學家；席恩有個博學多才的美麗女兒海佩蒂亞（Hypatia），憑藉自己數學家、哲學家和教師的身分而聲名遠播，成為希臘文化的理想代表。她是第一位可從歷史記錄中瞭解的「女數學家」。[9]即使在狄奧多西大帝頒布反對古希臘宗教的法令後，她仍然繼續教導和崇拜異教諸神。尼基烏的主教約翰，講述了海佩蒂亞在西元415年的命運。當時「許多信奉上帝的人拖著她，一路抵達大教堂……他們在過程中撕下她的衣服，拖著她穿過城市街道，直到她死去……然後用火焚燒她的身體。」[10]在《拉丁通俗譯本》（通俗聖經）的翻譯裡，聖傑羅姆寫道，「哲學家的愚蠢智慧」已被打敗。為希臘人和羅馬人提供「星辰軌跡」的水晶球被摔碎，宇宙模型也恢復為平坦的地球，被支撐星星的希伯來帳篷所包圍。因為在西元400年左右，加巴拉主教塞維良在他關於創造世界的六篇演說中寫道：「世界不是一個球體，而是像個帳篷！」[11]

2

上帝的物理學

在西歐歷史上通常被稱為「黑暗時期」（Dark Ages）[*]的年代，讓西歐人口從西元 500 年約九百萬人，下降到四百年後的約五百萬人。知識水準也跟著急劇下降，各種紀念性建築的建造幾乎完全停擺。這時期見證了大規模的民族遷徙，一波又一波的入侵者湧入各地，以填補羅馬帝國衰亡後留下的空缺，難民們則試圖逃離隨之而來的混亂狀態。

然而，某些學問在歐洲倖存了下來，而且通常被保留在舊帝國的邊緣地帶，例如不列顛群島的諾桑比亞和愛爾蘭等地。來自這兩個地區的學者，例如約克的阿爾昆（735-804）和史考特（815-77），兩人後來穿越歐洲，為 8 世紀和 9 世紀的「加洛林文藝復興」（Carolingian Renaissance）做出貢獻，最終形成我們今日所謂的「中世紀早期」或「早中世紀時期」。[1]

加洛林文藝復興帶來各種技術上的創新，包括引進重型犁、馬鐙和

---

* 今日學者幾乎不使用「黑暗時期」這名詞，因為他們堅信這些世紀並不像他們的名聲那般黑暗。然而，我相信羅馬衰落後，整個西方在混亂年代中，出現這名詞確實有其道理。因為從我們的角度來看，識字能力的喪失，確實會使這時期變得「黑暗」。

風車等。然而，儘管這些創新帶來了進步，但卻是在生產停滯或只有些許漸進性變化的背景下進行的。我們雖然看不到中世紀早期的可靠生產力數據，但可以在例如英格蘭從 1200 至 1500 年的農業生產中看出一種演變模式；[2] 該模式顯示了這三百年當中極為緩慢的進展。這種實質上的停滯現象，亦即今日所說的「線性成長」型態，是早期文明的典型特徵，古代巴比倫、希臘或羅馬的文明，以及前工業化時期的中國、印度和中美洲都是如此。事實上，這種偶爾被突飛猛進打斷的線性成長模式，似乎是人類歷史的特徵。直到最近幾百年，才出現「加速成長」或「指數成長」的模式。在後面的章節中，我們將回溯人類的文明進步，到底如何以及為何能從線性成長轉變為指數成長？當然，一切也正如你所料，我們相信這是奧坎的剃刀帶來的關鍵作用。

在羅馬衰落和東拜占庭帝國以君士坦丁堡為中心後，西歐仍保留了羅馬拉丁文作為通用語言。這情況形成一些奇特現象，例如整個西方的大部分地區都還採用羅馬法律。不過由於科學和哲學幾乎都是用希臘語寫成，導致大部分知識都在西方世界中消失。雖然使用希臘語的拜占庭帝國仍繼續使用古希臘文本，但不知何故，拜占庭人似乎對希臘科學沒什麼興趣。

幸好在羅馬衰落之前，已有少數希臘書籍被翻譯成拉丁文。最著名的作品《哲學的慰藉》(*The Consolation of Philosophy*)，是由基督教羅馬貴族波悉阿士（Boethius，約 475-525）所撰寫。他在獄中等待以叛國罪遭處決時，寫下了這本書。該書特點是他與一位「哲學夫人」就哲學的優點（尤其是柏拉圖的優點）進行了想像中的對話。該書在中世紀非常流行，佔人口少數的識字者幾乎全都讀過，而且這本書至今仍持續印行。

柏拉圖對話片段的拉丁文翻譯也被引入西方，包括大部分的《蒂邁歐篇》。這對「希波的奧古斯丁」（Augustine of Hippo，後來被稱為聖奧古斯丁）的智慧發展產生了深遠的影響。他的《上帝之城》(*The City of*

God）在中世紀非常具影響力，因為他在書中描述了上帝「帶領我⋯⋯將柏拉圖主義者的某些著作，從希臘文翻譯成拉丁文」。這種影響如此巨大，以致他說「我進入了更深刻的自我中，因而走上了轉變之路」。

儘管這些論述相當受到歡迎，但書中對於人性的看法卻是黯淡的。奧古斯丁是在西元410年西哥特人洗劫羅馬後寫下《上帝之城》，在長達三天一連串殘忍野蠻的謀殺、強姦和掠奪後，他對人性的看法變成「一堆墮落」的行為。這種混亂也激發奧古斯丁採哲學現實主義，調和「野蠻」與他對「仁慈基督教上帝」願景之間的落差。他選擇以柏拉圖的理型世界，宣稱世俗世界蒼白而扭曲的不完美，是無形但完美的天上國度所反映出的「陰影」。

在奧古斯丁的《懺悔錄》中，他實際思考了今天我們應該會標注為「科學」的問題，例如時間的本質等。然而，這些問題總是受到神學背景的限制，例如一位在時間之內可以做任何事且毫不改變的上帝。[3]奧古斯丁也懷疑人類智力似乎有偏離神學警告的傾向：

> 我提到另一種形式的誘惑。⋯⋯一種虛妄欲望與好奇心，並非以身體為樂，而是利用身體進行實驗，並以學習和知識之名偽裝。⋯⋯當然，這種表演已不再吸引我，我也不再想知道星星的行蹤⋯⋯不管天堂是否像一個球體，而地球被包覆在內、懸浮於宇宙之間，或是天堂像地球上方的一個圓盤，以其中一側覆蓋著地球⋯⋯這些事情與我何干？[4]

奧古斯丁蔑視「另一種形式的誘惑」的後果是，讓科學和經濟一樣，在歐洲的中世紀早期停滯不前。

地球又變圓了

　　幸運的是，聖奧古斯丁的影響並沒有擴展到中東地區，在西元 7 世紀阿拉伯人征服後，大部分侵擾古羅馬宗教的基督教狂熱份子都被驅逐。該地區的伊斯蘭統治者對古代學問的接受程度，遠比西方世界更為寬容。8 世紀由哈里發曼蘇爾建立的巴格達「智慧之家」等知識中心，在伊斯蘭世界逐漸興起。從亞歷山卓等古代圖書館中搶救出來的希臘手稿片段，在此受到高度推崇。柏拉圖、亞里斯多德、畢達哥拉斯、歐幾里得、蓋倫和托勒密的殘餘作品，很快被翻譯為阿拉伯文，並由瞭解希臘文的伊斯蘭學者評注，例如巴格達的金迪（Al-Kindi，生於西元 801 年左右）就撰寫了相當具影響力的亞里斯多德邏輯評論。

　　10 世紀左右出生在現在敘利亞北部地區阿勒頗的女天文學家阿斯圖拉比（Mariam al-Asturlabiyy），也以製作「星盤」（astrolabe）而聞名。許多講阿拉伯語的學者，除了研究之外也擴展希臘科學。例如出生於巴士拉的海什木（Ibn al-Haytham，965-1040），他的七卷光學論文《光學之書》（*Book of Optics*），就描述了關於反射的各項開創性實驗，例如證明光是沿直線傳播等。他同時也是第一個瞭解必須藉由光進入眼睛才能產生「視覺」的人。中世紀早期伊斯蘭世界在數學中的主導地位，其影響力可以在帶有阿拉伯字根的英語名詞中發現，例如代數（algebra）和演算法（algorithm）。此外，煉金術（alchemy）、酒精（alcohol）和鹼（alkali）等名詞，也可以見證伊斯蘭世界在「化學」方面的創新。阿拉伯還有許多在古代世界從未發生過的技術創新，如風車、蒸餾器、墨水筆和鈕扣等。[5]

　　相較之下，西方世界在知識上是一灘死水。這種情況一直延續到西元 999 年，集古典學者、幾何學家、天文學家和哲學家於一身的「歐里亞克的格伯特」（Gerbert of Aurillac）登上羅馬教廷，成為教皇西爾維斯特二世後，才有所改善。格伯特在成為教皇之前曾到各地旅行，在西班牙

曾見到阿拉伯語和希臘語的各種翻譯手稿，因此他鼓勵重新發現並尊重希臘與阿拉伯科學，並引入印度—阿拉伯數字。他甚至還擁有一個渾天儀（armillary sphere，環形球儀），這是一個由同心金屬環組成的天空模型，以「球形」而非平面的地球為中心，剛好跟神話描述的情況相反。一般在中世紀未受過教育的人都認為地球是平的。

在 12 世紀末到 13 世紀，伊比利和西西里的摩爾人王國被基督教「收復失地運動」佔領後，從古代世界汲取的知識瞬間像洪水一般氾濫開來。那些闖入托雷多、科爾多瓦和巴勒摩的偉大伊斯蘭圖書館大門的十字軍騎士，發現了世界上最驚人的寶藏，而且還來自他們自己被遺忘的過去。整個智力匱乏的歐洲世界，開始意識到希臘和羅馬的哲學和科學，也就是他們認為已經散佚、無法挽回的思想世界，竟在敵人的圖書館中得到了保存和擴展。這真是歷史上最具諷刺意味的大轉變。伊斯蘭學者如肯迪和波斯博學家西那（Ibn Sina，西元 980 年出生於伊朗哈馬丹，在西方被稱為 Avicenna），或是魯世德（Ibn Rushd，1126 年出生於西班牙科爾多瓦，在西方被稱為 Averroes），都是幾世紀以來致力將古代歐洲最偉大思想家所寫的希臘作品，翻譯成阿拉伯語的學者。而後來閱讀到阿拉伯語翻譯作品的歐洲學者，再次將這些作品翻譯成拉丁文。

這些哲學和科學的翻譯作品點燃智慧運動的火焰，在西方開啟史無前例的學習時期，有時也被稱為「12 世紀文藝復興」。加洛林時代在歐洲各地建立的大教堂神職學校，都開設了希臘文和阿拉伯文內容的課程。當法國國王路易九世聽說撒拉遜蘇丹建立了一個藏書豐富的圖書館時，他決定也為德索邦於 1150 年左右創立的巴黎學院做同樣的事情，也就是成立知名的索邦神學院作為巴黎大學的核心，被學者和詩人格爾森（Jean Gerson）描述為「世界的天堂，善惡知識之樹的所在地」。

被重新發現的哲學家中，對中世紀晚期影響最大的是亞里斯多德。

當阿拉伯語源的拉丁文譯本出現在西方世界時，不論是一般學者或經院學者（亦即所謂的亞里斯多德學派），都撲向亞里斯多德的作品以及他的阿拉伯文評論，彷彿這些文字是重新發現的寶藏一樣。當然它們當之無愧。格羅塞泰斯特（Robert Grosseteste，1175-1253）成為林肯主教後，在牛津大學的學習期間翻譯了亞里斯多德的許多著作，並在 1220 至 1235 年間，撰寫大量關於哲學、天文學、光學和數學推理的科學論文。他的牛津學者同事，也就是方濟會修士培根（Roger Bacon，1219-92），翻譯了亞里斯多德關於「透視法的科學」和「實驗知識」的論文，協助學者重燃對實驗的興趣。巴黎的另一位翻譯家大阿爾伯特（Albert the Great，1200-80），撰寫了他對亞里斯多德物理學的評論以及他自己的《礦物學論》（De Mineralibus）。他在論文中將亞里斯多德的「四因說」理論，與他自己的觀察及實驗融合在一起，開創了「現代礦物學」這門科學。他在論文中堅持「自然哲學的目標不光是接受他人的陳述，而是必須調查在自然界中引起作用的原因」。

歐洲學者不僅將希臘和阿拉伯的知識引進西方，還應用到新的研究領域。例如格羅塞泰斯特在 1225 年左右出版的《色論》（De Colore）中，描述了一個三維幾何的色彩空間，跟我們今天描述顏色感知的方式非常接近；他也是第一個指出彩虹是「折射」結果的人。[6] 至於培根在 1266 年左右寫成的《大著作》（Opus Majus）一書中，引入亞里斯多德大部分的自然科學、語法、哲學、邏輯、數學、物理學和光學概念，他自己還加上對於鏡片的研究，很可能影響了後來「眼鏡」的發明。

雖然歐洲的科學復興是項巨大的突破，而且涉及一些真正的新思想，但其中的許多進步只是讓歐洲學者進一步向東方推進，並跟上古代世界的步伐而已。格羅塞泰斯特在光學方面的大部分研究，都是基於肯迪的《光論》；培根八百四十頁的論文《大著作》，主要來自海什木的《光學之

書》。甚至連培根作品中的「實驗」等術語，也可能誤導現代人，因為這個中世紀術語僅僅意味著這是來自經驗的「觀察」，例如觀察彩虹的顏色、水的沸騰或磁鐵的吸力等。培根還首次描述了西方的火藥及其在煙火中的用途，但這也可能起源於伊斯蘭世界。然而，格羅塞泰斯特和培根所研究的中世紀科學與現代科學之間最重要的區別，在於他們認為自己正在研究「神學」的一個分支。[7] 例如，格羅塞泰斯特相信所有的光都是上帝的投射物。他和培根也都堅持「神學是所有科學的基礎」。[8]

儘管科學被納入神學之中，但是將「異教思想」引入基督教並不受到神學家的歡迎。許多傳統主義者擔心，閱讀亞里斯多德會讓年輕學者陷入異端。這件事在1277年3月7日達到最高峰，當時的巴黎主教坦皮埃（Stephen Tempier）發布一系列禁令，禁止講授二百一十九篇的哲學和神學論文，其中大部分來自亞里斯多德。神學家提出的許多禁令，多半是要求不能把亞里斯多德的邏輯置於全能的上帝之上，例如不該討論上帝是否能製造真空？因為亞里斯多德堅稱真空在邏輯上不可能存在。雖然1277年的禁令只在巴黎嚴格執行，但其影響導致歐洲大多數的傑出大學逐漸對亞里斯多德抱持批判的態度。

如今我們知道這種挫折只是短暫的。在經過一段時間的思想緊縮後，進展依然持續，禁令也遭人遺忘，亞里斯多德再次主宰西方大學的課程。然而，這種幸福的結果並未在各地得到保證；大約兩百年前，遜尼派伊斯蘭教艾什爾里神學派推動伊斯蘭世界的「反希臘主義」和「反理性主義」，已扼殺伊斯蘭科學的「黃金時代」。此後，阿拉伯學者將他們的研究限制在《可蘭經》的表面真理上。[9] 反觀中世紀的歐洲科學，並未因宗教之故遭到扼殺，這點要歸功於中世紀最偉大的神學家所帶來的影響；他在禁令之前三十年抵達巴黎，他就是阿奎納（Thomas Aquinas，1225-74）。

笨牛

阿奎納於 1225 年出生在義大利中部羅卡塞卡一個富裕的義大利家庭，他是蒂亞諾伯爵夫人卡拉西奧拉（Theodora Carraciola）的第九個孩子。阿奎納在那不勒斯一所普通學校接受小學教育，也在那裡第一次接觸到亞里斯多德和一些阿拉伯評論家的思想，尤其是魯世德（Averroes）和西班牙裔猶太哲學家邁蒙（Moses ben Maimon，1138 年出生於西班牙科爾多瓦，通常被稱為 Maimonides）。

阿奎納的家人希望他成為本篤會修道院院長，這個職位不但有利可圖，而且可以讓家族獲得新土地。不過阿奎納有別的想法，他想加入多米尼克會，因為他們就像奧坎的方濟會一樣，是個以尊重新學問而聞名的托缽宗教團體。然而對他的家人來說，這就像是在中世紀時期加入邪教組織一樣，因為「托缽」被認為與流浪乞丐沒兩樣，同樣不受人尊重。為了防止阿奎納加入這種卑微的組織，他的家人將他關在家族的城堡裡。他的兄弟甚至用妓女色誘阿奎納，引誘他遠離聖潔的清修生活。據說阿奎納用一根燃燒的棍子把妓女趕走，而阿奎納的妹妹幫助他逃脫，讓他坐在籃子裡，從城堡塔樓垂降到等待他的多米尼克會夥伴手中。於是阿奎納逃離義大利，前往中世紀歐洲的學習中心，並在大約 1245 年時抵達巴黎大學。

此時，西方最多產、最具影響力的亞里斯多德翻譯家大阿爾伯特，已在巴黎大學任教五年。我們的新手修士阿奎納，引起這位著名神學家的注意。因為阿奎納是個害羞靦腆的新生，除了體型過重之外，還頭頂早禿，經常被同伴嘲諷為「笨牛」。然而大阿爾伯特賞識這位年輕學者的才華，預言「這頭牛的吼叫聲將會傳遍整個世界」，他的判斷果然正確。

當大阿爾伯特搬到科隆並在當地總學院任教，阿奎納追隨了他好幾年，之後才回到巴黎攻讀神學碩士學位，並寫了一篇關於《四部語錄》（*The Four Books of Sentences*）[10] 的評論。這本書是一世紀前法國學者隆巴

德（Peter Lombard）所編撰的論文集，探討了神學家持續思考的一些棘手問題，例如「什麼是自由意志」，或是神學與科學之間各種交融問題，例如「水如何飛上天空，它們到底是什麼」。這些皆是反映中世紀世界觀的關鍵問題，也在但丁的偉大詩歌中明顯可見，亦即相信一個包括自然和超自然元素的單一世界。在概述這些問題後，書中每一章節都包含教父們（Church Fathers）撰寫的一系列回答。而中世紀的所有神學生都被要求必須對《四部語錄》進行廣泛的評論，就像現代的博士論文一樣。

1259 年，阿奎納搬回義大利，在 1265 至 1274 年間的某個段時間裡（就在巴黎以法令譴責亞里斯多德的思想之前），阿奎納寫下他最重要的著作《神學大全》（*Summa Theologica*）。這部著作影響力之大，幾乎成功將亞里斯多德的想法納入了西方基督教中。事實上在《神曲》裡，但丁和碧雅翠絲在太陽球中也遇到了隆巴德、大阿爾伯特和阿奎納；但只有亞里斯多德被稱為「智者之師」。

阿奎納的目標是在亞里斯多德的科學基礎上，建立一個包含上帝以及天使、聖人和惡魔的新宇宙理性模型。然而，若想讓基督教的上帝與亞里斯多德的科學一致，阿奎納必須先證明上帝的存在。為了完成此一壯舉，阿奎納借鑒了希臘哲學家對變化和運動的分析。亞里斯多德曾經寫道：「一切會動的事物都是被某種事物所推動。」不過他的說法與現代人喜歡為事件尋找原因的傾向完全相反。例如我們看到火花，會想到背後是由火造成的。而亞里斯多德的做法則為事件提供了四種不同因，包括物質因、形式因、動力因和目的因。舉例來說，磚塊是房屋的「物質」因，而房屋的形狀或規劃是其「形式」因，而蓋房子的人是其「動力」因，而其「目的」因（最後的目的）便是讓人類有居住的地方。

前三個因勉強算有意義，儘管我們可能會質疑是否有必要區分這些原因；但是亞里斯多德的第四個因，也就是「目的」因，與現代科學中的想

法非常不同，因為它顛倒了動作與結果之間的正常時間順序。磚塊、規劃和建造者等因都出現在房屋之前，而亞里斯多德的目的因則在「未來」才會出現。然而對於亞里斯多德和阿奎納來說，最終目的仍是房屋建造的原因之一，跟磚塊一樣都算是因。這點對於房屋之類的人類手工成品來說，可能還算有點道理，但亞里斯多德的本意是一切事物的發生都是為了最終目的。所以，一顆石頭會掉到地上，是因為石頭的最終目的是盡可能接近地球中心；而月球的最終目的是以完美的圓圈環繞地球。把這種概念延伸到生命世界來看，例如豬這類低等生物的最終目的的因，便是透過「被吃掉」來服務像人類這樣的高等生物。羅馬哲學家維羅（Vero）甚至更進一步堅持，豬之所以是生命，其最終目的便是保持肉品新鮮。

但是該在哪裡停下來？畢竟這樣的目的因層級，可以無限回推。例如：蘿蔔的目的因是飢餓的豬，豬的目的因是飢餓的人……。亞里斯多德為了避免這個問題，使用了「最初推動者」的說法，或者說像「上帝」一樣，來限制層層原因鏈的目的因，因為上帝是一切的第一個也是最後一個因。對阿奎納來說，這種說法促成神學和亞里斯多德哲學之間達成妥協。儘管亞里斯多德所說的「最初推動者」，應該是一種相當遙遠的「非人格」實體，更像是「它」而非「他」或「她」，因此與已被人格化的基督教上帝截然不同，但阿奎納依舊熱情地將他（中世紀神學家總認為上帝是男性）納入神學。因此，聖經中的上帝，終於成為中世紀世界中一切事物和每個人最有效的最終目的的因。

將亞里斯多德的四因引入基督教哲學後，便可為阿奎納「對上帝的五個科學證明」裡的其中四個找到佐證。在他五種科學證明中的三種，認為基督教的上帝一定是在世界中出現的所有物體和事件之物質、形式和動力的首要原因。他也將同樣邏輯應用到他第四個證明中，認為一定有「某種智慧的存在，讓所有自然事物被引導到終點；我們把這稱為上帝」。因

此，上帝一定是曾經發生或將要發生的一切最終的目的因。而阿奎納的第五個科學證明，通常被稱為「程度論證」（argument from degree）是一個世紀前法國哲學家「坎特伯雷的安瑟莫」（1033-1109）提出的「本體論」（Ontology）*之變體。阿奎納認為，現存事物任一回推的上升順序，都必須受到「最偉大存在」限制，而這個存在只能是上帝。

提供了五個關於上帝的證明之後，阿奎納「宣稱」已成功將基督教上帝納入亞里斯多德科學的宇宙模型中，並說自己已經證明神學是一門科學，而且確實是「科學女王」（因為不能講國王）。不僅如此，阿奎納接下來還要證明他的「神學科學」甚至可以用來解釋奇蹟。

神的味道

經過一代人之後，阿奎納最後的哲學招數讓奧坎的威廉變成傳播異端的罪魁禍首，並在大約一個世紀後，引發西方基督教的重大分裂。這涉及到聖體聖餐（或聖禮）的神蹟，乃基督教彌撒的神學核心。在聖禮中，神父呼喚上帝，將麵包和酒轉化為基督的身體和血液。大多數神學家會把這稱為「變體」的奇蹟（聖餐變體論），並視為與「耶穌將水變成酒」或「摩西分開紅海」一樣的神蹟事件。由於涉及神的干預，因此不適用正常生活的一般規則。然而，阿奎納認為甚至可以把這種奇蹟融入他的宇宙科學模型中。為此，他從古代知識界獲得另一種禮物，即前面談過的「哲學現實主義」。

聖奧古斯丁已將柏拉圖的「理型論」引入中世紀早期的教會中，讓它成為眾人心中的上帝形式。然而到了13世紀，這被亞里斯多德的「共性」

---

* 本體論是哲學的一個分支，用來處理事物存在和不存在的問題。它與知識論（Epistemology）恰好形成對比，知識論是用來處理我們所能知道的事物。

所取代。「共性」類似於柏拉圖的理型論,不過「共性」存在於世界上,用「本質」來填充每個事物。例如每個圓形物體都共享圓的完美本質;所有貴族都擁有貴族感,所有父親身上都加入了這種本質(或說共性),亦即天生的「父性」(父愛、慈祥等性格)。

從科學的角度看,亞里斯多德的「共性」是對柏拉圖理型論的微改造,因為現在它們可以存在於世界上,而非存在於某個不可見的「理想領域」中。然而這也產生了一個問題:我們如何獲得這些共性?當時學者在大量的學術羊皮紙上努力回答這個問題,但從未得出結論。還有另一個問題便是,**擁有共性的事物實在太多,我們語言中的每個名詞或動詞都至少擁有一個共性**。因此,在亞里斯多德的「範疇論」中,試圖將所有共性歸入十個範疇當中,以便為這種爆炸性的數量帶來一些秩序。這些範疇包括實體(substance)*、數量、性質、地點、關係、位置⋯⋯等。

亞里斯多德對共性的分類究竟意味著什麼,仍存在著許多爭議,但我們可以將當中的第一個,也就是「實體」,與現代的「物質」歸為相同概念。它代表一個物體不變的本質,是由土壤、空氣、火或水等元素所組成。其他共性的範疇則代表「偶然因素」被附加到物體的本質上,為其提供獨特的外觀、感覺、味道、形狀和氣味,例如一切圓的物體都具有圓的共性,若它們是像櫻桃一樣自然地成對出現,那麼它們便同時具有成對的共性和甜的共性,二者都依附在櫻桃這物質之上,櫻桃也因此成為櫻桃。雖然一個物質的實體被認為是固定的,但它的顏色或形狀等附加因素可以不斷變化,例如隨著逐漸生長和成熟,櫻桃也會從亮紅色變為深紅色。

---

* 本章所提亞里斯多德「範疇論」範疇之一的「實體」為 substance,而前面或其他章節所提奧坎的剃刀要砍除的「實體」則為 entity。前者較偏「物質」,後者泛指的所有存在的東西,在本書多比喻為額外的假設或模型。唯二字在英文意義幾無差別(哲學上),中文哲學書及國家學術名詞也均譯為實體。為免混淆,特此說明。

「共性」是中世紀哲學和科學的核心，在背後支撐它的邏輯基礎，即亞里斯多德的「三段論法」（syllogism）。其基本範例經常以柏拉圖的老師蘇格拉底來做說明：「蘇格拉底是人，所有人都會死，所以蘇格拉底會死。」這種邏輯建立在所有物體都可以根據其共性來分類，如「人類的共性」。一旦我們接受這種說法，你只要知道普遍的偶然因素，例如「死亡」，就可以做出肯定正確的科學陳述。

雖然三段論法的邏輯適用於上例，但如果做一點小調整：「蘇格拉底是人，所有人都有鬍子（在古希臘可能真的如此），所以蘇格拉底有鬍子。」如此對世界進行推理，不太可能是個好方法。因此正如我們即將發現的，奧坎的威廉對三段論法邏輯所進行的「破解」，便是他剃刀的靈感來源。然而對阿奎納來說，共性並不只是一種邏輯工具，他相信它們存在於上帝的腦海中，因此對三段論法的研究可用來理解上帝的安排；就像是天上投射在人間的影子一般，為地上所有物體填滿了神的存在。

阿奎納意識到聖餐聖體的奇蹟對於共性來說，會是一個相當棘手的問題。因為麵包的實體——其不變的本質（根據亞里斯多德的說法），咸信會變成一種極為不同的物質，也就是耶穌的肉（這也是彌撒的聖體奇蹟被稱為變體之故）。在神蹟發生後，麵包雖然看起來仍然是麵包，但必須被認為是（對天主教徒來說）由耶穌肉體的物質所構成。正因如此，困擾神學者的問題是：原先麵包被附加的偶然因素（包括麵包的味道或易碎的外觀等），也會附著在耶穌的肉上嗎？

在阿奎納的著作《神學大全》中，設計了一個巧妙的解決方案。他說在神蹟發生時，麵包的偶然因素包括味道、質地、顏色等，並不是附加在它的實體或物體本質上，而是附加在它的「數量」上，而這點在神蹟發生前後維持不變。神蹟之前有一個麵包，神蹟之後有一個耶穌的肉。這使得麵包的味道仍然存在，即使後來它的物體本質消失了。因此阿奎納宣稱，

變體的神蹟與亞里斯多德的科學「完全一致」。這種奇特的結論，簡直就像是為「科學女王」的皇冠鑲上一顆閃耀的明珠。

這就是被封聖[*]的聖多瑪斯・阿奎納帶來的巨大影響。在他死後僅僅五十年，這種奇怪的解釋立刻成為基督教會的標準教義，而且今天在天主教會中依舊如此。[†]正如中世紀學者伊迪絲・西拉（Edith Sylla）觀察阿奎納的做法後諷刺地說：「他並不是在神聖教義中引入一種外來的哲學元素，而是使用純淨的理性與神蹟相互結合，形成一種單一的神聖科學，讓哲學之水與啟示之酒混合成為新酒。」[11]因此，在亞里斯多德科學的最終目的因中，阿奎納順利地將神學轉化為科學了。

在將近兩千年前，蘇格拉底堅信他比另一人更聰明，因為「我不會幻想我知道自己不知道的事物」。[12]這是經院科學的基本問題；[‡]經院學者認為他們無所不知，但實際上他們可能什麼都不知道。他們對於科學不斷增加實體的做法，雖然可以解釋一切，但沒有簡化原則的話，任何科學假設什麼都無法預測。

阿奎納的《神學大全》從未完成。1273年12月，這位偉大的神學家說他在講彌撒時看見一個異象，讓他無法繼續寫作，甚至也無法口述，因為與他看到的異象相比，「我所寫的一切似乎像稻草一樣微不足道」。經過一代人之後，有位學者帶著一把能砍除所有雜草的銳利工具來到了牛津。

---

[*] 在天主教教義下成為聖人。

[†] 可參考這裡說的聖禮範例：

http://www.faith.org.uk/article/a-match-made-in-heaven-the-doctrine-of-theeucharist-and-aristotelian-metaphysics

[‡] 也許最接近的現代類比，就是英國作家菲力普・普曼（Philip Pullman）創作的奇幻小說三部曲《黑暗元素三部曲》裡面想像的那種「實驗神學」。

3
剃刀

威廉上大學

威廉可能花了三到六年的時間，才在倫敦灰衣修士學堂（Greyfriars）的「三藝四術」[§]學習中取得進展。他一定讓老師留下了深刻印象，因為他在當時被列入攻讀神學博士的人選當中。由於灰衣修士學堂隸屬牛津大學，所以在1310年左右，也就是威廉大約二十三歲時，他便開始在這所英格蘭第一間大學繼續學習，接受中世紀學者或文職人員的培訓。

當時前往牛津大學必須沿著一條繁忙的小徑，從倫敦往西北方向約走上兩天的路程。這條路線經常有強盜襲擊，因此大學新生往往會結伴同行，並由專業的「武裝運輸人員」護送。威廉很可能加入了這種新生團體，一起前往牛津。我們可以把「開始研究邏輯」的他，想像成《坎特伯里故事集》小說中作者喬叟（Geoffrey Chaucer）描述的年輕文職人員（Clerk，詞源是拉丁文的 *clericus*，原意是神職人員）：

[§] 歐洲中世紀大學的主要科目，三藝為「文法、修辭、邏輯」，四術為「算數、幾何、音樂、天文」，合稱為「文理七藝」（seven liberal arts）。

> 寧願在床頭擺上
> 二十本書，有黑色或紅色裝幀的
> 亞里斯多德及其哲學論著
> 而非擺著華麗的長袍、小提琴或是優雅的薩泰里琴。

抵達牛津後，威廉加入了方濟會修士修道院，地點可能位於伊夫利路的灰衣修士大廳。牛津大學在這之前大約一個世紀才由英王確立，規模比現代大學小上很多，僅由少數學院所組成，包括歷史悠久的貝里歐學院與默頓學院，以及由方濟會和多米尼加教派建立的幾所學校。大多數學生並非修士或僧侶，但他們都必須剃髮並穿著神職人員長袍，才能享受神職人員的特權。其中最有用的特權，就是被指控犯罪的學生將受到教會法庭的審判，而非世俗法庭的審判。這些教會法庭是由大學校長主持，有時甚至會讓犯錯的學者完全逃脫謀殺罪名。

這些來自英格蘭、蘇格蘭、威爾斯和愛爾蘭等不同地區的學生，很多人年紀只有十五歲，經常會組成幫派並參與鬥毆。世俗人士和各種修士間的小規模衝突也很常見，也就是所謂的「城鎮和禮服」的衝突（「town and gown」，指居民與大學生的衝突）。在威廉抵達牛津前不久，大學生才剛與一群修士發生爭執，導致修士被排除在大學之外，他們的教堂也遭到學生攻擊和褻瀆。這種學生衝突還經常演變成重傷甚至死亡案件。例如在 1298 年時，一位名叫內米特（Fulk Neyrmit）的學者，率領一群帶著弓、劍、盾牌、投石索和石塊的群眾在大街上進攻時，被當地鎮民用箭射死。[1] 同年，愛爾蘭學者布瑞爾（John Burel）也在酒館鬥毆中遭人刺死。刀劍是當時造成主要傷害的常見武器，因為在整個中世紀的英格蘭地區，幾乎每個人（包括修士和僧侶）都會在用餐時隨身攜帶武器。歷史學家拉

什達爾（Hastings Rashdall）曾評論牛津的這種鬥毆風氣「跟歷史上各大戰場一樣，只是血跡少一點而已」；而最近對 14 世紀牛津地區凶殺案頻率的估計，發現甚至遠高於當今最暴力的城市。[2]

置身當時街頭混戰之外的威廉，會在自己所屬的修道院以及鄰近的修道院和大學學院參加講座。畢業後，他也被要求「講課」，進行持續一小時的標準大學演講，或是學生聽講師們討論爭議問題的「辯論」。上課的房間與牛津或劍橋等老牌學院的教室沒什麼兩樣，有供學生使用的木製長椅和書桌以及供講師使用的講台。然而，這個空間與現代演講廳的不同，就在於這些座位並非階梯式的排列，而是讓學生和老師處在同一空間高度。這種方式很可能增加了喧鬧的氣氛，因為許多學生，尤其是支付學費的世俗人士，經常會嘲笑和辱罵被認為不配收取學費的講師。

身為研習神學的學生，威廉主要的教科書是倫巴第（Lombard）的《四部語錄》（*The Four Books of Sentences*）。其中最吸引他注意的問題是「神學是一門科學嗎？」前面說過，阿奎納認為神學不光是一門科學，而且還是「科學女王」，不過威廉並不同意這點。

爭議

遺憾的是，我們沒有威廉年輕時的照片，因為在 14 世紀只有最有權勢的人才會留下肖像畫。然而，多虧一位年輕學者在筆記邊緣的塗鴉，為這個世界留下了威廉的素描，只不過這是威廉畢業二十年後的事了。這幅畫是由馬格德堡的學者康拉德（Conrad de Vipeth）所繪製，他顯然是這位年長學者的仰慕者。在他訪問慕尼黑期間，將威廉畫在自己的奧坎《邏輯大全》（*Summa Logicae*）一書中。在康拉德的素描裡，我們看到身材修長、剃著光頭的威廉修士，露出有些憂鬱和精緻的面容。[3]

威廉在 1317 至 1319 年間的某個時期裡，完成他對《四部語錄》的評

論，當時他大約三十歲。此後，他便被要求在牛津講學，有時也可能是在倫敦講學。正是在這個階段，他的評論有了發表機會。通常的發表方式，是由一位上課的學生在牛皮紙上用墨水做詳細的筆記，稱為 reportatio（學生紀錄本），可供校內外其他學生抄錄副本。此外，講師也會訂正和修改學生紀錄本，藉此發布經講師認證的副本，稱為 ordinatio（規範本）。我們目前知道威廉在 1320 年左右完成了他對倫巴第《四部語錄》第一部書評論內容的規範本，但他對其他三部的評論，只留下唯一倖存的學生紀錄本，後來經學者修正被稱為 quodlibets（學術本）。威廉在 1321 至 1324

圖 6：由馬格德堡的康拉德・德・維佩斯所繪製「奧坎的威廉」。

年間完成了七本評論著作,大約在此時,他寫了一篇關於亞里斯多德「物理學」和「範疇論」的長篇論述,並回答一系列關於物理學的問題,另外也寫了幾部關於物理學、神學和邏輯學方面的著作。

幾乎就在威廉的作品問世後,牛津大學響起一陣學院派的警訊。這場麻煩的第一個跡象來自一個非常明顯的事實,亦即威廉並沒有在正常的求學路上成為牛津大學的神學碩士。這確實很不尋常,因為據我們所知,他已完成取得碩士學位的所有學術要求。目前我們仍不清楚是誰或是什麼事情阻礙了威廉獲得碩士學位。其中一位主要嫌疑人是1317至1322年間牛津大學的校長盧特雷爾(John Lutterell),他曾撰寫一篇「反對奧坎的請願書」(Libellus contra Occam)。儘管如此,威廉仍繼續講學並回應對他的批評。在盧特雷爾校長離開牛津大學後,威廉的學術本內容多是他在1321至1324年期間的講座。其他幾位英國學者,包括默頓學院一位名叫布拉德沃丁(Thomas Bradwardine,1290-1349)的研究員,指責威廉傳授的是異端思想。而歐洲大陸上的抄寫員也忙得不可開交,因為早在1319至1320年,威廉的評論作品就已傳到法國,這些論文也贏得法國學者法蘭西斯的認可。[4]

要理解威廉的想法為何會引起如此大的騷動,我們就必須深入研究這些思想的來源,其中涉及到人類與世界,以及與如果大家接受的實體——上帝,這三者之間的關聯。

不可預知的上帝

奧坎的威廉對前輩在學院哲學上的攻訐,從許多方面來看都是早在1277年的爭論之延續。當時的巴黎主教坦皮爾(Tempier),禁止人們藉由亞里斯多德的邏輯限制,在教義辯論上對上帝的力量進行限制。坦皮爾主教堅持全能的基督教上帝,可以自由地做任何祂喜歡的事,不必管亞里

斯多德的邏輯在這問題上如何解釋。

主教的禁令雖然沒有持續下去，但確實激起學院派學者對亞里斯多德哲學的批判，尤其是對「全能的上帝」方面的觀點。這在古典希臘哲學上是比較陌生的概念，因為希臘諸神的力量一向有所限制，例如海神波塞頓統治海洋，但在陸地上幾乎沒什麼力量。基督教的上帝則非常不同，祂不僅創造宇宙，還創造宇宙的規則：亦即上帝是無所不知、無所不能的。

在威廉的評論出現之前，「全能上帝」的定義討論，已在牛津的修道院裡流傳一段很長的時間。在他之前的學者史考特斯（Duns Scotus，1266-1308）就曾說：「如果上帝可以任意改變規則，那麼我們該如何辨別是非？」威廉的想法更進一步，亦即奧坎用他的剃刀剔除了中世紀哲學裡「全能上帝」以外的一切蕪雜思考。這也預示著後來笛卡爾即將瓦解西方哲學，也就是他所發表的「我思故我在」著名格言。

威廉當時遇到的問題是，無所不能的上帝除了無所不能，應該也是「不可預知」的。當我們考慮到，除了無矛盾律（the law of noncontraction，例如祂不能同時存在和不存在）*之外，全能的上帝並不需要符合人類哲學上的理性，這點就可以解釋得通了。例如上帝可能會做一些不合理的事，就像在創造世界的第三天（創世紀）先造出植物，然後才在第四天創造陽光來維持植物的生存。儘管這樣的事件順序在亞里斯多德的理性解釋上說不通，但上帝確實有能力在黑暗中維持植物，只要祂願意就可以，並不需要對人類提供祂之所以如此安排順序的理由。

威廉利用同樣的推理來攻擊哲學的根基，也就是現實主義。你可能還記得現實主義論者相信，柏拉圖形式或亞里斯多德的「共性」是整個世界

---

* 無矛盾律是指對於任何命題 P，P 和非 P 不能同時為真。亞里斯多德的解釋是「你不能同時宣稱某事物在同一方面既是又不是」。

的理性基礎。例如櫻桃之所以是櫻桃，是因為它們共享了櫻桃的共性；父親之所以是父親，是因為他們充滿了父親的共性，也就是「父性」。

威廉當然對後來才出現的現實主義論者並不知情，他只是認為全能的上帝對「共性」來說毫無意義。既然祂能創造出具有圓形、紅色等「共性」的櫻桃，那麼祂一定也能創造出沒有「共性」的櫻桃。威廉認為「共性」只是我們用來指稱對象的術語，於是他寫出「用更多東西來做較少東西就能完成的事，毫無意義……因此，除了已知行為外，沒有任何東西應該被假設存在……」。[5] 他還繼續堅持「對許多事物進行預測的『共性』，都是我們腦中的本性」，因此他堅持「共性」只是一種我們用來對各種對象進行分類所使用的名稱。身處中世紀世界的威廉，倡導的是哲學系統裡更簡化的術語「唯名論」。[†]

我們在此第一次遇到了威廉的剃刀，也就是在爭論當中的「用更多東西來做較少東西就能完成的事，毫無意義。」這個概念本身並非全新概念，將近兩千年前，亞里斯多德在他的《動物運動論》（*Movement of Animals*）中就寫過：「大自然不會做徒勞無功之事。」然而，威廉並非在效益上進行論證，而是使用自己的剃刀攻擊那些支撐共性的邏輯。他寫道：「共性並非心理上認為真實存在的事物（具真實主體），它在心理上只是一個邏輯性的存在（僅是一種名稱，如父性），就像虛構的事物一樣……」[6] 奧坎堅持共性沒有精神層面以外的存在，因此為了避免想法和現實間的混淆，他敦促我們「不要增加沒必要的共性」。[7]

這種拒絕「增加沒必要的共性」，便是奧坎剃刀背後的基本思想，我們只應認可「最少數量的實體」進入我們的解釋或現實模型中。也就是

---

† 唯名論認為現實事物並沒有共性的本質，只有實質的個體是存在的；也就是「共性」（共相）並非實際存在，存在的是代指事物性質的「名稱」，故稱「唯名」。

說，奧坎並沒有讓「父親」一詞充滿「父愛、慈祥⋯⋯」這類附加上去的共性，而是堅持「我們應該說一個男人之所以被稱為父親，是因為他有兒子或女兒（而非他具有父性）[8]」。這句話已直白到像是陳腔濫調，讓今日的我們確實很難體會它在當時造成的革命性影響。事實上，威廉是用他的剃刀，把中世紀世界裡哲學和科學上雜亂無章的龐大實體都排除了，整個世界突然變得簡約且易於理解。相較之下，過去的學者如亞里斯多德、托勒密、阿奎納和其他人也都承認「簡約」的優點，但只要情況允許，他們就會為自己的論點增添複雜性。但威廉並非如此，這也就是為什麼在五個世紀後，簡約原則被命名為「奧坎的剃刀」，而不是亞里斯多德、托勒密或阿奎納的剃刀。

對共性的否定，也搬開了中世紀邏輯的基石——三段論法。還記得「所有人都會死」的邏輯嗎？「蘇格拉底是人，因此蘇格拉底會死」，這是取決於所有人共享的共性，如「人」或「必死」。然而，如果蘇格拉底和柏拉圖之間唯一的共同點只有「人」這個詞語，那麼「蘇格拉底會死」這事實，並不能說明柏拉圖或其他人是否會死。如此一來，學者可都嚇壞了，因為他們接下來要如何獲得這世界的知識呢？對於奧坎來說，有一種確定一個人是否會死的可靠方法：對他射一箭，觀察他是否存活？在奧坎的邏輯中沒有共性，只有個人。獲得肯定知識的唯一途徑，便是透過經驗和觀察。當然，這也就是現代科學的基礎。

然而，最重要的是要認知這種經驗主義的方法，並不能保證確定性。一支箭雖然可以證明蘇格拉底會死，但不能證明「所有人都會死」；一百支箭射倒一百個人或許可以讓我們提出「所有人都會死」的假設，但對奧坎來說，所有假設都是暫時性和機率性的，很可能會被第一百零一支箭給推翻。對於奧坎來說，這是科學與神學的另一個重要區別；雖然對於方濟會修士來說，上帝的存在是確信無疑的，但「科學」只能由假設組成。因

此他堅信科學要產生的是可能性而非證據。

所以我們不難看出為何奧坎的哲學會引起騷動。幾世紀以來，經院學者一直在爭論共性和範疇的性質，但奧坎只消用沾水筆寫上幾筆，就判斷整個論點是浪費時間而不予理會。就連阿奎納為神學科學化而引出大量的共性，同樣也是浪費時間。

威廉廢黜科學女王

由於無法滿足於破滅的哲學現實主義，威廉繼續攻訐阿奎納和其他人提出關於證明上帝的科學假設。你可能記得阿奎納五種論證中的其中四種，認為亞里斯多德的「四因說」（物質因、形式因、動力因和目的因）所導致潛在的無限上溯因果鏈，必須以第一因，也就是上帝作為上限。然而威廉卻指出，因果鏈不一定會導致無限回溯。例如我們可以想像一個只有「三個物體」的宇宙，它們在整個永恆中不斷地相互碰撞，產生了原因（碰撞）和結果（軌跡改變），但依舊是三個可數的物體。換言之，若存在一個沒有「無限回溯」的宇宙，就不需要上帝來作為最上限的第一因。因此，在奧坎剃刀的意義上，上帝變成一個不必要的實體，這讓阿奎納的巧妙論證無法證明上帝的存在。

至於阿奎納的「程度論證」，奧坎坦承在評論更好或更偉大事物的層級時，確實必須以「最好的事物」為上限。然而，他又指出，世界上的「最好」是複數的，亦即每種事物都有自己最偉大的上限。例如奧坎和他同時代的人，可能會爭論巴黎聖母院或坎特伯雷大教堂哪一個才是最美麗的建築；他們也可能會爭論但丁《神曲》中的哪一個詩句最有詩意。但是奧坎認為，若爭論坎特伯雷大教堂是否比《神曲》更好，就完全沒有意義。因此，阿奎納的「程度論證」可能會有世人、神、驢子等等多個層級，必須取決於我們對「哪一種特性」進行排名。

奧坎將他反對上帝存在證據的火力,集中在科學的主要敵人「目的論」(teleology)上。你可能記得「目的因」是亞里斯多德「四因說」的第四因。與其他三因相比,它存在於未來而非過去,例如豬的目的是將來要被吃掉。這等於是現代科學的詛咒,因為它破壞了從過去到現在、再到未來的因果關係。由於我們無法進入未來,如果允許原因存在於未來,科學推理就變得毫無意義。儘管如此,阿奎納依舊認為上帝必須是世界上一切事物的目的,亦即目的因。如果他是對的,那麼世界將是不可知的,因為人類無法知道上帝的目的為何。

奧坎首先承認「目的論」的目標可能適用於自發性的人類行為上,例如建造房屋;[9]但若不是由理性引導的事件,就不會有最終原因或目的。他的論點是:「若我不接受任何權威的說法,我就可以宣稱,[*]他們的已知陳述或經驗無法證明每一種結果都有一個最終目的因……『為什麼?』這問題在『自然行為』的情況下行不通。」[10]奧坎認為從過去到現在,這世界已為所有事件提供了充分的理由。他說:「你可能會問,為什麼火是加熱木材而非冷卻木材?我的回答是,這就是火的本質。」透過這種「自然行為」的說法,威廉便可廢除目的論,確立現代科學朝因果關係的方向前行。[†]因此,「目的因」也成了另一個不必要的實體。

三百年後,所謂的啟蒙運動或理性時代的偉大科學家和哲學家還更有自信,宣稱已將「目的論」從科學中逐出。然而,奧坎透過堅持「不,一個自然行 是由它的本性而非由目的來決定」[11]而消除了目的論,也就是不讓上帝在原因方面成為一個超越必然性的實體。從此阿奎納關於上帝存在

---

[*] 使用虛擬對話的語氣是奧坎標準的簡化問題方式,以便將他的論點與關於神聖權威的論點分隔開來。

[†] 在量子力學方面的某些詮釋裡,確實包含了後因果關係(retrocausality),亦即事件可以在不確定的因果順序下發生。

的最終證明,便在這世界被粉碎了。

在摧毀哲學現實主義,也就是物種的概念和五個最成熟的上帝證明後,大多數學者可能會滿足於自身的成就。不過在威廉眼中還有另一個相當煽動性的目標:阿奎納關於基督教的核心神蹟,亦即在聖體聖禮上所使用的哲學技巧。

科學女王被開除了

你可能還記得阿奎納巧妙地操弄亞里斯多德的「共性」概念,以「數量」將聖體聖禮的變體神蹟融入他的基督教科學中。奧坎的威廉以唯名主義哲學,否認了這種共性的存在。當共性被視為純粹的名稱後,威廉繼續駁回亞里斯多德十二個範疇中的其中十個,將它們縮減為兩個——實體和性質。他再次使用了剃刀,從數量來看,奧坎認為存在於「成對」對象中的二元本質並不合邏輯。例如一個房間裡有兩把椅子,若在相鄰房間裡還有兩把椅子,那我們只要拆除房間之間的隔牆,房裡的兩張椅子就變成四張。然而拆除與椅子無關的牆壁,怎麼會影響椅子的真實性呢?威廉藉此得出結論:「實體或性質並沒有數量上的不同。」[12](椅子的真實性不應被固定數量)。因此,在亞里斯多德範疇的意義上,數量是一種不必要的實體,也應該被消除。[13]

然而,數量的範疇正是阿奎納在聖體聖禮神蹟中用來隱藏麵包的味道、氣味和質地之做法,亦即「神蹟之前只有一個餅,神蹟之後也是一位耶穌」的數量共性。奧坎剃刀消除了數量的共性,因而消除了阿奎納將變體神蹟納入科學的根據,讓科學女王從她的寶座上跌落下來。

捍衛第三條道路

> 論及神學,它不是第一個,或是最後一個,或是中間的,因為它不是一門正確的科學……。
> ——奧坎的威廉[14]

威廉並沒有停下推翻阿奎納科學女王的腳步。在另一個特別的方向上,他認為科學和宗教根本上是無法逆轉的不相容。原因在於他認為上帝的存在已超越人類的理性,因此透過理性思考無法獲得關於神的知識,通向上帝唯一的道路便是透過信仰和聖經。此外,科學路障會雙向產生作用:必須透過信仰才有機會獲得關於上帝的知識,而聖經無法提供關於現實世界的知識。因此,科學和神學是人類對兩種完全不同且互不相容信念的探究方式。奧坎寫道:「神學不可能只靠信仰來得出科學已知的結論……由於上帝知道我是憑藉信仰來接受祂的信念,因此宣稱我有神學結論的科學知識,就顯得相當愚蠢。」[15]

當然,威廉是一位方濟會修士,而且據我們所知,他從不懷疑上帝的存在,也不懷疑基督教的中心教義。他堅持的是他的宗教並非來自於理性,而是來自信仰以及對聖經經文的研究,這兩者都沒有提供科學所需的確定性。因此,他接受的是信仰主義,認為「只有信仰才能讓我們獲得神學真理,上帝的道路並非靠理性抵達……」。[16] 信仰是為了上帝,理性則是為了科學。儘管一些古代哲學家,例如斯多葛學派、伊比鳩魯學派和伊斯蘭哲學家,都曾主張科學與宗教之間必須有所區隔,但在奧坎之前,不

---

* 比魯尼(Al-Biruni,973-1048)也對比了印度天文學家必須將天文學與印度教調和的問題,可蘭經並沒有說明天文學或任何其他領域的必要知識。

曾有人為了現代科學的基礎，提出如此清晰而有說服力的論點：科學應該與宗教分開談論。因此我們這個廣大的世俗世界，就是奧坎無情邏輯下的必然結果。

威廉的剃刀，加上他的唯名論和信仰主義哲學，從基本上開闢了宗教和無神論之間的第三條道路，[†] 讓科學家在保持虔誠的同時，還能追求世俗的科學。奧坎堅持「與神學無關的主張，尤其是物理學的主張，不應受到任何人的譴責或禁止。因為在這種主張下，每個人都應該是自由的，可以自由說出他們想說的事」。[17] 從14世紀到至少19世紀的所有偉大科學家都是虔誠的基督徒，他們也選擇遵循奧坎的第三條道路。

儘管如此，威廉這些說法讓他在牛津和倫敦的14世紀同事們感到十分不安。那些努力在他們的學科中建立一門科學的神學家也感到非常憤怒。而這些神學家當中更加精明的人，意識到威廉堅持上帝不可知的本質，已有效將他們可以教授的學科減少到只剩下聖經閱讀一門課程而已。還有，那些現實主義哲學家同樣感到沮喪，他們認為奧坎堅持共性只是心理上的「虛構」，就像在告訴一位經濟學家，金錢從不存在的情況一樣。

威廉遇上麻煩

伯利（Walter Burley，1275-1344）和查頓（Walter Chatton，1290-1343）是與威廉同時在牛津默頓學院接受培訓的傳統主義者，他們發表演講、撰寫論文，反對威廉革命性的唯名論。奧坎的學生，同時也是支持者的沃德漢姆（Adam Wodeham）回憶說，他在查頓的一堂課上做筆記，然後把其論點快速帶到他的導師（奧坎）那邊，奧坎看了後只倉促回覆一句，抱怨

[†] 雖然無神論在中世紀世界並非無法想像，但如果上帝的存在從未受到懷疑，為何必須證明祂的存在？當然這只能是私下的觀點，因為如果你不放棄無神論，膽敢公開宣布無神論，你將贏得在異教徒柴堆上的一塊位置。

這些都「只是某些批評者的誹謗」。[18]

1323 年春，當時威廉約三十八歲，他被召見到劍橋舉行的方濟會省分會會議上，為自己的觀點進行辯護。顯然他當時未能平息批評，因此關於他激進思想的謠言不斷從牛津和倫敦傳出，直到最後甚至連基督教界最有權勢的人都注意到這件事。這個重磅消息於 1324 年初傳到牛津：教皇發出傳票，要求威廉到當時教席所在的亞維儂參加聽證會，回應關於他傳授異端的指控。

亞維儂

「……我深知人性險惡。」
—— 奧坎的威廉，1335 年[19]

我們並不清楚到底是誰讓教皇注意到威廉潛在的異端思想，不過牛津大學前任校長盧特雷爾再次出現在我們的畫面中。1323 年，他曾前往亞維儂，可能是為了尋求晉升機會。教皇約翰二十二世要求他檢查奧坎對倫巴第《四部語錄》的評論，找出潛在的異端觀點。盧特雷爾立即於第二天提交了一份包含五十三個「錯誤」的目錄索引給教皇，其中許多與奧坎對亞里斯多德在「數量」範疇上的否定有關，因為這問題跟聖體聖禮的神蹟最為相關。教皇的回應是立刻召見威廉到亞維儂，接受包括盧特雷爾在內的六位法官小組的審問。

自己修道院的一員被教皇指控為異端的消息一出，勢必在倫敦和牛津的修道院引起騷動。每個人都知道在不思悔悟的異教徒面前等待著的就是死亡，因此被告通常可以透過放棄他們的異端觀點來避免火刑，但是威廉會放棄嗎？現在的他已經三十多歲了，頑固的名聲代表他很可能會繼續與

指控他的人辯論。換言之，威廉幾乎已一腳踏上火堆了。

　　威廉在接到傳票後不久便啟程前往亞維儂。他的旅行路線將把他帶往南方的多佛，從那裡穿渡英吉利海峽，這幾乎可以肯定是他第一次的海上航行。一旦抵達法國，威廉的路線很可能就會經過巴黎；他有沒有見到一些學者，並趁機傳授知識呢？我們沒有證據，但如果他有，便能解釋為何某些巴黎學者熱情採納了奧坎主義的概念。離開巴黎後，他可能會在1324年初夏，沿著古老的羅馬道路往南抵達亞維儂。

　　二十年前，教皇克萊孟五世逃離了不守規矩的羅馬，[*]亞維儂便成為教皇的新所在地點。[20]當時法國的菲利普四世提議將亞維儂作為教皇的首都，克萊孟欣然接受。然而這座城市並不宏偉，沒有下水道系統，導致以惡臭的「毒城」聞名，還經常有職業盜賊、乞丐和妓女盤據其間。在威廉抵達時，住在亞維儂的詩人和人文主義者佩脫拉克（Petrarch）把這城描述為「邪惡的巴比倫，你是人間地獄，你是罪惡的毒臭，你是世界的汙水池……在我所知的城市中，這裡的臭味最糟……」。克萊孟便是住在臭氣熏天的亞維儂九位教皇中的第一位。

　　召見威廉的是克萊孟五世的繼任者約翰二十二世。他的住所位於舊主教宮，而他的新宮殿──巨大的教皇宮及其獨特的哥德式塔樓──正在興建中。舊宮殿最後被併入新建築中，因此威廉的審判很可能是在今日的教皇宮內進行。

　　這類審判涉及一系列的聽證會，奧坎會在六名法官組成的小組面前為自己的觀點辯護，教皇則偶爾出席。在聽證會結束後，小組成員將先祕密審議，然後再發表報告。他們首先駁回盧特雷爾的某些指控，但也接受了

---

[*] 當時的羅馬是科隆納和奧爾西尼兩個家族的戰場，這些羅馬貴族及其武裝民兵的衝突，幾乎完全無法控制。

其他指控，並且補充一些他們自己的指控。奧坎在一篇激烈爭論的「薩克拉門托祭壇」（De Sacramento Altaris）評論中予以回應，堅決捍衛他的唯名論和簡約主義觀點。在這個開場辯論裡，他先被質疑「一個點是否真的是不同於『數量』的絕對事物」，然後得出「點不是線以外的東西，或是任何『數量』」之結論。儘管這主題表面上看起來深奧，但威廉的論點在邏輯上根深蒂固，而且確實是數理邏輯（例如點和線的區別），但這在當下是非比尋常的思考，雖不能說是科學，但已經很接近。它也突顯出威廉努力地運用邏輯，將神學從科學的經驗主義中根除。也許在質疑法官小組的能力上有點輕率，但威廉繼續宣稱，「如果教會裡的博士和聖徒有證據證明『數量』是絕對的，與實體和本質不同（如椅子必須是兩把），請他們提出證據來源。」[21]

在整個過程中，威廉被迫留在他所在城市的方濟會修道院內。他很可能就是在這裡完成了他最偉大的哲學著作《邏輯大全》。這本書顯然相當具挑釁意味，因為它深具強烈的唯名論立場，包含邏輯領域中值得瞭解的一切。在這本書裡，奧坎認為「邏輯是所有技藝中最有用的工具。沒了它，不可能完全理解科學」。

到了 1325 年 8 月，亦即威廉抵達亞維儂約一年後，這場審判顯然進行得並不順利。在回應國王愛德華二世要求將盧特雷爾送回英國的一封信裡，教皇回答說這位前任校長正忙於「根除有害教義」。1327 年，教皇約翰二十二世發布了公開說明，指控奧坎的威廉發表了「許多錯誤和異端的意見」。

然而威廉的審判就像他的教育一樣從未完成。相反地，他捲入另一場更致命的衝突，這場衝突已奪走許多人的性命。根據幾位歷史學家所稱，這場衝突改變了歐洲的歷史。

4

權利有多簡單？

「奧坎的威廉是思想史上的巨人，也是『自然權利』（natural right）[*] 理論早期發展中最傑出的人物。」
——達菲爾，2010 年[1]

威廉並非 1320 年左右唯一住在亞維儂的方濟會、被控為「叛教者」的人。教皇法庭的檢察官兼代表，貝加莫的博納格拉蒂亞（Bonagratia of Bergamo），當時也被關押在教皇的監獄中。教皇的大臣切塞納的邁克爾，最近也抵達這座城市，並且跟威廉一樣遭到軟禁。在幾個月內，這三人都將面臨被逐出教會並被迫逃離的窘境。讓他們陷入麻煩的，是關於「耶穌是否擁有錢包」的激烈辯論。

這個問題跟大多數看似微不足道的中世紀辯論一樣，背後真正的問題要比對錢包所有權的任何討論都來得更為深刻。因為這問題涉及以耶穌為

---

* 人因具有人的特性而有的所有權利，稱為「自然權利」。與自然權利相對的是「人為權利」，後者基於社會的認可，前者則不須經過社會的認可。

代表的教會,以及以他的錢包為代表的國家兩者之間的關係。衝突的起源可追溯到第一批基督徒,他們許多人接受耶穌所說:「讓一隻駱駝穿過針眼,要比有錢人進入神國還更容易。」因而「變賣所有財產,再把這些錢財分給窮人」。他們採取清貧的生活方式,也就是模仿耶穌和使徒的生活方式,放棄金錢和財產,像托缽遊走的傳教士一樣,只依靠乞討或慈善施捨提供住處和食物來生活。

羅馬教會走了一條截然不同的路。在君士坦丁大帝接受基督教為帝國國教後,基督教會與羅馬帝國已不可逆轉地交織在一起。教會與國家間的這種關係,因羅馬淪陷而削弱,但在西元 800 年,查理曼大帝在羅馬聖誕節當天被教皇利奧三世加冕為神聖羅馬皇帝之際,教會與國家的關係又重新建立。此後,西歐各地的國王和皇帝都會到羅馬接受教皇加冕,因而更有效率地將西歐各王國、帝國及其封建制度,與羅馬天主教會的權威聯繫在一起。

貧窮、聖潔、異端

在威廉受審前一個世紀裡,幾個叛逆的基督教團體如雨後春筍般湧現,這些團體的成員攻訐教會的奢侈行為,拒絕與這樣的國家有任何關聯,並擁護「使徒貧困」原則。其中包括義大利的謙卑者派(Humiliati)、德國的瓦勒度派(Waldensians)以及法國隆格多克地區的卡特里派(Cathars)。

這些新的基督教派大多被宣布為異端邪說,遭到殘酷的鎮壓。[2] 不過儘管有點不情願,天主教會仍接納了其中一個信奉使徒貧困的群體。伯納多內(Giovanni di Bernardone,即聖方濟,又稱聖法蘭西斯,以下稱法蘭西斯)於 1181 年左右,出生於佩魯加地區一個富裕家庭中。在體驗過有錢人的生活消遣後,法蘭西斯放棄他的遺產和財富,以流浪乞丐和傳教士

的身分度日。他和他的一群追隨者，開始穿著用打結繩子繫住的粗糙灰色羊毛上衣，因此也被稱為「灰衣修士」。法蘭西斯和他的灰衣修士周遊鄉村，勸告任何願意聆聽的人，致力於度過貧窮、懺悔和實現兄弟之愛的生活。他的身邊很快就有大批忠誠的追隨者，促使法蘭西斯呼籲教皇承認他的團體是個新的巡迴托缽組織。教皇同意了，因此法蘭西斯的追隨者成了「小修士修道會」，也就是後來眾所周知的方濟會。到了奧坎的威廉出生時，該組織已從只有十一人的小團體，發展到大約有兩萬名追隨者。

不過方濟會對某些基督徒而言並不夠激進。另一團體的創始人，義大利神祕主義者塞加雷利（Gerard Segarelli）於1260年加入方濟會遭拒後，便將自己所有的錢財帶到帕爾馬的中央廣場，將硬幣、帽子、椅子和酒瓶分給窮人。接著，他把鬍子留長，穿上白長袍，成為赤腳行走在城鎮之間的白衣修士。他很快就帶領一大批志同道合的基督徒，他們被稱為「使徒兄弟會」，並敦促大家「Penitenz agite!」，意思是「現在悔改吧！」。[*]

教會通常對苦修的占怪隱士持寬容態度。然而除了放棄自己的財產外，塞加雷利也對教會的財富進行攻擊，認為教會沒有進天堂的特權，因為「贖罪券」（捐款給教會以便在地獄中換取喘息機會）和被稱為「什一稅」（所得的十分之一）的教會稅，都是神職人員的敲詐勒索。不出所料，教皇立刻宣布他為異端，因此在1300年，也就是威廉抵達亞維儂的二十四年前，包括塞加雷利在內的幾位使徒，都在帕爾馬的火刑柱上被活活燒死。

然而塞加雷利的死讓教會景況變得更糟，因為一個更激進的追隨者多爾契諾（Fra Dolcino）出面接管該團體的領導權。[3] 他與他的搭檔特倫特的

---

[*] 這句話在安伯托・艾可（Umberto Eco）所著《玫瑰的名字》小說中，用來判斷出「駝背薩爾瓦多」過去是多爾契尼派的成員。

瑪格麗特（被多爾契諾從修道院救出來），在義大利北部招募了大批追隨者。這群多爾契尼派（Dulcinites）甚至比使徒兄弟會更激進。他們不僅拒絕教會權威，也拒絕接受國家法治，堅持認為財產、婚姻、法律或農奴制等制度，都是為了控制原本應該自由的人而捏造出來的。與方濟會不同的是，多爾契尼派歡迎男人和女人加入團體，一起生活在合作社區中，就像一群中世紀的嬉皮。

這些論點在今日聽起來可能無傷大雅，但拒絕接受所有權、封建統治和威權的概念，讓多爾契尼派等同於反對封建國家及教會。因此在1305年，教皇克萊孟五世宣布發起對該團體進行十字軍的武力征討，透過承諾給當地士兵獎勵，促使他們攻擊這群異端教派，摧毀其定居點，並在義大利北部地區追捕他們。

作為對這項征討的回應，多爾契尼派變得更加好戰。他們開始襲擊村莊和修道院，以竊取食物、金錢和衣服。1306年3月，他們在皮埃蒙特的澤貝羅山（Zebello，或稱禿頂山）上，建立了堅固營地。十字軍的第一次進攻被成功擊退，因此主教只得封山，打算餓死這群被圍困的人。該策略果然奏效，虛弱和飢餓的多爾契尼派幫眾被十字軍突破了山地要塞，瞬間成為十字軍贏得獎賞的目標。在一陣混戰中，士兵俘虜了教派領導人多爾契諾與特倫特的瑪格麗特。

他們在皮埃蒙特的維爾切利（Vercelli）接受了快速審判。然而，幾位當地貴族和紳士竟被瑪格麗特的美麗所折服，甚至在當庭提出只要她願意放棄異端教義就會娶她。她當然拒絕了，因此立刻被處以火刑，多爾契諾被迫先觀看她被燒死的過程，然後才輪到他接受火刑。

上帝的錢包

儘管方濟會建立在使徒貧困的原則上，然而當多爾契諾和特倫特的瑪

格麗特被拉扯在維爾切利街道上遊行時，大多數的方濟會會眾早已放棄流浪托缽的生活方式，住在有廚房、圖書館、宿舍、農場和魚池的地方。因此，許多人認為這種方式已背棄當初的創始原則。1279 年，教皇尼古拉斯三世提出解決方案，頒布一道名為「Exiit qui seminat」（為就地合法之意）的教皇詔書，以教皇名義接納了方濟會修士及其所有財產。[4]

大多數方濟會修士都樂於接受教皇尼古拉斯的好意。然而，逃脫的多爾契尼派教徒滲入更激進的「小兄弟會」（Fraticelli），認為詔書是招安用的軟糖，修士的定居生活方式完全是對使徒貧困信念的背叛。他們在今日最為人所知的，就是在艾可中世紀犯罪故事《玫瑰的名字》裡那些邊緣性格的激進份子。使徒貧困的辯論在該書情節裡具有關鍵作用，小說主角巴斯克維爾的威廉（在電影中由史恩康納萊飾演），角色大致依奧坎的威廉設定。[5] 小兄弟會最後也像多爾契尼派一樣被教皇逐出教會，迫使許多教徒逃往西西里島。此地當時是由神聖羅馬帝國皇帝腓特烈三世統轄。這就是中世紀晚期歐洲錯綜複雜的效忠網絡，腓特烈讓基督教異端來到突尼斯，在該地接受穆斯林統治者的保護。

儘管如此，小兄弟會並未完全遭到剷除。1321 年，威廉在牛津講學時，有一大群小兄弟會教眾在法國南部的納磅（Narbonne）和貝吉厄赫（Beziers）被捕，罪名是他們宣稱財富與聖潔不能相容。此時的教皇是克萊孟的繼任者約翰二十二世，他對方濟會的包容度要少得多。因此他命令新當選的方濟會長切塞納的邁克爾，審問被捕的六十二名小兄弟會成員，一一詢問每個人是否認為耶穌擁有錢包。

六十二個叛逆的方濟會修士被迫回答這問題，然而大半的人退縮了，選擇接受耶穌擁有錢包的事實，於是他們被送回家鄉，公開放棄他們的觀點。而拒絕接受的二十五個小兄弟會眾，被移交給負責說服的審判官，我們不知道他們用了什麼方法，逼使其中二十一人不再堅持。最後，只有四

個小兄弟會成員被燒死在火刑柱上，方濟會長切塞納的邁克爾可能目睹了這場行刑。

然而，事情並未就此結束。1323年11月12日，約翰二十二世發布「Quum inter nonnullos」（類似政令宣布發語詞）詔書，宣稱認為「基督和他的使徒沒有個人財產」是一種「錯誤和異端」教義。該詔書也將方濟會推到更窘迫的角落，甚至撤銷當初尼古拉斯三世接受方濟會的詔書（在這封詔書中教皇認可修士的所有權）。而約翰二十二世堅持從今以後，方濟會必須接受教皇的管轄，否則就被視為盜賊或入侵者。

逃離亞維儂

「為了對抗這個偽教皇的錯誤，我必須讓自己的臉變成最堅硬的岩石。」
——奧坎的威廉，1329年[6]

1324年末，就在威廉抵達亞維儂時，約翰二十二世頒布的這項命令，讓驚惶失措的方濟會會眾，在離聖法蘭西斯的阿西西不遠的佩魯賈鎮聚集並召開緊急會議，討論他們對教皇的猛烈抨擊該如何回應。會議結束時，眾人起草了一封信函，確認了「使徒貧困」原則。該會律師貝加莫的博納格拉蒂亞（Bonagratia of Bergamo），被指派將信送到亞維儂。在抵達教皇城市並呈遞信件之後，他公開批評了教皇約翰二十二世，奧坎的威廉肯定也見證了此一事件。教皇對於信件的回應是行使他的統治權，並將律師關進宮廷監獄，然後召見方濟會長切塞納的邁克爾到亞維儂。

方濟會向當時的神聖羅馬帝國皇帝路易四世（Louis of Bavaria）[30]上訴，因為他與教皇不合，也有傳聞說他即將在羅馬加冕自己的教皇，人選

很可能就是切塞納的邁克爾。在最初的托病不成後，邁克爾最後在 1327 年 12 月抵達亞維儂，立刻受到約翰二十二世的公開警告並遭到軟禁，很可能跟威廉關押在同一個修道院裡。約翰二十二世無意間造成了這種特殊組合，使得基督教世界中最聰明的人，引起最需要他服務的人之注意。

威廉的縝密思考，讓他相信教皇不僅錯誤，甚至還是異端。於是在一群有權有勢的朋友幫助下，方濟會制定了將這幾人祕密送到艾格莫爾特港的計畫，最後他們終於從該地成功逃脫，就是我們在書一開頭說過的驚險故事。因為逃跑，他們的處境變得更加危險。他們在外邦船隻甲板上的「極度恐懼」，肯定是切塞納的邁克爾想起他的方濟會修士在納磅和貝吉厄赫遭到火刑時的尖叫，所引發的恐怖共鳴。

比薩、羅馬、慕尼黑——奧坎之旅

教皇約翰二十二世是出了名的倔強、不易被打倒的人。他先將所有逃犯逐出教會，並致函亞拉岡國王、托雷多大主教和馬略卡島國王，要求若這些方濟會教徒在他們的領土登陸，就要立即逮捕。[7] 他對於這些目的地點的關注，可能是在艾格莫爾特港談判期間，由狡獪的外邦船長在阿拉布雷勳爵腦中播下的。果真如此，這次的逃脫就是個相當聰明的計謀，因為經過向東航行兩百五十海里的艱苦旅程後，即在大約五天之後，方濟會逃犯抵達了東邊的義大利比薩港。

雖然這座現代城市目前位於內陸十二英里處，但在奧坎的時代，比薩還是一個沿海城鎮，也是北地中海海上貿易的主要港口。這群人從比薩前

---

* 西元 814 年被教皇加冕為皇帝的查理曼大帝的繼任者。在中世紀晚期，這個皇帝頭銜是由一個擁有選舉「羅馬人民國王」權利的德意志諸侯組成的「選帝侯委員會」來選出君主。當時主要統轄的是德語地區，但隨著時間經過，逐漸擴大到包括義大利等其他地區。

往羅馬。此時巴伐利亞的路易斯已自行加冕為神聖羅馬帝國皇帝，並找了一位較不出名的方濟會士彼得羅雷納魯奇，讓他成為教皇尼古拉斯五世。他的對手約翰二十二世宣稱這場加冕典禮無效，並敦促所有真正的天主教徒予以抵制。

1328年9月，善變的羅馬人已徹底厭倦「條頓騎士團」（The Teutons）。* 當巴伐利亞的路易斯與其隨從，在被宣稱為叛亂份子的方濟會會眾和教皇尼古拉斯五世的陪同下，離開羅馬返回比薩時，受到了許多嘲諷。隔年4月，神聖羅馬帝國皇帝帶著方濟會會士離開，將王座移到慕尼黑時，他並未帶走教皇尼古拉斯五世。結果這位遭遺棄的教皇自己在脖子上掛著絞索，一路走到亞維儂，以示放棄頭銜並乞求寬恕。

奧坎的威廉和切塞納的邁克爾在路易斯的保護下度過餘生，大部分時間都住在慕尼黑的方濟會修道院。奧坎和他的同事持續撰文譴責約翰和歷任教皇。身為逃犯，既被逐出教會又被指控為異教徒，讓威廉在這時期的著作，從哲學和科學轉向迫使他逃離亞維儂、過著流亡生活的「衝突」之上。

權利的簡化

「人權」雖然不是科學書籍經常討論的話題，但我相信它們與實驗法或數學進展一樣，都是科學進步必須面對的問題。雖然在奴隸經濟或獨裁統治下，科學也可以進展，例如在古希臘或中世紀晚期的歐洲和中東的封建社會等，但科學研究依賴財富和贊助，因此是少數人的特權，並受制於一時興起的富有贊助人和國家或教會的需求。為了讓科學具有革命性的變

---

* 與聖殿騎士團、醫院騎士團，並稱為三大騎士團。條頓騎士團是由天主教會建立，是帶有強烈軍事性質的修道會。

化，還需要更廣泛的基礎和一種科學上的「民主」。在這種民主中，財富和權力在思想的競爭中，應該幾乎或根本沒有作用。這種情況只能發生在為每個人提供相同基本權利的社會中，當然也必須包括「犯錯」的權利。

這點就把我們帶到了權利的本質。「權利」到底是什麼？包括教皇約翰二十二世和奧坎的威廉，都一致認為所有權之所以有效，是因為它提供了一種權利，拉丁文中的 *ius* 或 *jus*（也就是現代英語中的正義 justice 的來源）意指可使用食物或住宿等資源。但這項權利到底在哪裡以及如何存在呢？大約一代人之前，奧古斯丁的神學家兼哲學家「羅馬的吉爾斯」（Giles of Rome，1247-1316），將教會的案例放入創世紀中上帝將亞當和夏娃逐出伊甸園的事件之後，賦予亞當可「統治海裡的魚、天上的鳥、所有地面上的牲畜以及各式各樣的爬行動物」等權利。接著，亞當將整個世界的統治權，有效傳遞給他最喜愛的後代，他們也成為擁有和統治整個世界的國王、皇帝和王子。這種情況一直持續到耶穌誕生，他既是上帝又是活著的人，因此祂奪回了所有權和統治權。然而在祂臨終前，祂將所有的權利和所有權遺贈給了聖彼得，聖彼得再傳給他的教皇繼任者。隨後的教皇們將上帝賜予的統治權繼續分給基督教君主，這些君主又將其傳給與臣民分享的貴族等。當然，他們的農奴並沒有得到權利或任何所有權。因此，這世界並非沒有權利；整個中世紀的世界秩序，全都來自耶穌的假設「錢包」中。[8] 1493 年，在威廉與教皇約翰二十二世發生衝突後不到兩百年，教皇亞歷山大六世將新世界的所有權分配給西班牙和葡萄牙皇室，也是基於這種「神聖傳承」的統治概念。

然而，方濟會的觀點非常不一樣。他們堅持當耶穌開始他的傳道生涯，就放棄了一切所有權，過著絕對貧困的生活。所以如果他有一個錢包，且將錢包交給聖彼得，那時錢包一定是空的。根據他們的論點，教會甚至沒有對自己的教堂或土地擁有「所有權」的正當權利，當然也沒有對

世界上任何更廣泛財富的所有權。然而，如果教會宣稱的統治權是一場騙局，那麼由教皇加冕的皇帝和王子統治權自然也是騙局。因此，這場與教皇之間的衝突，風險確實很高。

約翰二十二世重新強調吉爾斯的觀點，開始對方濟會展開攻擊。他堅持「對世俗事物的統治，不是由原始『自然法則』所建立，這種法則被理解為動物的共同法則⋯⋯也不是由萬國法或帝王之法建立，而是來自於上帝，祂是萬物之主」。[9] 在這種觀點中，約翰二十二世遵循傳統的哲學現實主義立場，將自然法則視為以上帝的計畫作為最終因，而讓整個世界充滿了神聖理性。就像前面提過的父親「共性」一樣，這項權利被認為是獨立於主張它的人而存在（父親是為父性，而非有子嗣的男人這種科學觀點）。從這種意義上來說，類似於今日所說的「客觀權利」。

在威廉的作品《九十天之作》（*Work of Ninety Days*）中，奧坎的威廉重申了方濟會關於基督絕對貧困的觀念。然而，如果耶穌的錢包確實是空的，那麼所有權或統治權從何而來？雖然奧坎的論點和約翰的論點出發點都是神學，但他的爭辯點在於亞當和夏娃被逐出伊甸園時，上帝給予他們及其後代的是取得地球上可用資源的「自然」權利，就像祂為羊提供了吃草的權利一樣。因此他再次強調，這種簡單的自然權利並不包含「所有權」。生活本身很簡單，沒有人有權擁有任何東西，大家都是以「自然狀態」[10] 生存，擁有的是自己的生活、生計和住所等基本權利。

在亞當和夏娃的後裔在伊甸園外享受理想的「自然狀態」後，他們發現自己不得不與「貪婪」的人打交道，因為這些人消耗了超過他們應得的部分。為了解決這問題，他們被迫必須就共同持有資源的「公平份額」達成一致的協議，因此產生了「私有財產」的概念，即我們今日所說的「所有權」。最重要的是，這種所有權或支配權並非來自上帝，相反地，這是一個完全人性化的概念，旨在避免衝突。根據奧坎的說法，所有權是一種

主體權利，一種僅存在於選擇接受它的人腦中達成的協議。它沒有比父親的概念更客觀的現實，而只是一個名詞或一種想法。

貪婪者會從鄰居那裡偷竊東西，因而破壞團體生活。然而為了保護自己免受這種主觀竊盜（因為所有權是主觀的，所以竊盜也是主觀的），大家一起商定了一套法律，規範如何保護私有財產，並對違法者進行適當的懲罰。為了執行這些法律，社會同意選出一個合適的統治者，也許是最強大或最聰明的人，必要時他會用武力保護大家的財產。而作為回報，執法人員將獲得更大份額的共同持有資源。

奧坎認為，這就是世俗統治權或王權的起源。本質上來說，人民將他們對土地或財產自然權利的額外份額，借給了他們選擇的統治者。但在後來的時代裡，統治者說服臣民，這種統治權是上帝提供的客觀權利，亦即上帝是中世紀世界秩序的基礎。然而威廉認為，臣民授予統治者的權利只是一種貸款，王權或貴族等概念也只是一種文字罷了。如果統治者統治不當，他的臣民便可收其權利並要求他下台。威廉等於完全顛覆了封建制度的結構，認為統治者的威權來自被統治者，反之亦然：「是上帝透過他的人民所給予。」他還堅稱「未經所有人同意，無法將權力委託給任何人」。威廉也指出，各種異端信仰、異教徒與基督徒一樣，都是亞當和夏娃的後裔，因此也都繼承了與基督徒相同的自然權利，並與他們一樣，有權制定自己的法律、選舉自己的合法統治者。[11]

讓我們回到方濟會的困境。威廉認為雖然方濟會放棄了人為的所有權概念，但他們仍然擁有在需要時使用資源的自然權利。因此他認為這些自然權利不能被教皇或皇帝給取消，即使自願放棄亦然，因為「沒有人可以取消......上帝和大自然給予信徒的權利和自由」，「......也沒有人可以放棄使用自然權利」。[12] 儘管許多律師和哲學家都為這種「主體權利」的概念做出貢獻，但 20 世紀法國法律史學家維萊（Michel Villey）毫不懷疑是

誰提倡了這種概念。他曾說法律史上的「哥白尼時刻」與「奧坎呈現的整個哲學都有關……這就是主體權利的來源」。[13]

威廉的《九十天之作》被廣泛複製流傳，並在兩百年後影響了宗教改革的許多關鍵人物。英國國王亨利八世在西敏寺圖書館裡也有他自己的御用副本，並且經常查閱，甚至還在頁面加上自己的注釋，以建立他與「亞拉岡的凱瑟琳」（Catherine of Aragon）* 離婚的理由。在英國內戰期間，該副本被送到康沃爾郡的蘭海德洛克莊園，直至今天仍歸國民託管組織所有。奧坎關於主體權利的唯名論概念，也持續影響政治啟蒙運動的關鍵人物，如荷蘭人文主義者、詩人、劇作家兼律師格勞秀斯（Hugo Grotius）[14]，並透過他們影響了霍布斯（Thomas Hobbes）、柏克萊（George Berkeley）以及和像奧坎思路一樣的 19 世紀唯物主義者，他們認為財產權或統治權是人類的發明。正如馬克思（Karl Marx）指出：「唯名主義是英國唯物主義的主要元素，可說是唯物主義給人的第一印象。」[15]

---

*　亨利八世第一任王后極受英格蘭國民愛戴，卻因無子嗣而失寵。

5

點燃火苗

本章我們將回到牛津,看看威廉的想法如何在大學迴廊中,為點燃短暫而輝煌的科學之火提供火種。他到底在牛津的何處學習依然成謎,但最古老的學院,也就是大約在他抵達之前五十年為神學生建立的默頓學院,是非常可能的候選地點。在威廉倉促離開牛津之後,儘管他被批評為異端,但他的思想也繼續在默頓學院被研究。例如在 1347 年,默頓的一位研究員蘭伯恩碩士,將奧坎的散文集留給學院,其中包括他對倫巴第《四部語錄》的評論。[1] 當中最引人注目的便是在威廉離開牛津大學後的幾十年裡,一群被稱為「默頓計算學者」(Merton Calculators,亦稱默頓學派)的人獲得了廣泛的聲譽。這些聲譽不是來自神學方面,而是在於他們將數學創新應用於自然科學方面,這非常可能是受到威廉的啟發。

雖然在這些計算學者中,沒有人直接提過威廉或他的思想(因為他當時被指控為異端並被逐出教會),但從這些人的成果來看,我們不難看出威廉的影響,尤其是他對特定「數學異端」學問上的熱情。

化圓為方

你可能記得亞里斯多德非常熱衷於將一切進行分類。他在《範疇論》裡把共性分為十類，包括實體（可參考第二章末注解說明）、數量、性質、地點、關係、位置……等。他禁止將某一類別的推理或證明應用於另一類別，進而使問題複雜化。例如數量類別包括數字但沒有實體；而性質類別用於表現客觀實體，包括其慣性，例如是否會傾向於掉落（石頭）、上升（煙）或融化（冰）等。亞里斯多德認為不同的規則適用於不同範疇，尤其是數學只能應用於沒有實體的物體，例如圓形、三角形或天體等。他說：「數學和幾何與任何實體無關。」[2]因此，數學或幾何並不適合用來描述物體的熱度或箭頭的軌跡，因為這些只能用定性術語來描述，例如物體是暖或冷、箭頭軌跡是彎曲或筆直等。

當然，數學是現代科學的基礎，若沒有數學，很難想像物理學的存在。但它同時也是化學、生物學、地質學或氣象學的重要工具。這些學問在中世紀世界都被歸類在「自然科學」一詞底下，而且也不受到數學的約束，因為它們都涉及「實體」。但由於數學是通向「簡化」之門，所以不受數學限制這點，會嚴重阻礙科學的進步。例如如何測量直角三角形的斜邊長度？若你知道另兩邊的長度和畢達哥拉斯的畢式定理，便不需動手測量。這就是數學為科學提供的東西：一個更簡單、更易於理解和可預測的世界。而對於亞里斯多德來說，這項工具只適用於光、三角形的共性或天體等非實體對象。

然而，這位希臘哲學家確實允許「有限」數量的科學「後設論點」（metabasis，解釋科學的科學）。在這種情況下，一門科學的證據，可被認證為更高科學的「附屬」科學。例如在弦樂器上演奏的音樂，便被認為是數學的附屬科學，因為和聲可從弦長與彈奏時彈奏的音符之間的比例來預測。若撥動一根弦來發出特定音符，那麼長度減半的弦，將可產生聽起

來高一個八度的音符。所以八度音程的數學比例是 2：1；而比例為 2：3 的琴弦長度，便是完美音程的五分之一（亦即將琴弦長度減少三分之二，可將音高提高五度）。然而，除了這幾個特例之外，亞里斯多德通常會禁止在科學中使用這種數學上的轉換。

亞里斯多德這類限制的其中一個，便是不同的數學對象之間無法相互配合，例如不能將圓形與正方形進行比較，因為他認為不可能使用數字或幾何方法，來確定正方形的面積等於圓的面積。他也認為在後設轉換的限制下，試圖將圓轉換成方是種冒犯。同樣地，由於每個幾何物體都是由現有的「共性」所構成，因此彼此之間的比較，一定會比「乳酪味道與魯特琴的聲音之間」更能比較。

範疇、轉換和不可共量性等論述，在古代世界的衰敗中倖存下來，並透過阿拉伯學者的保存而傳播給西方學者。因此當伊斯蘭或歐洲中世紀哲學家考慮到「運動」（motion）這樣的主題時，他們的第一個問題便是「運動屬於哪一個範疇？」他們對這問題的回答相當重要，因為這問題的答案決定了他們可應用的科學本質。不幸的是，亞里斯多德列出的範疇如此之多，以至於「經院學者」[*]幾乎無法擺脫這個問題。阿奎納的導師大阿爾伯特，在他對亞里斯多德《物理學》第三卷的評論中，寫了一篇關於運動範疇問題的廣泛討論，裡面引用了亞里斯多德和阿拉伯評論家的意見。[3]他仔細考慮了運動是否屬於動作、激情、數量、質量、地點等範疇，或者它是否代表一個全新範疇。結果不出所料，無論是他或任何學者都無法得出結論。

由於奧坎已將亞里斯多德十個範疇中的八個排除為不必要的實體，直接的好處便是消除了大部分的「轉換限制」。而對數學來說，不論針對

---

[*] 在教會修習訓練神職人員的理論（經院哲學）的人。

數學是基於柏拉圖的「理型論」，或數學只是存在於某個完美領域的三角形、圓形和數字的「共性」觀念之說法，威廉都用他的「唯名論」剃刀展開了攻擊。他寫了「如果數學與它們（理型論與共性）的關聯是真實存在的，那麼當我移動手指時，它的位置相對於宇宙的所有部分都發生了變化……」，這樣一來「天地之間將會同時充滿意外」。[4]

奧坎認為，由於數字、形狀或幾何對象僅僅是心理上的工具，因此不應限制它們的應用。例如在他於 1324 年出發前往亞維儂之前所完成的序言中，奧坎討論了科學與數學之間的關係，並認為許多亞里斯多德認為超出數學範圍的科學，像是醫學，仍可找到數學概念的用途。例如醫生可能會對傷口提供不同的預後評估，這取決於傷口是被劍直接切開（較容易治療）或被長矛刺穿（較難治療）。

同樣的情況，奧坎也摒棄了比較直線和圓在「不相稱」上的「數量」轉換限制。他以非常簡單的例子說明，你只要將纏繞成圓形的繩索解開，便能確定其長度是長於、短於或等於一根直繩。[5] 奧坎的威廉無視幾個世紀以來的哲學思考，進入基於經驗的唯名論科學現代視角。

計算學者

與威廉同時代的布拉德沃丁，最先以他的沾水筆，靈活運用了奧坎研究「運動」時解開的亞里斯多德限制。對亞里斯多德來說，運動只是一種伴隨成長或衰退的變化形式，並指出只有當作用在物體上的力超過運動阻力時，物體才會運動。然而他從未嘗試將這種理論以數學形式來解釋。布拉德沃丁在他於 1328 年左右寫成的《比例論》（*Tractatus de Proportionibus*）中，忽略掉「轉換」限制，並引入音程中的數學比例概念，正確論證了力和阻力之間的數學比率（這是一個數字）可決定運動的「數量」。[6] 這在當時算是一項革命性的創舉，因為這是史上第一次將數學推

理，應用於已知由物質構成的物體上。

布拉德沃丁後來成為一位有影響力的外交官，並擔任坎特伯雷大主教。而在牛津大學，他在數學上的初步成就，開始被另一代的默頓學者仿效，其中包括鄧布利頓（John Dumbleton，約 1310-1349）、海茨伯里（約 1313-1372）和斯灣司黑德（Richard Swineshead，卒於 1364 年左右）。在 1330 至 1350 年間，這些人在默頓學院的學習時期彼此重疊，因此可以想像他們在冰冷的大學圖書館裡，靠著燭光仔細研究手稿的畫面。[*] 我們已知海茨伯里和鄧布利頓，都受到奧坎的威廉提出的「唯名論邏輯」之影響。[7] 因此再一次地，奧坎的威廉此時對科學的最大影響，便是他將數學從哲學的束縛中解放出來。

海茨伯里後來以「計算學者」的名號聞名於世，在 1335 年寫了《意義的構成和劃分》（*Regulae solvendi sophismata*，又名「解決邏輯難題的規則」）一書。他在書中發明了一種半數學性的「後設語言」（metalanguage，用來解釋數學語言的語言），並將其應用於許多在後設基礎限制下被禁止的問題，例如重量與運動阻力之間的關係。[8] 他以典型的學術方式提出一些問題，例如「蘇格拉底以速度 A 在介質 B 中可以舉起的最大重量，或者他無法舉起的最小值為何？」[9] 他和這些默頓計算學者同事的最重要進展，就是他們將「速度」定義為距離和時間之間的關係。亞里斯多德從未在這方面嘗試過任何數學定義，因為他認為運動是個複雜的概念，必須涉及到地點、時間、坐落方式和位置上的變化等，這些都是不同的存在範疇，因此是不能相容的概念。而默頓計算學者以奧坎解開繩索的比喻，透過將物體移動的距離除以所需時間來定義速度。雖然歷史上多把這項定義歸功於伽利略，[10] 但其實默頓計算學者早在三個世紀前就已提出。

---

[*] 事實上，由於書籍的易燃性質，古代圖書館裡通常禁止使用蠟燭。

用奧坎的剃刀製訂定律

　　憑藉對速度的數學描述，海茨伯里和他的同事繼續發現現代科學的第一個定律，也就是「平均速度定律」（mean-speed theorem，亦稱等加速默頓定律）。這項定律是指從靜止狀態開始以等速加速移動的物體所行進的距離，等於該物體在同一時間以其平均速度（中間值或平均值）移動時所行進的距離。舉例來說，若一頭驢子在一小時內從完全靜止狀態，平穩加速到每小時十英里的小跑速度（從零英里平穩的逐漸加速到十英里），那麼這驢子移動的距離，將與牠（行走中非靜止的驢子）以每小時五英里的速度緩慢前行一小時一樣，也就是五英里。

　　科學和數學定律對我們的故事而言非常重要，因為在其剛硬的外表下，潛藏是奧坎剃刀最純粹的表達。請記住在本書前言中愛因斯坦表達的偏好，亦即「所有科學的宏偉目標，是透過盡可能少的假設或公理進行邏輯推論，來涵蓋最多的經驗事實」。[11] 科學定律如光、運動或熱力學的定律，都是從簡單的假設和公理中涵蓋「最多數量的經驗事實」的方法。我們可以想像一下，如果你問亞里斯多德一頭驢在一小時內從靜止狀態平穩加速到每小時十英里，牠會走多遠？從亞里斯多德的回應中，你應該就可以理解數學定律的價值了。因為亞里斯多德可能會告訴你，這問題必須取決於驢的物質因、形式因、動力因和目的因，以及這些原因被歸類的特定範疇。這頭驢很可能在亞里斯多德回答完這一切之前就累死了。

　　然而，如果是海茨伯里和他的同事被問到這問題，他們會回答以驢的最終速度除以達到該速度所需的時間來計算出答案。同時，如果我們把問題改成關於山羊、乳牛、彗星、學者或箭的加速，雖然這些物體由完全不同的物質製成，屬於不同的存在範疇，但他們會告訴你，這些區別絲毫沒有影響。在計算答案細節時，物質因等都是不必要的實體。

　　雖然平均速度定理非常有用，但它確實有一個重要限制。默頓計算學

者只描述了運動,他們沒有試圖透過提供原因來解釋運動。在今日的物理學術語中,我們將平均速度定理稱為運動方面的「運動學」(kinematic)理論。這理論沒有本質上的錯誤,在今天也仍然有用,然而它們無法預測未來或過去,除非兩者與現在的條件完全一樣。為了使科學能預測不確定的未來,這種定律還必須能應對變化,因此它們還需開發出能包含原因的模型。關於運動研究的下一個進展,是由威廉前往亞維儂途中可能停留過的城市裡的奧坎主義學者所取得。

到底是什麼導致原因?

布里丹(Jean Buridan)於 1300 年左右出生在法國皮卡第(Picardy)阿拉斯教區一個簡陋家庭。不過這個聰明小孩引起一位富人的注意,於是他幫布里丹支付了巴黎勒穆萬學院的學費,接著又資助他就讀巴黎大學。大約在 1320 年,他獲得教學執照,並迅速在學術體系升遷。他的學術成就讓他很快就被同事描述為「遠近馳名的哲學家」,並且兩次被任命為巴黎大學校長。當奧坎的威廉經過這些修道院時,布里丹一定也在附近。

可惜的是,除了一些可恥的謠言,我們對布里丹的生平所知甚少,而大多數的故事都集中在他花花公子的名聲上。在某個故事裡,他用一隻鞋擊中未來教皇克萊孟六世的頭,因為當時兩人正在爭奪一位德國鞋匠妻子的愛。另一個故事則是法國國王菲利普五世發現布里丹與他的妻子有染,於是將布里丹綁在麻袋扔進塞納河裡,但一位學生把他救起。

這些故事可能大部分是杜撰的,因為我們確實知道布里丹是那時代最偉大的學者。他對亞里斯多德的許多著作進行了評論,包括《工具論》、《物理學》、《論天》、《論生滅》、《論靈魂》和《形上學》等。布里丹的主要著作是《辯證法》(Summulae de dialectica),這本書也成為將奧坎的威廉「唯名論」邏輯傳播到歐洲大學的標準教科書,被稱為「現代之

路」或「新方法」。用歷史學家史考特的話來說,就是「由奧坎建立,布里丹持續推進……若說奧坎開創了一種新的哲學方法,布里丹就是使用新方法的人。若說奧坎是新信條的傳道者,那麼布里丹無疑便是該信條冷酷無情的實踐者……」。[12]「現代之路」反對像阿奎納或史考特這類保守哲學家讓實體臃腫不堪的學院傳統(舊方法),轉而尋求一種更簡單而避免混亂的哲學。這種哲學基於奧坎的唯名論,因為奧坎用他的剃刀去蕪存菁,為科學與神學劃清界線。

布里丹最具影響力的科學突破,就是他發現了一種描述陸地運動(如箭的飛行)原理的革命性方法。原先亞里斯多德將陸地上的各種運動描述為「暴力引起」(violent),並要求必須有先行的物質因、形式因和動力因。然而,即使擁有如此多的原因,亞里斯多德的思想體系也未能解釋為何箭在離開弓很久後,依然能在空中飛行。亞里斯多德對此感到困惑,並以他常用的方式回應,因而更增其複雜性。他說在收到弓弦的初始衝力後,移動的箭在箭周圍的空氣中產生了一種旋風,這旋風繼續推動箭沿著其路徑前進。

在布里丹開始考慮這個問題的大約十年前,奧坎的威廉就已發現這種說法的缺陷。[13]他指出,兩枝方向相反的箭可能在空中緊貼對方身邊飛過。在快要通過時,亞里斯多德的旋風需面對兩個相反方向的推力,這完全不合理。布里丹則提出,移動的弓弦可為箭帶來一定的「衝力」(impetus),而這種衝力一直附著在箭上,就像一種推開空氣阻力的燃料,一直到耗盡殆盡,箭就會恢復成為落到地面的自然運動。

這種衝力的概念並非全新。拜占庭哲學家費羅普勒斯(John Philoponus,約490-570)早在6世紀便引入了這個概念,後來也由出生於西元980年的波斯學者西納做過進一步解釋。然而讓布里丹的概念真正具革命性之處在於它的數學定義。布里丹提出,我們可透過將物體的重量乘

以速度,來計算物體的衝力。這種說法與現代的「動量」概念相似,*但不盡相同。

布里丹定律是第一個以數學描述的運動因果定律,因而成為塑造現代世界大多數科學定律的先驅(無論直接或間接)。如同像默頓計算學者,布里丹也試圖「透過盡可能少的假設或公理進行邏輯推論,來涵蓋最多的經驗事實」。

在故事繼續之前,我想探討一下關於衝力本質的最後一個問題。如果布里丹提出弓箭手的弓傳給箭的不是衝力,而是將一位「天使」傳給了箭,然後箭的運動是由天使的翅膀拍動來提供動力,一直到天使累了為止呢?這樣他對衝力的瞭解會比較不足嗎?這問題對我們來說似乎很可笑,但中世紀的人肯定不會如此覺得。因為對當時的大多數人來說,天使遠比衝力更真實,更常出現在他們的世界裡。

不過目前我們要先暫時擱下這個問題,然而我們也將回來討論,因為概括起來,它確實是奧坎的剃刀在科學上作用的核心。

地球的移動(或許是)

在奧坎留存的規範本中,他描述過一艘沿著綠樹成蔭的海岸航行的船。站在船甲板上的觀察者會說「樹木⋯⋯似乎在移動」。但他繼續論述這兩種命題:「因 船的運動而移動的眼睛,在不同的距離和方向上連續看到樹木」跟「樹木看起來似乎在移動」是等價的。[14] 奧坎指出,運動和靜止的「相對」等價,一切取決於你的視角。奧坎用這種觀察來論證運動,就像共通的特點一樣,並非一個存在的實體,而是物體之間的「關係」。布里丹意識到,這種感知上的相對性對於天體來說可能也具有意

---

* 動量等於速度(帶有方向的向量)乘以質量。

義。

在布里丹的運動理論中，弓箭手的弓會傳遞一定的衝力，使箭能在空中繼續飛行。然而箭終究會落下，布里丹推測這是因為弓只傳遞了有限數量的衝力來對抗空氣阻力，直到耗盡為止。接著，他繼續推測「如果它不被相反的阻力或相反運動的趨勢削弱或破壞，就會永遠持續運動下去」。[15] 這種概念已非常接近現代的「慣性」概念（同樣地，這個概念通常也被歸功於伽利略）。此外，布里丹還提出「在天體運動中沒有相反的阻力」，[16] 因此在上帝為它們注入第一次動力後，天體便可以永遠保持運動。這種思考已朝向依照地表「相對運動」法則（威廉所提議的）所運行的「機械移動天堂」邁進了一大步。然而，布里丹藉由引入奧坎的威廉所觀察運動和靜止的等價性，來論證是地球而非星星在移動，思考了一個更具革命性、而且很可能被歸類於異端的想法。

布里丹和所有人一樣，當然會注意到星星似乎每天都圍繞地球旋轉，但他意識到這很可能也是一個視角問題。如果是地球本身在轉動，那麼星星就不會有每天的運動軌跡了。於是他寫道：

> 正如若要拯救表象，應該透過較少原因而非透過許多原因……現在我看到移動小東西會比移動大東西更容易。因此，我們不如說地球（非常小）移動得最快，而最高的球體則處於靜止狀態，而非反其道而行。[17]

布里丹讓地球這個單一物體自轉，中止了成千上萬顆恆星的運動：這就是奧坎剃刀的威力。不過這位聰明的法國學者也發現了一個問題：如果地球真以極快的速度從西向東旋轉，那麼垂直射入空中的箭，應該會落在其起始位置的東邊。由於這件事並未發生，因此布里丹得出結論，地球一

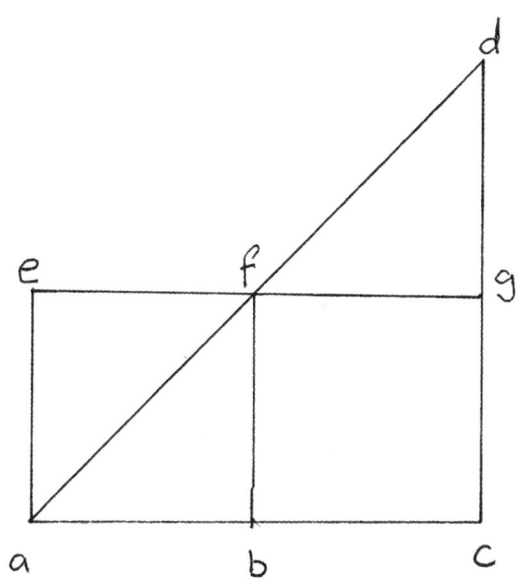

圖7：布里丹對平均速度定理的圖形證明。水平軸 ab 是「時間」，而垂直軸 ac 是一致的「加速度」，因此總行駛距離為三角形 abc 的面積。布里丹指出，如果點 r 在 b 和 c 等距的位置時，則三角形 rfc 與三角形 brg 的大小相同，因此矩形 abgf 與三角形 abc 的面積相同，也就是面積等於整個行程以平均速度行駛的距離。

定是靜止的，而天體確實會轉動。

　　雖然這是非常合理的推論，但當然是錯誤的。後來正確的解答是由布里丹的一位學生，也是奧坎教友和「現代之路」成員奧里斯姆（Nicole Oresme，約 1323-82）所提供。奧里斯姆的職涯比他的老師們還要輝煌，因為他成為未來的法國查理五世（1338-80）的導師，後來也被任命為利秀主教（Bishop of Lisieux）。奧里斯姆在巴黎與布里丹一起學習的期間，研究了默頓計算學者的工作，並再次無視於前面提過亞里斯多德的後設轉換禁止規則，開始使用幾何圖形，為計算學者的平均速度定理提供圖形證明（圖7）。他跟隨他的老師使用奧坎剃刀來消除恆星的日常旋轉，並且也一樣宣稱「可透過更少或更小的操作就能完成的事，卻用上好幾次

或更大規模的操作來完成,是毫無意義的……」。然而奧里斯姆與他的老師不同,因為他解決了箭頭難題。他指出,從移動中的船隻甲板上垂直射出的箭,仍會落在甲板上。他推理說,這是因為射出的箭也分享到船的水平衝力,因此即使在箭離開船頭後,它仍會繼續與船一起移動。奧里斯姆認為,在移動的地球表面上的弓箭手,與船隻甲板上的水手處於相同的情況,「因此,箭會返回它在地球上離開的地方。」

然而就像他的老師一樣,奧里斯姆也不願意大步躍入一個更簡單的宇宙中。他解釋說,由於單憑理性無法區分地球旋轉或天體旋轉這兩種視角,因此他為了聖經放棄了剃刀。奧里斯姆還在聖經的〈約書亞記〉發現一段經文,描述上帝命令太陽在天空中靜止不動,為約書亞提供更多的白日時間,得以屠殺他的敵人。

儘管奧里斯姆因神學而躊躇不前,但到了 1340 年左右,奧坎的威廉透過現代之路邁出一大步,擺脫了阿奎納「科學式神學」的錯綜複雜。如果當時的進步持續下去,工業革命可能會發生在 16 世紀而非 18 世紀。可惜的是,突然出現的一種細菌,打倒了最後一批經院學者。

瘟疫歲月

1347 年,蒙古軍隊圍攻克里米亞半島的卡法港,要求被控謀殺城市領主的熱那亞商人投降。當圍攻的軍隊開始罹患一種神祕的致命疾病,熱那亞人感謝上帝的恩賜。然而他們的感謝很短暫,因為蒙古人將病死的屍體彈射入城,導致當地民眾也成為這種怪病的受害者。熱那亞人迅速乘船逃往義大利,當船隻停靠在當時世界上人口最多的城市君士坦丁堡後,就在幾週內,有成千上萬的居民死亡。1347 年 10 月,這艘船的下一個停靠站是西西里島的美西納,當時大部分的船員都已死去,倖存的十二名熱那亞人雖然生病,但被阻止下船,然而船上的老鼠卻帶著這種疾病跳下船。幾

個月之內，歐洲所有的主要港口都受到影響。而在短短幾年內，超過一半的歐洲人死亡，其中包括布拉德沃丁、布里丹和奧坎的威廉。儘管大部分大學倖存了下來，師資的短缺卻導致基礎教育的崩解，歐洲的識字率立刻直線下降。

第一次流行病在四、五年內自行消退，但在接下來幾十年裡，規律爆發的瘟疫疫情，持續殘忍地摧毀整個歐洲地區。為了尋找指責的對象，受到驚嚇的統治者和公民將猶太人當作目標，幾千名猶太人因此遭到謀殺。許多人認為這場災難是人的邪惡造成上帝痛苦所致，為了安撫憤怒的上帝，他們披麻蒙灰地在城鎮間徘徊，還以帶有鐵釘的鞭子互相鞭打。然而鞭打、懺悔、祈禱或清洗完全無效，憤怒的上帝並沒有被安撫。就此，中世紀的歐洲從《貝里公爵的豪華時禱書》（*Très Riches Heures du Duc de Berry*）[*]中描繪的鄉村田園風光，陷入波希（Hieronymus Bosch）[†]地獄般的景象。隨著死亡無處不在，經院學者放棄了科學上的推測，開始專注於祈禱。因此中世紀歐洲對科學產生認真興趣的人，還要再經過一百五十多年才會出現。

---

* 一本於中世紀發表的法國哥德式裝飾祈禱用書，書中插畫按月份區分，內容主題多為當時富裕恬靜的生活。

† 波希是15至16世紀多產的荷蘭畫家，畫作多在描繪罪惡與人類道德的沉淪。

6

過渡時期

　　1504 年在佛羅倫斯市，托斯卡尼藝術家李奧納多‧迪‧塞爾‧皮耶羅‧達文西（Leonardo di ser Piero da Vinci，1452-1519），也就是今日稱為李奧納多‧達文西（以下均簡稱達文西）的人，正在打包他的書本。自席捲歐洲的瘟疫殺死大量歐洲人民以來，已經過一百五十七年。佛羅倫斯當地的黑死病疫情相當嚴重，在 1347 至 1348 年間消滅了四分之三的人口。幸好到了 16 世紀，黑死病疫情變得較為罕見且較不嚴重，[1] 這座城市開始復甦，而且逐漸繁榮發展，成為成長最快速的城市。

　　達文西是公證人皮耶羅‧達文西和他的傭人卡塔琳娜的私生子。他們住在文西鎮外蒙塔爾巴諾山腳下。1460 年代中期，他和家人搬到佛羅倫斯，年輕的達文西在當地雕塑家兼金匠和畫家委羅基奧（Andrea del Verrocchio）的工作室當學徒。很快地，達文西的非凡才華吸引一批既富有又極具影響力的贊助人前來，他們委託達文西製作一些項目，位在佛羅倫斯斯科普托聖多納託修道院中未完成的「三博士來朝」畫就是其一，目前收藏在烏菲茲美術館。達文西於 1482 年搬到米蘭，並在當地為聖母無原罪協會畫了「岩間聖母」，以及他為米蘭聖瑪麗亞感恩修道院所繪、無與

倫比的「最後的晚餐」。

在接下來的幾十年裡，不斷有人委託達文西各種製作項目。除了藝術作品之外，還包括建築和工程項目。例如 1499 年他設計了一種可移動的路障結構，以保護威尼斯城免受水患；三年後，他與馬基維利（Niccolò Machiavelli）合作設計了亞諾河的分流系統。不過這項工程的結果是一場代價高昂的災難，導致八十人喪生。佛羅倫斯的領主（也就是當地政府）並沒被嚇倒，繼續委託達文西與米開朗基羅一起創作「舊宮」（Palazzo Vecchio）裡的畫作。然而在那年稍晚，達文西的父親去世了，因此他打算返回文西鎮。臨行前，他打包了所有書籍和手稿，並製作了兩份目錄。第一份目錄是「打算放在上鎖書櫃裡的書」；第二份目錄則列出「打算放在修道院書櫃上的書」，一般推測這裡的修道院是指「百花聖母教堂」（Santa Maria Novella）[2]。圖書目錄就與它們描述的書放在一起。

當然，達文西最有名的還是他的畫作，這些畫作被認為是西方藝術最偉大的傑作。但他也是一位真正的文藝復興時期的人，製作過幾千頁的筆記，內容包括自然的岩層、水晶、鳥類、化石、動物、植物、人體解剖學以及各種真實和想像的機器等。他小心翼翼地保存這些筆記，在他於 1519 年去世後，這些筆記被裝訂成幾本筆記本，即今日我們看到的「達文西手抄本」（Leonardo Codices）。其中一些已經亡佚，但有許多倖存下來並被私人或博物館所收藏。

多年來，達文西手抄本因其藝術性而備受推崇。19 世紀時，科學史家開始對這些手抄本產生興趣。然而，由於達文西的筆記是用拉丁文草書速記，讓辨識工作加倍困難。其中一份文件手稿 A，一直被保存在米蘭的安布羅西亞納圖書館（Biblioteca Ambrosiana）中，直到 1796 年拿破崙入侵義大利期間被盜出，帶往巴黎的法蘭西圖書館保存至今。20 世紀初，法國物理學家和科學史學家杜漢（Pierre Duhem，1861-1916），在此地辛苦挑揀

達文西的難懂文字，驚訝地發現裡面竟有當代熟悉的關於運動和自由落體的數學定律，以及與能量守恆有關的概念。[3] 另一份文件則包括一幅附有注釋的鳥翼圖：「翅膀的手是產生衝力的原因，其肘部貼近邊緣前進，以免阻礙衝力的運作。」[4] 令他最感驚訝的是在20世紀初的一般概念裡，科學在羅馬帝國滅亡後的「黑暗時代」已經消失，直到17世紀所謂的「啟蒙時代」才重新出現。然而達文西的筆記寫於15世紀，他對複雜科學原理的理解到底從何而來？

杜漢猜想，答案可能就藏在過去圖書館的書櫃內，可惜這些圖書館書櫃裡的書早就不見了，不過圖書館的目錄倒是留了下來，其中一份收藏在馬德里。[5] 杜漢想盡辦法找到這份目錄的副本，從中看到一份內容廣泛、包含不同科學學科的書名清單，從醫學到自然史、數學、幾何、地理、天文學和哲學等，許多是古希臘哲學家著作的熟悉作品，包括亞里斯多德、托勒密和歐幾里德，但清單中還包括一些不太有名的中世紀學者作品，例如大阿爾伯特的《天堂與世界》（*De coelo et mundo*）等。杜漢陸續找到在他能力所及下所能找到的倖存副本，並在這些書中發現類似達文西筆記中科學概念的引用來源，例如衝力等。許多原始文本是對前面提過的巴黎奧坎主義學者布里丹和奧里斯姆早期作品的評論。杜漢以及後來的穆迪（Ernest Moody，1903-75）進一步探索研究，沿著達文西的學術足跡跨越英吉利海峽，到中世紀的英國學者團體（也就是「計算學者」）提到的一項名為「計算學」的科學，以及受到奧坎的威廉啟發的「現代之路」運動等。[6] 一切就像在12至13世紀間，歐洲世界重新發現希臘文本一樣，杜漢和他的同事發現一個完全被遺忘的科學時期。他的結論是：「達文西的機械工作原理，其本質思想都來自中世紀的幾何學家。」[7] 那場消滅現代之路實踐者的瘟疫，顯然沒有摧毀掉他們的思想。

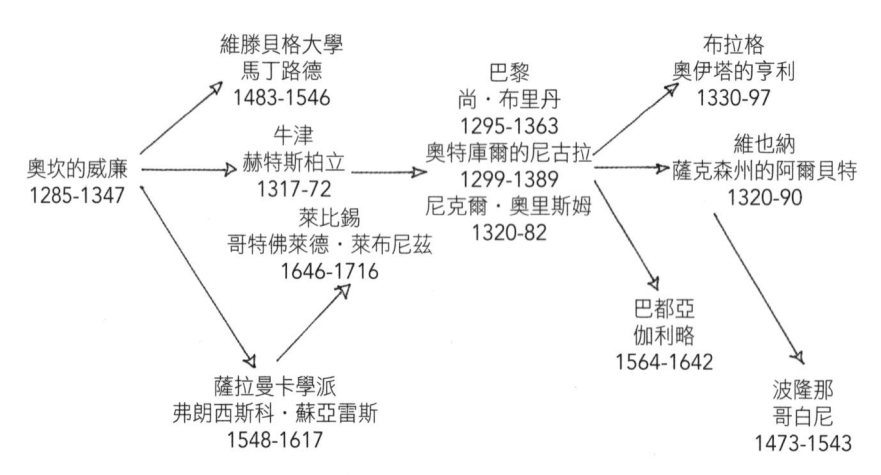

```
                    維滕貝格大學              布拉格
                    馬丁路德         巴黎      奧伊塔的亨利
                    1483-1546    尚‧布里丹    1330-97
                        牛津      1295-1363
奧坎的威廉           赫特斯柏立   奧特庫爾的尼古拉            維也納
1285-1347           1317-72    1299-1389          薩克森州的阿爾貝特
                        萊比錫   尼克爾‧奧里斯姆         1320-90
                 哥特佛萊德‧萊布尼茲  1320-82
                    1646-1716
                                             巴都亞
                                             伽利略
                    薩拉曼卡學派                 1564-1642
                    弗朗西斯科‧蘇亞雷斯                   波隆那
                    1548-1617                         哥白尼
                                                    1473-1543
```

圖 8：奧坎的威廉思想在歐洲的傳播途徑。

我們沒理由相信 15 世紀的達文西，對於「現代之路」的思想和哲學有任何特殊的瞭解，因此比較可能的狀況是有成千上萬的其他學者，十分熟悉奧坎的剃刀及其所啟發的科學思想。然而在印刷術發明之前的幾個世紀裡，現代之路的進展到底是如何傳播的呢？其確實路徑依然成謎。不過在後來的研究裡，我們發現了兩條主要路線，其中一條對應於中世紀晚期的兩次文化革命。

通往文藝復興的南線

在達文西出生前的七十二年，也就是 1380 年左右的某個晚上，佛羅倫斯最偉大的音樂家和作曲家蘭迪尼（Francesco Landini，約 1325-97）作了一個夢。在夢裡，一位著名的英國修士來拜訪他⋯⋯。蘭迪尼是佛羅倫斯乃至整個義大利最知名且最具創新精神的音樂家，他是喬托學校畫家卡森蒂諾（Jacopo del Casetino，1310-49）的兒子，可能經常隨著父親進入藝術家的工作室。蘭迪尼在兒童時期即因天花的後遺症失明，然而這位年

輕人將他的創作才能用於音樂、詩歌和樂器製作，他的歌聲堪稱傳奇。在「阿爾貝蒂的天堂」（Il Paradiso degli Alberti）一文中，身兼作家、數學家和人文主義哲學家的達普拉托（Giovanni da Prato）描述蘭迪尼的演奏時說，「從未有人聽過如此美妙的和聲，大家的心都激動地幾乎從胸口中跳出來」。蘭迪尼精通各種樂器，範圍從中世紀的麗貝卡琴、長笛到手風琴等。他還有製造樂器的才能，曾為聖母大教堂和佛羅倫斯大教堂製作管風琴。他甚至還自己發明樂器，包括一種稱為美人魚琴（syrena syrenarum）的變體魯特琴。

　　蘭迪尼作為牧歌作曲家的身分最為出色。他的牧歌大多以兩個以上的聲部，融合法國和義大利樂風的影響，創造出一種讓佛羅倫斯菁英在時尚聚會上追捧的新穎風格。當地富有、才華橫溢、美麗、有權有勢或聰明的人們，時常聚在一起朗誦詩歌，討論最新的藝術作品，或是聆聽蘭迪尼創作的音樂，有時也會自行演奏和演唱。每當佛羅倫斯市民邀請這位偉大的音樂家和作曲家演奏時，他們知道在他的詩句之間通常會包含一些哲學觀點。哲學是蘭迪尼的另一項愛好，尤其是奧坎革命性的唯名論，他的思想沿著人跡罕至的貿易、朝聖和外交路線進入義大利。蘭迪尼甚至將奧坎的哲學融入他的歌詞中，在他的歌曲「偉大的思考」（Contemplar le gran）中，他寫道：「基督教信仰的文章……應該以這種方式來思考：它們不能被理性證明，也不能成為知識的基礎。因為科學和神學本質上不同，不能混為一談……」在另一首詩中，他唱著：「默想神的偉大作為是好的，但不必多加解釋……」*

　　「14世紀」時期（trecento）是15世紀義大利文藝復興時期（quattrocento）頂峰之前的世紀，也是對義大利知識份子來說最動盪的時

---

* 蘭迪尼的音樂流傳至今，目前仍然可以聽到。

期。當時的文化逐漸遠離舊的中世紀世界，走向一個不確定的未來。蘭迪尼在 1380 年左右寫給亞維儂的一位朋友的信中，描述了奧坎威廉的鬼魂如何到夢中拜訪他，向他抱怨有「野狗」攻擊了理性哲學，並將他們稱為「北方的野蠻人」，這些人「像憎恨死亡一樣地憎恨邏輯學者」。[8]事實上，「野狗」指的是義大利文藝復興時期的一些前衛思想家，他們背棄了經院哲學家。儘管蘭迪尼也是這運動的一員，他還是傾向於為奧坎的威廉辯護。在對「無知者」的謾罵結束後，奧坎的鬼魂被街頭小販的聲音驚醒，「尊貴的身影消失在空中⋯⋯」。

這個奇妙的夢境直到 1983 年才被揭露。它呈現的是在 1380 年時，奧坎的威廉哲學如何從牛津、亞維儂、巴黎和慕尼黑慢慢傳播，滲透到義大利 14 世紀時期快速脈動的時代心臟中。然而，我們尚不清楚蘭迪尼如何以及為何能認識奧坎的威廉思想，不過我們可以看到許多可能的路線。例如奧坎的威廉在城裡與教皇對峙時，托斯卡尼詩人佩脫拉克便住在亞維儂。後來他前往佛羅倫斯，可能因此認識了蘭迪尼。儘管蘭迪尼從小失明，但依舊四處遊歷，因此他也可能透過布里丹的奧坎主義學生大阿爾伯特所撰寫的一本具影響力的唯名論邏輯教科書《非常有用的邏輯》（*Perutilis logica*），瞭解到奧坎的教義。這本教科書被廣泛抄寫並傳播到位於歐洲各地的主要學習中心，包括布拉格、巴黎、牛津、維也納、波隆那、帕多瓦和威尼斯。

正如我們已經知道的，那些學院的抄寫員為各種手稿在整個歐洲的傳播，提供了令人驚訝的快速路徑。然而這種手稿非常珍貴，甚至變成一種奢侈品，只有神職人員或富有的文人菁英才有機會接觸到。幸好一切在 1445 年發生了變化。大約在奧坎去世一百年後，也就是在蘭迪尼的夢境六十年後，古騰堡發明了現代的印刷機。最先被印刷的書籍，便是 1455 年在梅因茲印刷的「古騰堡聖經」。在接下來幾十年裡，印刷廠在歐洲各

地大量出現。在印刷機出現之前，整個歐洲大約只有三萬本書；到了 1500 年，書籍的流通量已超過九百萬本。隨著書籍數量的增加，書籍價格也變得更便宜，不論富商、學者或工匠都能買到。歐洲的識字率快速成長，增加了對新書的需求，隨著聖經印刷市場趨於飽和，印刷廠爭先恐後地尋找各種牛皮紙手稿，將上面的文字轉變成印刷書籍。

接下來被印刷機大量印刷的，是奧古斯丁或阿奎納等人的神學著作，以及包括亞里斯多德、蓋倫、托勒密和歐幾里德在內的古代哲學家著作。達文西的書櫃裡有羅道特（Erhardus Ratdolt，當時知名印刷商）於 1482 年在威尼斯印刷的歐幾里德的《幾何原本》。1471 年，德國文藝復興時期的關鍵人物繆勒（Regiomontanus、1436-76），在紐倫堡開設了第一家專門印刷科學文本的印刷廠。他根據他的老師普爾巴赫（Georg von Peuerbach）的講座內容，出版了與托勒密相關的天文學著作《行星的新理論》（*Theoricae Novae Planetarum*）。威尼斯也成為重要的出版中心，達文西的圖書目錄裡也收藏了一份 1499 年在該市出版的薩克羅博斯科《天球論》。

隨著神學和古代哲學文本的枯竭，印刷商開始將注意力轉向科學和哲學的現代著作。奧坎的威廉所寫的大部分哲學和神學著作都在這時期印刷，他對倫巴第的《四部語錄》第一部所寫評論的規範本，於 1483 在斯特拉斯堡首印，1495 年在里昂重新編輯和印刷。而他對倫巴第《四部語錄》第二至四部評論的學生紀錄本、《辯論集七篇》（他的爭論記錄）連同他的《祭壇聖事》，也在 1491 年於斯特拉斯堡印刷，而他的《邏輯大全》也於 1488 年在巴黎印刷。[9] 他有許多最具影響力的作品，例如《邏輯大全》，也由波隆那的法埃利（Benedetto Faelli）於 1496 至 1523 年間印刷。[10] 在接下來的幾個世紀中，有好幾本書被重印了五、六次，顯然十分受歡迎，這些書籍也傳遍整個歐洲。[11] 布里丹、奧里斯姆、斯溫內斯海德

（Swineshead）和赫特斯柏立（Heytesbury）作品的印刷本，在歐洲所有主要城市都有提供。布里丹的奧坎主義學生大阿爾伯特的《天堂與世界》的副本，可能於1482年在帕維亞印刷，也是達文西存放在書櫃裡的其中一本書。大阿爾伯特的書可能是達文西關於運動和衝力數學定律與知識的來源。[12] 奧坎的威廉及其追隨者的哲學並未被遺忘，在瘟疫後的幾世紀裡依然活躍，不僅在佛羅倫斯的音樂室裡引發熱烈討論，也對結束中世紀和開創現代世界的文化革命產生了深遠影響。

唯名論的黑暗之神

> 正如上帝只根據祂的意志來創造每個生物，祂也可以只根據祂的意志，對生物做出任何祂所喜歡的事。所以一個人即使敬奉上帝，從事上帝所稱許的一切工作，上帝依然可以毫無罪過地消滅這個人。同樣的情況，做了這些事之後，上帝也可以不賜與這造物永生，而是賜予永恆的懲罰，因為上帝不欠任何人的債。
> ——奧坎的威廉，《四部語錄》評注，1324年[13]

奧坎的威廉在七個世紀前寫了以上這段話，儘管讀過很多遍，我仍然感到震驚。上帝可能還沒有死，[14] 所以威廉的唯名論、上帝不可知與無所不能的觀點，對一般人來說應該還沒有值得購買的動機。雖然在今日看來令人不安，但他的論述一定在當時引起了共鳴。因為在當時的歐洲，人們遇上一個他們認為是上帝降臨在他們身上的可怕「敵人」而感到震驚，也就是由鼠疫桿菌帶來的「瘟疫」。美國哲學家和歷史學家葛拉斯彼（Michael Allen Gillespie），在他2008年出版的《現代性的神學起源》一書中，認為是奧坎的哲學提供了點燃文藝復興和宗教改革的火花。根據葛

拉斯彼的說法，正是因為歐洲與奧坎哲學的相遇而「顛覆了世界」。

文藝復興時期的人

> 新人啊，傲慢無比，竟對偉大的母親不敬！
> ——佩脫拉克《合組歌》第五十三首

文藝復興造成幾世紀以來政治、文化、社會和藝術上的大量變革，而其發生原因幾乎和它的表現形式一樣複雜。包括歐洲在內約有一半的勞動力因瘟疫而喪失，促使農奴逃離他們的主人、離家尋找有償的工作。由於沒有符合條件又充足的農民勞動力來源，封建主義徹底崩潰。同時，瘟疫也削弱人們對天主教會的信心，因為倖存者知道即使做一百萬次的祈禱、無數次的懺悔以及數不清的彌撒，都無法阻止這場災難的發生。因此一種新的「懷疑精神」在整個歐洲大陸蔓延，最有影響力的懷疑論者便是學者兼詩人、通常被尊稱為桂冠詩人的佩脫拉克。一般認為，他是義大利文藝復興哲學與人文主義之父。

佩脫拉克出生在托斯卡尼，他早年的大部分時間是在亞維儂度過，與奧坎的威廉被迫停留在該城市的時間剛好重疊。他跟奧坎一樣，都抨擊了羅馬教皇的腐敗和虛偽。儘管他也接受過學院傳統的教育，佩脫拉克卻討厭亞里斯多德笨拙的邏輯，比較喜歡古羅馬的優雅散文，尤其是身兼律師、演說家、作家和外交官西身分的西塞羅（Cicero，西元前106-43），因為他最早使用了拉丁文「人性」（humanitas）一詞，來說明學習和推理應該專注於人，而非專注於神。佩脫拉克在歐洲地區廣泛旅行，並在佛羅倫斯度過幾年的時光，他在當地可能就是蘭迪尼夢中的「野狗」之一。雖然他在寫作中從未提到過奧坎，但佩脫拉克肯定知道這位在家鄉引起轟動

的英國學者。

雖然學者仍在激烈討論佩脫拉克在人文主義方面的根源由來，但有某些學者認為，根源就在於他與被葛拉斯彼稱為「唯名論的黑暗之神」[15]的相遇。佩脫拉克跟與唯名論者一樣，拒絕哲學實在論和共性的存在，他跟奧坎一樣堅持上帝的無所不能與上帝意志的不可知。在他的文章「關於他自己和許多其他人的無知」（On His Own Ignorance and That of Many Others）中，佩脫拉克認為「人在一生中不可能完全瞭解上帝」，而且「大自然創造出來的任何事物必然有衝突和仇恨」[16]。如果上帝對人類的計畫不可知，佩脫拉克認為，人就必須相信自己的創造力。因此他堅持「除了靈魂，沒有什麼是令人欽佩的；除了靈魂，沒有什麼是更偉大的」。[17]由於沒有人性的現實主義「共性」可供借鏡，因此他認為人類必須塑造自己的本性。因此，他對唯名論的「上帝」回應，就是去創造一個完全個性化的「人性」。他敦促他的同胞放棄追求「外部」驗證的無望奢求，而應透過「內省」來尋求自己的人性。所以對佩脫拉克來說，自我反省和創造性的想像力，甚至可以昇華到一種神聖的地位。他提出的問題是：「還有什麼禱告，我不是說在希望方面，而是說在目的和思考方面，會比得上禱告（讓自己）『成為上帝』呢？」[18]

美國藝術史學家和文藝復興時期學者特林考斯（Charles Trinkaus，1911-99）在佩脫拉克的詩歌中，也看到奧坎的威廉影響。[19]特林考斯認為，佩脫拉克抓住了唯名論者從柏拉圖現實主義的束縛中解放文字的機會，開啟了一個靈活運用詩意隱喻的全新世界。美國文學評論家布歇（Holly Wallace Boucher）[20]以這主題做了進一步論證：雖然早期的中世紀作家如但丁，將文字理解為「與真理有簡單易懂的關聯，是神聖秩序的形象……」，但奧坎的唯名論打破了這種僵化的關聯。此後，詞語可用來指涉詩人所選擇的任何含義，從後現代主義的角度來看，甚至可以說每個讀

者都選擇了他們自己的文字含義。[21] 因此，在但丁死後僅僅三十年薄伽丘（Giovanni Boccaccio）所著的《十日談》中，文字已擺脫了它們的象徵意義或神聖意義，創造出一種更接近自然主義的詩歌，非常適合用來描述一般人從事烹飪、飲食、聊天、飲酒、欲望、通姦和相互欺騙等「正常」人類活動。而隨著文字不再受到現實主義的束縛，詩人終於可以自由地隱喻一切，讓一般大眾也能理解詩歌：

……看啊，愛是令人羨慕的一絲條紋
聯繫著遙遠東方的雲朵：
夜晚的蠟燭已經燃盡，歡樂的白晝踮起腳尖
站在雲霧繚繞的山頂上。
——莎士比亞，羅密歐與茱麗葉，第三幕

蘭迪尼並不是唯一受到奧坎唯名論影響的藝術家。維也納藝術史學家德弗札克（Max Dvoák，1874-1921），在他的《作為思想史的藝術史》（The History of Art as the History of Ideas）[22] 中，認為奧坎的唯名論，有助於促使人們從拜占庭典型的「上帝視角」哲學現實主義、中世紀的歐洲和伊斯蘭*繪畫風格，朝向現代特徵的自然主義前進。亦即原型讓位給個人，讓繪畫裡的兔子終於可以真正代表一隻兔子。

當然，和所有東西一樣，藝術不可能在一夕之間突然改變。幾世紀以來，象徵主義、寓言和原型一直存在於歐洲藝術中，通常與自然主義的表現並駕齊驅。然而藝術在象徵主義的後期階段，看起來更像是藝術家和

---

* 波斯微型藝術的上帝視角與文藝復興時期西方藝術的個人主義視角之間的這種衝突，在帕慕克（Orhan Pamuk）的精彩小說《我的名字叫紅》（My Name is Red）中，有相當深刻的描繪。

觀眾之間的溝通密碼，而不再試圖以藝術代表上帝的訊息。在 1951 年出版的《藝術社會史》中，豪澤爾（Arnold Hauser，1892-1978）[23]認為「現實主義是一種靜態且較保守動態的表達……唯名主義則要求每個特定事物都佔有存在的一部分，以對應一種生活秩序。在這種秩序中，即使是處於階梯最低階的人也有上升的機會」。豪瑟也說，唯名主義促進了更加「民主」和「自然主義」的藝術風格，在這種風格中，凡人與國王或聖人同樣可以受到關注。這種轉變可在達文西的著名畫作《最後的晚餐》（The Last Supper，約 1495 年）中看到；畫中的每個使徒都像基督一樣，各自佔據了畫布上的一方空間，這在早期畫作中相當少見。一百年後，這種轉變在卡拉瓦喬（Caravaggio）的《以馬忤斯的晚餐》（The Supper at Emmau，畫於 1600 年左右）中更加明顯，其中不知名的旅店老闆，可能還是場景中最引人注意的人物。

人文主義與藝術之神

雖然奧坎的唯名論是人文主義先驅者的靈感來源，但隨著文藝復興的發展，越來越背離經院哲學家與亞里斯多德。這是由於托斯卡尼大公美第奇（Cosimo de' Medici）的學者、牧師和顧問，也就是費奇諾（Marsilio Ficino，1433-99）所造成的。當時與拜占庭人的接觸，已將希臘知識帶回西歐。而費奇諾更把柏拉圖的幾部作品，直接從希臘文翻譯成拉丁文。他迷上了柏拉圖的哲學，尤其是關於靈魂本質的大量著作，認為這是一種手段，可用來對抗唯名論者將哲學與宗教分開的危險趨勢。大約在 1469 至 1474 年的某個時刻，他以「柏拉圖神學」（Theologia Platonica）為標題，並以「靈魂不朽」（On the Immortality of Souls）為副題，對柏拉圖思想進行評論和總結。費奇諾堅稱柏拉圖（而非亞里斯多德）才是基督教的守護神。

費奇諾的翻譯和評論很受歡迎，因為柏拉圖清晰、富有詩意的寫作風格充滿了寓言、敘事和對話，就像是對亞里斯多德拙樸邏輯的一種解脫。其中，更能吸引人文主義者的，便是柏拉圖對自我發現的關注。從亞里斯多德的經驗主義到柏拉圖式內省的轉變，讓盛行的人文主義產生了共鳴，並引發了「新柏拉圖主義」（Neoplatonism）神祕與神奇哲學的復興，也在羅馬帝國垂死的歲月中蓬勃發展。而當托斯卡尼大公美第奇聽到被重新發現的新柏拉圖主義希臘文本最近抵達佛羅倫斯時，他命令費奇諾放棄對柏拉圖著作的翻譯，轉而翻譯一位被稱為崔斯墨圖（Hermes Trismegistus）的傳奇人物之古代著作，此人被古埃及人認為是身兼「牧師、先知和立法者」的偉人。

費奇諾在 1471 年出版的譯作裡，在對崔斯墨圖的介紹中，講述了「在摩西出生時，占星家阿特拉斯讓自然哲學家普羅米修斯的兄弟暨偉大的墨丘利*的祖父帶來繁榮，他的孫子便是崔斯墨圖……他們說他殺死了阿格斯（Argus），統治了埃及人，並且賜予他們法律和文字」。費奇諾宣稱，新翻譯的文本混合了哲學、畢達哥拉斯神祕主義、煉金術、魔法、神話和占星術，相當於一扇可以窺看啟發畢達哥拉斯、柏拉圖和希伯來聖經等古老神祕傳統之窗。

儘管這種古怪的主張在一百年前會被視為無稽之談，但赫密士主義（hermeticism）在對於「不受約束的人類想像力」感興趣的人文主義者中變得非常流行。赫密士主義似乎可以為人文主義的難題，亦即如何將人變成「具有創造性的神」，補充了缺失的部分，而且其答案相當神奇。在義大利貴族美第奇（Lorenzo de' Medici）的密友米蘭多拉（Giovanni Pico della

---

* 墨丘利（Mercurius）是羅馬神話中為眾神傳遞信息的使者，對應於希臘神話的荷米斯（Hermes），也就是宙斯與米亞的兒子，奧林帕斯十二主神之一。

Mirandola，1463-94) 的著作《論人的尊嚴》（被譽為「文藝復興時期的宣言」）裡，宣稱天使可以幫助人們飛翔。而米蘭多拉對希伯來語卡巴拉猶太哲學*的研究，也讓他說出各種具有神奇吸引力的話。[24] 事實上，赫密士主義哲學家宣稱，整個宇宙就是一個神奇力量的網絡，因此我們可以藉由星星來找出任何問題的答案。這種「占星術」原先在經院學院時期受到打壓，但隨著統治者雇用自己的占星家，例如神祕主義哲學家兼著名的魔法師和英國伊麗莎白一世的顧問約翰迪（John Dee，1527-1608）後，又再度流行起來。

煉金術也復興了，尤其是可以治癒所有疾病的「魔法藥水」配方書。瑞士裔德國人帕拉塞爾蘇斯（Paracelsus，1493-1541）宣稱，疾病是人與宇宙不和諧的結果，因此可透過成分比例已寫在星星中的魔法藥水來平衡。費奇諾認為「事物的神祕美德……並非來自任何基本性質，而是來自於某個天體」。因此文藝復興時期的人文主義者，與唯名論者對於簡約的追求，形成了極為鮮明的對比，因為他們發明了大量超出自己需要的神奇、神祕和超自然實體。

然而，儘管人文主義者帶有神祕主義傾向，但他們至少仍對整個世界如何被操縱的問題維持興趣。而在北歐，奧坎的唯名論正激發出一種非常不同的智慧魔藥。

宗教改革的北方路線

荷蘭奧坎主義學者英根的馬西留斯（Marsilius of Inghen，1340-96）是「現代之路」向歐洲北部大學傳播的關鍵人物。他曾在巴黎師從布里丹和奧里斯姆，並在1362至1378年間在巴黎大學任教。後來他離開巴黎前往

---

* 古代猶太人對於聖經的神祕解釋，其目的是實現與上帝有某種程度的結合。

海德堡，並於 1386 年協助建立一所具有強烈唯名論課程的大學。他在海德堡寫了大量文章，針對亞里斯多德的物理學、形上學、論靈魂和論生成與腐敗等著作發表評論，還寫了一些與邏輯有關的文本，包括關於舊邏輯和新邏輯的各種問題（在唯名論方面）。這些評論文字被廣泛複製並傳播到布拉格、克拉科夫、海德堡、艾福特、巴塞爾和佛萊堡等地的大學和圖書館，協助現代之路思想在北歐的大學中傳播。比爾（Gabriel Biel，1420-96）是馬西留斯最具影響力的學生，他將自己的奧坎主義哲學介紹給德國最古老、最有影響力的學術機構，也就是艾福特大學。因此到 15 世紀末時，唯名論者已幾乎在德國的所有大學中佔據主導地位。[25]

1501 年，也就是費奇諾在佛羅倫斯出版他的赫密士主義《祕文集》（*Hermetica*）的三十年後，艾福特大學錄取了一位名叫馬丁路德（Martin Luther）的年輕哲學和法律學生。路德於 1483 年出生在薩克森州的艾斯萊本，這裡在當時屬於神聖羅馬帝國的一區。他的父親曾是農民，但在從事礦業後獲得了足夠的財富，因此可以送兒子上學，一路唸到艾福特大學。前面提到的比爾在路德進入艾福特大學前五年就去世了，所以是由比爾的學生內森（Johannes Nathan）和烏斯根（Bartholomaeus Arnoldi von Usingen）向路德介紹了奧坎威廉的作品。

路德在大學時期的知識形成深受奧坎的影響，他後來也尊稱奧坎為「親愛的大師」，認為「只有奧坎才能理解邏輯」。[26] 年輕時，路德接受了唯名論對共性的駁斥，並接受唯名論認為全能和不可知上帝的說法。他後來寫過，他生活在面對一位「不可知但憤怒的上帝」的恐懼之中，因此他甚至不願在**彌撒**中主持聖餐會。

1505 年 7 月，路德離開艾福特大學，加入奧古斯丁修道院，在那裡待了幾年，然後接受維滕貝格大學神學教授的職位。此時的人文主義思想已從義大利向北傳播到法國、德國、英國和荷蘭。當時最具影響力的阪

依者是宗教改革的另一派知識支柱伊拉斯謨（Erasmu，1466-1536），他是一位牧師和醫生女兒的私生子，因此一出生即成為孤兒，由監護人撫養長大，後來監護人將他送到「共同生活兄弟會」（Brethren of the Common Life）開辦的學校，是為 14 世紀時期根據使徒貧困原則建立的宗教團體。他二十五歲時進入奧古斯丁修道院並被任命為神父，但他逐漸厭惡修道院的生活，因此前往巴黎攻讀神學學士學位，也在巴黎走出了自己的人文主義道路。跟義大利的人文主義者相比，伊拉斯謨並非偏向自我中心和菁英主義，而是偏向更具精神性的人文主義。與唯名論者相比，伊拉斯謨也更相信聖經，強調耶穌的「人性」是對唯名論「不可知上帝」的平衡。然而，就像南方人文主義者的路線一樣，伊拉斯謨也相信人只能透過「自我認識」來到上帝面前，然而這個想法對馬丁路德來說，像是一種詛咒。

如同聖奧古斯丁一樣，路德認為人幾乎不值得瞭解，因為人性多半是墮落。而他與奧坎的威廉唯名論的相似之處，在於他宣稱「世界的自然條件是混亂而動盪的」，因為「上帝在祂自己的本性中是巨大、不可理解和無限的⋯⋯祂是令人難以忍受的，也是一位隱藏的上帝，正如聖經中所說的『沒人可以看到我而活著』」。[27] 路德拒絕南方人文主義者那種為逃避可怕的唯名論上帝而逃往「創造力」的傾向，他也拒絕伊拉斯謨的溫和人文主義，尤其認為可以透過自我認識和理性而接觸上帝的主張。相反地，路德堅持認為上帝的全能與人類的自由意志並不相容，對路德來說，每個人的命運，無論是上天堂或是下地獄，在他們出生之前就已被上帝決定。虔誠的人不會因為選擇跟隨上帝而變得不虔誠；因為上帝會以其不可知的智慧使他們如此跟隨。因此信仰對路德來說不是一種選擇，而是上帝恩惠的標誌。

科學與文化革命

從許多方面來看，在奧坎的威廉及其唯名論思想下，任何信徒追隨了不可知的全能上帝，只會有糟糕的選擇：一種是採取硬碰硬的態度，就像從前一樣，不顧任何理由，一味地相信教會的權威而非理性。或許這點並不奇怪，因為這就是天主教會最終的選擇，也就是拒絕與唯名論有任何關聯、回歸哲學現實主義和阿奎納的仁慈上帝說，而且直到今天，依舊保持著這種看法。

第二和第三種選擇都是接受上帝的無所不能，但將唯名論者的黑暗上帝推出可接受的範圍之外。這種方法的缺點是將人類置於一個可能毫無意義的宇宙之中，而人文主義的回應便是第二種選擇。這也是義大利人文主義者佩脫拉克和伊拉斯謨的選擇，即用「人」來填補意義的空白，將人提升到「半神」的地位。路德採取的第三種選擇，即將聖經視為真理的仲裁者和世界意義的來源。

當然這些選擇都非常糟糕，每種都自欺欺人；先接受唯名論的上帝，隨後又以某種方式拒絕唯名論。從此以後，無論是文藝復興時期的追隨者，還是宗教改革運動的追隨者，都不太可能讓奧坎的威廉親近他們的內心，因為對他們而言，唯名論就像那個告訴你「聖誕老人並不存在」的兒時玩伴，你無法忽視這個新知識，因為在你的內心深處已經知道這世界失去了某些魅力，所以你也不想再跟這個揭露真相、無情的「邏輯」朋友在一起了。

儘管如此，我相信奧坎思想的最大影響並不是在哲學或神學方面，而是在這場知識漩渦中出現的「科學」。因為從許多方面看，路德派的哲學基礎較為薄弱，而對採用現代主義原則較為積極，包括科學與神學的分離，也就是更接近現代科學的經驗主義。例如路德在艾福特的老師阿諾迪（Bartholomaeus Arnoldi）[28]，曾教導科學應該透過實驗和推理來進行檢驗，

而神學只能透過聖經來揭示。路德派也對人類在想像上的產物採取健康的懷疑態度，其中包括南方人文主義者的神祕和超自然沉思等。然而，儘管北方人文主義者在極大程度上對科學不感興趣，也更願意在聖經中而非在世界上尋找真理，但他們的不感興趣，卻為科學種子的萌芽留下了文化上的基礎。

因此可能有點諷刺的，正是文藝復興時期的人文主義造就了義大利博學者達文西，產生了如同他在手抄本中揭示的他那時代最偉大的科學探索。他融合了藝術、技術和科學的獨特方式，成為16世紀科學革命的跳板。他甚至還對那時代的偽科學（如占星術和煉金術），抱持著健康的懷疑態度。然而達文西從未發表他的看法，據我們所知，除了他本人之外，沒有任何人在他有生之年閱讀過這些手抄本。而在達文西死後，保管這些手抄本的人，也只敬佩當中的藝術而非科學的部分。由於缺乏達文西的學術嚴謹性或是對自然世界的迷戀，同時也不尊重奧坎的剃刀，因此南方人文主義者大多接受了神祕學。

由於路德派對科學如此不屑一顧，以及人文主義者正在實踐他們的煉金術咒語等，都讓科學很可能再次停滯不前。不過，在天主教克拉克威大教堂的人文主義經典人物，與一位在路德宗維滕貝格接受教育的學者之間的一場幾乎不可能的「合作」，找到了擺脫這種困境的簡單途徑。

| 第二部 |

解鎖

7

日心說下的神祕宇宙

　　1519 年，也就是達文西去世前三年。喬治・伊塞林（Georg Joachim Iserin）出生於現在奧地利的菲德基爾赫鎮。他的父親是位富裕的醫生，個人就擁有一間收藏豐富的圖書館。他把兒子喬治送到當地的文法學校學習拉丁文和文法、修辭學和邏輯學。在喬治十四歲時，他的父親因偷竊病患家中財物，依盜竊、侵佔和巫術等罪名受到審判，結果被定罪並判處死刑，這個家族姓氏也被法律除名。喬治的母親恢復了她的義大利娘家姓氏德波里斯（de Porris），因此喬治後來改名為喬治・約阿希姆・德波里斯，但由於他並不認為自己是義大利人，因此將名字翻譯成德語，亦即喬治・約阿希姆・馮勞亨。後來又以他出生的羅馬行省雷蒂亞為名，在自己名字後面加上雷蒂庫斯（Rheticus），今日便以這個名字為人所知。

　　雷蒂庫斯的母親人脈廣泛且富有，因此雷蒂庫斯得以在伊拉斯謨的朋友邁科紐斯（Oswald Myconius）的指導下繼續接受教育。1531 年秋，雷蒂庫斯回到菲德基爾赫鎮，在當地與接管他父親診所的醫生加瑟（Achilles Gasser）建立了終生友誼。加瑟除了是小鎮醫生之外，也是著名的人文主義學者，對歷史、數學、天文學、占星術和哲學都很感興趣。

1533 年，年僅十九歲的雷蒂庫斯帶著加瑟的介紹信，向東北方旅行了四百英里，來到馬丁路德擔任神學教席的維滕貝格大學城。就在十年前，這位熱情洋溢的年輕修士根據耶穌建議的「將屬於凱撒的歸凱撒，將上帝的歸給上帝」，[*]用自己的講壇譴責了 1524 年的德國農民起義，因而成為德國新教機構中最有影響力的成員。這場起義後來被鎮壓，大約有十萬名武裝簡陋的農民遭到屠殺。這場事件也改變了路德的名聲，從一個令人討厭的反叛者變成德國建制派的支柱。

　　路德派新教的各種勢力迅速席捲德國，進入瑞士、法國和北歐國家，接著穿越英吉利海峽抵達英國。此後，歐洲大陸沿著大致的南北軸線分裂，北部主要是路德派的德國國家，南部則是受人文主義影響的天主教國家，如西班牙、法國和義大利。關於人類意志本質的哲學爭論，很明確地反映了南北分歧。人文主義者以受人類創造力啟發的人類意志作為人性的核心，像是在 1524 年出版的《論意志的自由》（*On the Freedom of the Will*）一書中，伊拉斯謨就認為儘管上帝無所不能，但人類仍擁有「自由意志」這個上帝的禮物。路德不相信這點，於是在 1525 年——也就是雷蒂庫斯到達維滕貝格的九年前，寫出宗教改革中最有影響力的文本《論意志的束縛》（*On the Bondage of the Will*）。路德在書中重申人類是上帝意志的奴隸，寫了「上帝……沒有限制，但無所不能」，任何懷有不同想法的人都不算基督徒。

　　由於路德堅信聖經是逃離地獄之火的唯一途徑，因此他的許多追隨者攻擊除了聖經研究外的其他教育理念。然而，路德並不完全屬於基本教義者。1518 年，他任命傑出的德國人文主義學者梅蘭希通（Philip Melanchthon，1497-1560）擔任維滕貝格的希臘教席。梅蘭希通成了路德

---

* 馬太福音第 22 章 21 節。

最信任的門徒和顧問，他以一種安靜的方式，同時也是說服而非欺凌的方式，平衡了路德的火爆脾氣和樸實語言。影響所及，也協助軟化德國新教的銳利鋒芒。因此，儘管他保留了路德對人類宿命論和以聖經為中心之重要性的冷酷觀點，但也培養出對神學以外學習的人文主義寬容，讓當時的人也有機會對聖經之外的世界產生興趣。

梅蘭希通歡迎年輕的雷蒂庫斯加入他在維滕貝格建立的人文主義份子的知識圈，並於 1536 年任命他教授數學和天文學。此時，關於地球繞行太陽運動的全新宇宙模型的謠言，席捲了歐洲大學。他在維滕貝格的大多數同事，都以懷疑、嘲笑和幽默的混合態度，對待這種全新的看法。不過，雷蒂庫斯卻表現出極大興趣。

地球為神祕的天文學家而動

1473 年，哥白尼出生在托倫，也就是現在波蘭北部的瓦爾米亞地區，比雷蒂庫斯早了四十一年出生。長大後他就讀於克拉科夫大學，接受七門文科的典型學術教育，教學內容的重點是有關亞里斯多德和他的阿拉伯及基督教評論家之學問。他在學校裡學習到亞里斯多德的宇宙物理模型，以及托勒密的地心模型和用於計算天體運動的數學系統。這時期恰好也是包括克拉科夫（kraków）[1] 在內的歐洲大學現代之路高峰期，根據波蘭歷史學家塔塔爾凱維奇（Władysław Tatarkiewicz）的研究，克拉科夫大學從一開始就有現代之路的擁護者。更具體地說，在物理學、邏輯學和倫理學中，術語主義（唯名論）在布里丹的影響下十分盛行。因此，在克拉科夫期間的哥白尼，毫無疑問接觸過奧坎的威廉的剃刀簡約法則，以及他的追隨者的各種思想。

1496 年，二十三歲的哥白尼還沒畢業就離開克拉科夫，前往義大利，在義大利最古老的波隆那大學學習教規法。奧坎主義學者阿基里尼

（Alessandro Achillini，1463-1512），在這裡擔任哲學和醫學教授。而在兩年前，另一位奧坎主義者貝內文托（Marcus de Benevento），才在波隆那發表了奧坎對亞里斯多德物理學的評論，並將該作品的成就獻給阿基里尼。貝內文托也繼續在波隆那出版奧坎的另三部作品，並於 1498 年出版他的《邏輯概論》[2]，而哥白尼就在同一年抵達這座城市。同樣在這一年，貝內文托出版了唯名論者大阿爾伯特的作品集，以「紀念奧坎的威廉兄弟」。在哥白尼於波隆那接受教育的期間，此地顯然充滿了奧坎的威廉以及現代之路學者的作品。

儘管哥白尼是來波隆那學習教規法，但他似乎在這裡將興趣果斷地轉向了天文學，甚至還在當地進行了他對各種天體的天文觀測。在回家鄉瓦爾米亞短暫停留後，他在 1501 年返回義大利，但這次是到帕多瓦大學學習醫學。此時歐洲知識份子的集中地，已從牛津和巴黎轉向文藝復興時期的義大利，尤其是帕多瓦。很可能就是在帕多瓦，哥白尼迷上了在這座城市佔主導地位的新柏拉圖主義哲學、神祕主義和希臘古典哲學，這些哲學後來主宰了他的知識生活。

哥白尼在 1503 年，也就是三十歲時回到瓦爾米亞，在弗勞恩堡（現在波蘭的法蘭伯克）擔任教職。哥白尼的工作似乎並不繁重，因此在對希臘文化的持續興趣下，他也將希臘詩歌翻譯成拉丁文。他還試圖將人文主義原則應用到他的另一大興趣，也就是天文學上。他在研究托勒密的地心體系中遇到了一個問題，也就是發現本輪、等值線和傳送線的混亂，讓天體並非呈現那種他所期盼的新柏拉圖主義式完美。他後來寫道：

我被迫考慮使用不同系統來計算宇宙球體的運動，只因為我開始瞭解到，天文學家的說法……像是有人從不同地方取來手、腳、頭和其他身體部位，然後製造出一個怪物而非一個完整的人……

這就是我從他們那裡得到的體驗。

哥白尼「人體部位」的說法相當有趣，時值達文西繪製他著名的《維特魯威人》（*Vitruvian Man*）約十五年後。而這幅畫的靈感，很可能來自人文主義者費奇諾的宣言，亦即「人，是最完美的動物⋯⋯他與最完美的事物相連，也就是神聖事物」[3]。哥白尼似乎把托勒密可怕的天文系統，與達文西繪畫表達的人文主義夢想，進行了相互對比。後者描繪的是一個井然有序的數學宇宙，其中心是具有「黃金比例」的人。哥白尼確信在數學的幫助下，他可以重組這具「天體」，以揭示一個更和諧的天堂。他還寫道：「在意識到這些說法的缺陷後，我經常考慮是否⋯⋯可以用比以前更少、更簡單的結構來解決這問題。」

就像他之前的前輩一樣，哥白尼也讓自己接受奧坎剃刀的指引。根據奧坎強調的「相對觀察者」原理，他認為接受地球每天都在自轉，而非太陽、月亮、行星和恆星繞地球轉，可以得到一個更簡約的宇宙。

降低世界的任意性

「簡化」通常會帶來意想不到的好處。允許地球自轉而使恆星靜止，立刻為哥白尼帶來消除托勒密五個行星本輪（epicycle，圓心在大圈上的小圈，亦即五個行星繞地球公轉的同時，也在公轉軌道上沿著本輪轉動）的獎賞。透過將地球自轉與托勒密的行星本輪互換地位之後，便可在根本上（但更可能是在無意間）修正托勒密模型中的靜止地球。另一個好處是「清晰度」；哥白尼透過他的第二個想法，也是更具革命性的方式，將行星系統的中心從地球移轉到太陽，便可透過一個較不雜亂的整齊模型，移除更多複雜的本輪。

哥白尼並不是第一個將太陽置於宇宙中心的學者。西元前 250 年左

右，薩摩斯的阿里斯塔克斯（Aristarchus of Samos）便曾提出「日心說」系統。可惜這想法在古代不受重視，因為它不同於亞里斯多德所堅持，包括行星在內的所有重物不是落向地球就是圍繞著地球中心運轉的說法。由於背後至少有一位古人權威的支持，因此哥白尼敢於將太陽重新置於所有天體旋轉的中心點。他驚訝地發現，這種運動方式提供了「宇宙的奇妙對稱，以及球體運動與其大小之間建立的和諧聯繫，這是其他描述方式都無法達成的……」。[4]

哥白尼偶然間發現了成功簡化系統的一個重要因素，也就是消除「任意」的特徵。原先托勒密的地心系統無法解釋為何水星和金星總是在日出日落時離太陽最近，於是他在模型中添加了一個任意規則來解釋這種觀察結果：金星和水星繞地球運行（在它們自己的本輪上），同時自己也轉動（在它們自己的本輪上），並靠近同樣繞地球公轉的太陽（圖9a）。

然而，當哥白尼將太陽移動到行星自轉的中心後，他可以自由地將金星和水星移動到地球和太陽之間的位置，使它們成為內行星。這個位置上

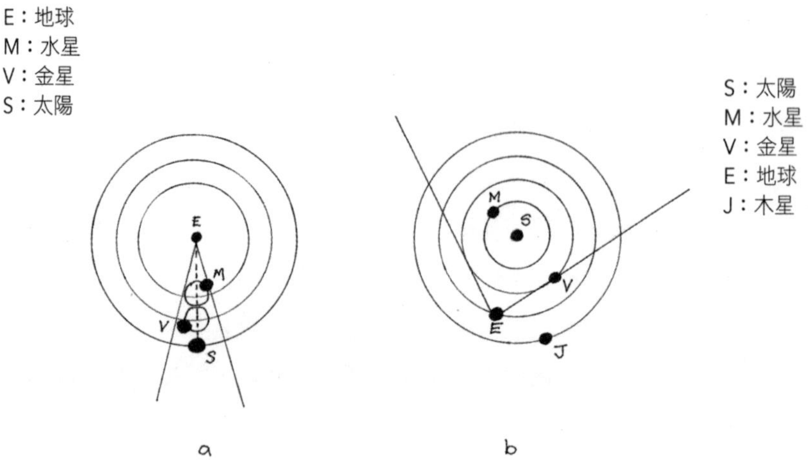

E：地球
M：水星
V：金星
S：太陽

S：太陽
M：水星
V：金星
E：地球
J：木星

圖9：在（a）地心系統或（b）日心系統中，從地球看行星的視角。

的金星和水星在天空中與太陽很接近，正是因為它們在現實中與太陽很接近（圖9b）的關係。於是，這種以「簡化」替代複雜模型牽強的任意性，成為了必然的結果。

哥白尼日心系統（日心說）的另一個意外好處，就是終於可以用模型來解釋火星、木星和土星的「逆行」運動。因為在一般的情況下，它們通常會與太陽和星星一起由東向西穿過天空，但有時它們會逆轉運動方向，由西向東移動個幾週，然後轉向並再次向東移動（圖4）。哥白尼注意到在他的日心系統中，執行這些轉動的行星，都是比地球距離太陽更遠的外行星。原先托勒密引入更多本輪來解釋這些行星的逆行，唯一理由便是要讓他的模型能符合觀察數據。然而一旦以太陽為中心後，這些解釋用的本輪便不再需要，哥白尼的日心說模型能清楚說明這是地球公轉追過並超越這些外行星公轉軌道後的必然結果。當你在高速公路上行經一輛行駛較慢的車輛時，就會看到類似情況；當這輛車在前方時，它似乎與周圍景觀背道而馳，朝著與我們相同的方向移動，然而當我們經過這輛車，最初它看起來像是改變了行進方向，切換為在背景下向後移動，而當我們超過它並在後視鏡裡看這輛車時，它似乎又再次向前移動了。天空中的逆行運動是同一種「錯視」（optical illusion）現象，當地球超越一個運行速度較慢的外行星（如火星）時，從地球上便可看到逆行現象。這也是複雜模型的一個任意特徵，被更簡約方案替代的必然結果。

印證了日心說的成就後，如果哥白尼就此打住，便可為世界提供一個更簡約的宇宙模型。不幸的是，日心說並沒有讓他打消念頭不去解決新宇宙模型一些令人煩惱的問題。為了消除這些問題，並保留行星圓形軌道的觀點，哥白尼不得不求助於托勒密裝置，引入幾個新的本輪，因而又把日心說消除的大部分複雜性給加了回來。

儘管遭遇這樣的挫折，在1514年，也就是雷蒂庫斯出生的那

年，哥白尼向一群精心挑選過的歐洲學者，發表了一篇名為「短論」（Commentariolus）的簡短天文學論文。他的論文引起好奇人士的傳播，甚至傳到羅馬，得到積極的反應。1517年，他收到教皇秘書、紅衣主教尼古拉斯勳伯格（Nicholas Schoenburg）的一封信，敦促他「將你的發現傳達給學術界」。哥白尼最初似乎有把這位紅衣主教的建議牢記心中，因為他開始在《天體運行論》（Derevolutionibus orbium coelestium）中解釋他的日心說模型。然而據我們所知，他從未試圖出版這本手稿，也從未允許任何人閱讀。

地球動不了路德

在接下來的幾十年裡，哥白尼描述宇宙日心說模型的論文，大多被忽視或遭人嘲笑，但它確實傳播得很遠，甚至傳到位於維滕貝格的路德派世界中心。馬丁路德在飯後發表了一句臭名遠播的話：「那個想要顛覆整個天文學的傻瓜！在這些混亂的事物當中，要相信聖經才是。因為約書亞命令太陽靜止，而非讓地球靜止。」[5]

儘管路德對日心說不屑一顧，雷蒂庫斯卻很感興趣，並請求允許他去拜訪這位年長的天主教波蘭法政。梅蘭希通似乎不願這位年輕學者去拜訪哥白尼，但在1538年左右，一場學術惡作劇把雷蒂庫斯置於潛在危機當中。萊姆紐斯（Simon Lemnius）是維滕貝格人文主義圈子裡的成員（雷蒂庫斯也是），他以羅馬詩人奧維德的風格，寫了一系列諷刺和色情的詩句，影射了路德。他甚至還在維滕貝格教堂門前出售他的詩集，因為根據傳說，二十年前路德曾在門上發表了反對天主教會的九十五條論綱。

以毫無幽默感著稱的路德，回應是指責這位詩人誹謗，以致萊姆紐斯被迫逃離這座城市。在接下來的星期天，路德在佈道時警告大家，這位作者已失去理智。同年9月，路德創作了自己的詩，題目為「狗屎詩人萊米

的痢疾」[6]。而在流亡時,萊姆紐斯還不忘照樣回覆另一首歪詩,其中的詩句甚至有:

你的歪嘴從哪裡正式吐出瘋狂呢
原來是從屁眼裡嘩啦拉出你的脾臟

同時,萊姆紐斯還出版一本較為克制的辯護詞,宣稱他代表德國新教中更溫和的元素。他還說,梅蘭希通和雷蒂庫斯是他的支持者和盟友。梅蘭希通夠有地位,可以透過公會來消除謠言,但雷蒂庫斯很容易成為路德盛怒下的代罪羔羊。也許是考慮到這種危險,1538 年 10 月,梅蘭希通允許雷蒂庫斯離開維滕貝格,去拜訪「那個想要顛覆整個天文學的傻瓜」。

雷蒂庫斯妥善運用了這次機會。他先拜訪歐洲許多最傑出的天文學家,然後回到他的家鄉菲德基爾赫,將薩克羅博斯科的天文學教科書《天球論》的印刷本,贈送給他的導師加瑟。最後他於 1539 年 5 月抵達弗勞恩堡,這裡並非什麼令人印象深刻的美景勝地,而是維斯杜拉河進入波羅的海潟湖南部邊緣的一個搖搖欲墜的小鎮。弗勞恩堡擁有一個小港口,漁民在那裡泊著平底船並從潟湖中捕撈鰻魚。城鎮上方隱約可見巨大醜陋的紅磚大教堂,哥白尼稱這地方為「地球上最遙遠的角落」。在雷蒂庫斯抵達此地時,這位法政所做的「日心說」革命性假設已過了三十年。

錯誤時如何回歸正確

除了對日心說的熱情之外,雷蒂庫斯還帶來數學和天文學書籍作為禮物,包括新版本的托勒密幾何學。哥白尼相當開心,因為經過多年學術上的默默無聞,他終於有了一個學生。這名年輕學者原先計畫只待上幾週,但他很快就對年長的哥白尼(他經常稱哥白尼為「我的老師」)獻上忠

誠，結果他停留了兩年，幫忙修改和編輯哥白尼對人類社會卓有貢獻關於日心系統的偉大著作。

雖然如此，哥白尼只同意雷蒂庫斯對這場「未發表過的革命論述」寫下自己的描述。因此這些文字最後變成了《初級敘述》（*Narratio Prima*）這本書，而作者是「一個對數學充滿熱情的青年」。哥白尼在書中僅被稱為「老師」或「博學的托倫的尼古拉斯博士」。然後，雷蒂庫斯便毫無畏懼地前往但澤尋找出版商。

《初級敘述》於1540年出版。雷蒂庫斯給他認識的每個有影響力的人都寄了一本，其中包括天文學家施納和他在菲德基爾赫的導師加瑟。施納也將一份副本交給紐倫堡的印刷商彼得雷烏斯，後者堅稱「這是一件光彩奪目的珍貴寶藏」，因此敦促哥白尼出版完整內容。這些正面回應終於說服沉默寡言的哥白尼，出版他的《天體運行論》（*On the Revolutions of the Heavenly Orbs*）。

雷蒂庫斯回到維滕貝格繼續他的講座，他也抽出時間遊說出版商和各方政治力量，以支持他出版《天體運行論》的野心。1541年他又回到弗勞恩堡，抄寫並編輯了哥白尼的書。然後在1542年春，雷蒂庫斯帶著這份珍貴文卷，前往紐倫堡的彼得雷烏斯出版社。不過，雷蒂庫斯剛好在這時刻被招募到萊布尼茨大學擔任新教職，必須立刻動身前往教授課程。因此他委託紐倫堡的路德派神學家和數學家奧西安德（Andreas Osiander）監督印刷過程。

惡名昭彰的序言

《天體運行論》終於在1543年出版。書中描述了哥白尼的日心宇宙及其關鍵創新，也就是讓地球移動：每天繞自己的地軸自轉，每年則繞太陽公轉。更重要的是，地球從作為宇宙中心的主要位置，被降級為圍繞太

陽運行的六顆行星中的第三顆。天體世界裡的地球不再特別。

然而，這本書的出版竟引發一般認為科學史上的「最大醜聞」事件，也就是哥白尼的書被加上一篇匿名序言「致關心這種假設的讀者……」。序言開頭竟告訴讀者不用太認真看待書中觀點，因為「這些假設若是提供了與持續觀察一致的計算結果，就不必是真的，或甚至不一定是可能的，只要能提出新觀點就夠了……」。換句話說，這篇序言指出哥白尼的論文只是「天體幾何學」的另一案例，與托勒密的本輪相比，在現實上並沒有更大的成就。序言最後的結論是：「就假設而言，請不要指望天文學有任何確定的東西，因為天文學無法提供，以免各位以其他目的接受這種看法為真，反而在閱讀完本書後，變得比閱讀前更愚蠢……」

該書的初版首刷終於來到哥白尼法政的床邊。同一天，也就是1543年5月24日，哥白尼去世了，據說閱讀這篇惡名昭彰的序言後，加速了他的死亡。多年來，人們都不知道這篇序言的作者是誰，後來克卜勒（Johannes Kepler）發現了真相，原來這篇序言是監印的奧西安德所寫。

《天體運行論》的出版常被認為是科學史上的里程碑，甚至標示著現代科學的誕生。這種說法雖然真實，但在當時幾乎沒人注意到這本書，初版的四百冊也未能售罄，甚至直到二十多年後才印了第二版。據我們所知，當時沒有任何一位傑出的天文學家採用哥白尼的日心說系統，大家反而更喜歡久經考驗的托勒密地心說系統。更重要的是，哥白尼的論文無法提出日心說系統的任何證據，而且它在進行天文預測方面，並不比托勒密的地心說系統更準確，因為托勒密可以為每個星體提供大約一個弧度（arc）*的預測精確度。

我們知道，哥白尼並不是直接把太陽置於系統中心，以進行更準確的

---

* 天空中區分角度距離的單位。如果把手舉得這一點的話，大約可以對應於小指的寬度。

預測。相反地,由於他對托勒密模型拜占庭式的複雜性感到不安,促使他尋找一個「比以前使用的結構更少、更簡約」的系統。他是否實現了建構更簡單模型的目標?很不幸地,在圈數的簡化上並沒有。要計算托勒密系統或哥白尼系統中的最終圈數並不簡單,因為它們都沒有生成系統的完整模型,只有部件圖和計算行星位置的方法。一般共識是這兩個系統都帶有二十到八十個圈,具體圈數取決於怎樣的線條才算是一個圈?[7]

儘管二者的圈數複雜度相似,哥白尼還是認為他的系統比托勒密的更有意義,因為它更簡單。他在書中寫道:「我認為承認這一點,會比被幾乎無窮無盡的圓圈分心要容易一些,那些把地球困在世界中心的人,必須朝這方向走才行。」他還繼續爭辯:「自然的智慧便是如此,它不會產生任何多餘或無用的東西,但往往會因為一個原因而產生許多結果。」[8] 更重要的是,書中哥白尼對簡單性的主張並非基於圈數,而是引用日心說模型的特徵,以此消除托勒密牽強的「任意實體」併發症,因此消除了天體軌道中的地球日週期以及考慮逆行運動所需的週期,並讓行星有了明確的排序。因此哈佛大學天文學和科學史教授金格里奇(Owen Gingerich)認為,正是這些特徵而非圈數,讓哥白尼相信日心說提供了「新的宇宙觀;宇宙結構的宏大美學觀點」。[9] 哥白尼對簡約的信任得到了良好的回報。有了奧坎的剃刀後,即使像哥白尼這樣的神祕主義者,也能找到通往現代科學的道路。

8
打破天球

儘管哥白尼的日心體系有正確的中心,但它依舊十分混亂。而且,那些水晶球體還掛在天上,讓整個宇宙仍然有所限制,也就是以最外層天球為界。

天算

第谷·布拉赫(Tycho Brahe,1546-1601)在哥白尼死後三年,出生於丹麥的克努斯托普(Knutstorp),他是丹麥貴族和菁英里格施塔德(Rigstaad)或說王國議會的成員。這男嬰被更有錢也更有權勢的叔叔約根強制收養,理由是他和他的妻子沒有子嗣。因此第谷的童年是在丹麥北部托斯特魯普家族城堡,亦即叔叔的祖居地區度過。他在哥本哈根大學學習時,該大學由梅蘭希通的人文主義主導,尤其強調在神學和聖經之外教授科學。因此這段期間,第谷的興趣轉向數學、天文學和占星術。托勒密的地心天體幾何學預測日食的能力留給他深刻的印象,這也是他自己在1560年觀察到的。然而他發現這個預測差了一天,因此有點沮喪。[1] 第谷意識到這種差異一定是托勒密模型或天文觀測中的錯誤所造成,但由於

圖 10：第谷・布拉赫的肖像，來自 http://snl.no/Tycho_Brahe。

缺乏解決托勒密幾何學的數學能力，因此他決定畢生致力於建造能提供更好、更能準確預測的天文儀器。

1566 年第谷移居德國，在羅斯托克大學學習醫學。不久後，他在與同學的決鬥中不僅失去自己的就學機會，還失去了部分鼻子。後來靠著一個假的銀鼻子，解決了臉部遭毀容的問題。不過也正是因為這場決鬥，讓第谷相信他的未來不在學術圈。取而代之的是，他在接下來的幾年裡，在歐洲皇家宮廷中巡迴展示他的天文儀器。除了為歐洲貴族提供智性上的娛樂外，第谷也為自己建立「最先進天文台」的雄心尋找贊助者。

1570 年，第谷抵達巴伐利亞的奧格斯堡，他設法說服當地市議員海因澤爾，贊助建造一個巨大的天文圓弧（一個四分之一的圓形結構），用於測量地平線以上的天體位置。新儀器主體由直徑五公尺半的橡木拱門構成，由於重量太重，需要四十個人才能搬動到位。第谷宣稱它可以提供無

與倫比的準確性，是「我們的前輩從未達到過的精確」。[2]

該年稍晚，由於父親奧特病倒了，第谷離開奧格斯堡返回克努斯托普。隔年 5 月父親去世，二十四歲的第谷繼承家產，成為大莊園的領主，年收入來自克努斯托普兩百個農場、二十五間房屋和五個磨坊，以及莊園生產和領地權（主要是收取封建稅）。他總算得以建造一個新天文台，包括一個改良的「六分儀」以及一種類似圓形象限的儀器，不過只有圓的六分之一而非四分之一。整個儀器也更小、更容易搬運。第谷不只有天文學方面的興趣，他還讓當地玻璃工匠為他建造了實驗室，並製作各種容器，用來追求更神祕的煉金術。

天上的神祕主義者

1571 年在天文學上是幸運的一年，因為不僅有第谷天文台的建造（當時第谷二十五歲），最終釐清天體混亂局面的天文學家也在該年誕生。1571 年克卜勒（Johannes Kepler）出生在德國西南部施瓦本的小鎮魏爾德爾斯塔特（Weil der Stadt），他的父親是名雇傭兵，母親則是旅館老闆的女兒。在他異常誠實的自傳中，克卜勒描述了他與雇傭兵父親相處下的童年：「這男人固執好鬥，人生注定走下坡。」克卜勒五歲那年，父親最後一次離家，據信死於荷蘭獨立戰爭。克卜勒對他的母親也沒有任何好感，他形容她「小、瘦、黑、八卦、愛吵架，個性非常不好」。

克卜勒的自傳繼續描述他在當地學校學習後，到附近的路德教會神學院接受進一步教育，「在這兩年（十四到十五歲）當中，我反覆罹患皮膚病，經常是嚴重的瘡傷，腳上慢性腐爛的傷口結痂後又不斷復發。」他說自己在學生時代幾乎沒有任何朋友，他寫著：

1586 年 2 月……我經常因為自己的過失激怒所有人。我也在阿德

爾貝格遭到背叛……我的朋友耶格背叛了我，對我說謊，揮霍我的錢。在這兩年的時間裡，我的性格轉向仇恨，經常使用憤怒的文字發洩。

儘管如此，克卜勒還是獲得圖賓根大學的獎學金，到那裡學習成為一位牧師。他在大學裡持續著自己不討喜的個性：「那個叫做克卜勒的人啊，他的外表是隻哈巴狗……不斷尋求他人的善意……然而他心懷惡意，會用諷刺來咬人。」

克卜勒於 1589 年抵達圖賓根。這所大學成立於 1477 年，在奧坎的威廉去世一百多年後，由奧坎主義哲學家比爾（Gabriel Biel）創立。[3] 比爾被描述為「現代之路的最佳代言人……也是唯名論的挑剔使用者」。比爾的大學成為德國現代之路中心，因此毫無疑問，克卜勒在圖賓根時會同時接觸到奧坎的思想和他的剃刀。到了 16 世紀，圖賓根也成為受唯名論啟發的路德派思想溫床，並受到梅蘭希通的北歐人文主義分支之影響。根據神學家和歷史學家梅休恩（Charlotte Methuen）的說法，正是在圖賓根一地，受到唯名論啟發的經驗主義與人文主義的神祕主義和創造力相互結合，激發克卜勒揭示天體運動的革命性方法。[4] 正如克卜勒本人在 1598 年所寫：「我是路德派占星家，摒棄廢話，保留核心。」[5] 克卜勒在圖賓根的老師梅斯特林（Michael Mästlin）也發揮了重要的影響，因為他擁有一本世上為數不多的哥白尼《天體運行論》副本。

新星

1572 年，也就是克卜勒出生後的第二年，第谷從他位於克努斯托普的實驗室返家途中，偶然抬頭看了一眼天空，結果驚訝地發現了一顆新星。他感到非常疑惑，因此請了一群路過的農民證實這個目擊事件。這顆新恆

第 8 章 打破天球

星的位置在行星運行的黃道帶之外，所以看起來不是一顆新行星。它很可能是顆彗星，一種古代就已知道的移動星體。然而經過幾個晚上的觀察，第谷相信這顆新星並沒有在天空遊蕩，而是像任何一顆固定的恆星一樣，每天沿著一條有秩序的圓形軌道繞著地球旋轉。

現在我們知道第谷有幸目睹了罕見的超新星或恆星爆炸，這顆星體也被稱為 SN1572。它在 1572 年燦爛地出現，以至於在接下來幾週內，即使是在光天化日之下也可以看到，因而在歐洲掀起了一股衝擊。根據神學家的說法，上帝在創世第四天，將每顆星星釘在天球上，讓它們在該處保持不變，直到時間的盡頭。其中有幾個較有名的例外，例如導引三賢士前往伯利恆和預示耶穌誕生的星星，對於基督教世界來說，那是上帝誕生的重要時刻。那麼，現在這顆新星的出現預示著什麼？歐洲各地的印刷機很快就印製出各種「世界末日」小冊，警告這顆新星預示著基督再臨和世界末日。為了避免這種令人不安的結論，大多數天文學家選擇了另一種可能，指稱這顆新星根本不是恆星，而是其他種類的明亮物體，就像彗星一樣恰好侵入不穩定的地球與不變的天空之間的這片空間。

第谷正好建構了能解決這問題的新六分儀。六分儀的原理是透過測量視差來運作，當我們從兩個不同地點進行觀察時，物體（如放在鼻子前面的手指）會出現在背景上的不同位置。隨著物體遠離我們的眼睛，視差就會減小，因此透過測量視差程度，便能以自古以來就已知道的估算方式求得與任何物體之間的距離。早期天文學家檢測到月球的小程度視差，但從未檢測到任何恆星的視差。丹麥天文學家的儀器是世界上最靈敏的儀器，可以輕鬆檢測月球的視差。然而第谷卻沒有發現這顆新星的任何視差，它不僅隨著天球移動，看起來也相當遙遠。這確實是一個既清晰又明亮的汙點，鑲在上帝本應不朽的天堂穹頂上。

1573 年，第谷將這顆新星的觀察擱置一旁，開始編寫當年的天文和占

141

星年曆。他帶著年鑑手稿前往哥本哈根尋找出版商，但在與大學老友（包括人文主義學者普拉特西斯，Johannes Pratensis）的晚宴上，他驚訝地發現幾乎沒人注意到這顆新星。直到第谷把他們拖到寒冷的冬夜裡抬頭觀看，他們才相信這顆新星的存在。普拉特西斯力勸第谷忘掉年曆的事，專注於發表他對新星的觀察。

第谷有點不情願。也許是因為身為貴族，認為學術工作並不符合他的地位；也許像哥白尼一樣，他不願冒犯教會。不過普拉特西斯堅持他的看法，甚至向第谷寄送了幾份競爭對手已發表、對於這顆新星所做的觀測紀錄副本，希望這些人視它為一顆彗星的錯誤推論，會促使第谷採取行動。這個策略果然奏效，第谷最終在1573年5月出版的一本名為《新星》（De Stella Nova）的小冊中，寫下他的觀察。

在《新星》一書中，第谷認為完全沒有視差這件事，排除了將新星解釋為任一種熾熱的流星或彗星的說法。而且它的運行以及與地球之間的極遠距離，已「超出第八個球體」的可能，只說明它可能固定在天球的最遠處。因此，第谷認為這顆新星一定是來自上帝的徵兆，可能預示戰爭、瘟疫、叛亂、王子被俘或其他災難等。

第谷的《新星》相當成功，立刻讓他成為歐洲最著名的天文學家。他接受哥本哈根大學提供的職位，不過沒多久他就厭倦了教學工作，並計畫離開丹麥，到德國或瑞士定居。當丹麥國王腓特烈二世聽聞第谷準備離開，立即派遣使者邀請第谷到附近的狩獵小屋會面。國王送給第谷的禮物竟然是赫文島，還附贈一座城堡和大量資金，期望他用來建造世界上最大的（不過仍是肉眼觀察式的）天文台。第谷欣然接受了，他將這座天文台命名為烏蘭尼堡，並於1576年搬到該地。

在這座島上，第谷為了能反映出天堂的和諧比例，著手建造一座宏偉建築。這種做法當然昂貴，但他身為島主，每週可以要求封建農民做兩天

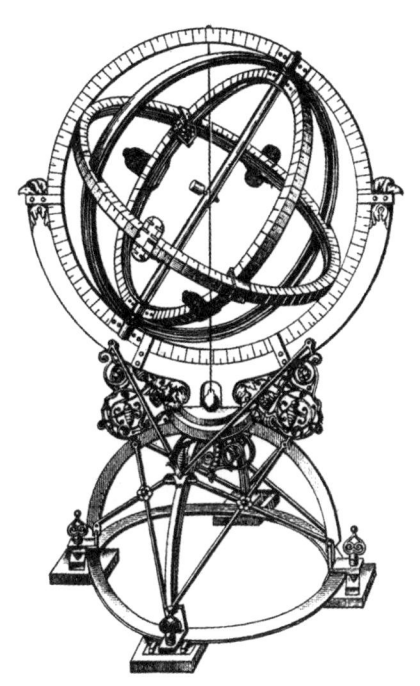

圖 11. 當時的渾天儀（Armillary，https://picryl.com/media/collection-of-nine-images-including-astronomical-instruments-celestial-charts）

的無薪勞動。第谷還開始為他的天文台收集並調整試用當時世界上最先進的各種天文儀器。

其中一個是不僅能顯示小時和分鐘、還能顯示秒的時鐘，這在 1577 年是一項重大的創新，對於天文學的精確度來說相當重要。他還建構了幾個象限弧和一個渾天儀，也就是包括模擬天球及其旋轉的同心金屬環（圖 11）。而最讓人印象深刻的是一個直徑五英尺的黃銅天球，在接下來的二十年裡，第谷陸續在上面刻上固定恆星的精確位置。

1577 年 11 月，當一顆真正的彗星出現在歐洲上空時，第谷又在天文學上獲得了一點運氣。儘管自古以來就已經知道彗星，亞里斯多德認為它

們是在月球下方旅行，因此不會打擾到天體的永恆性。然而第谷再次使用視差原理測量彗星的距離，得出它比月球更遠的結論，而且位置是在所謂不可侵犯的天堂之內。值得注意的是，第谷的天文測量證明彗星在穿越天空的過程中，不受阻礙地穿過繞著軌道運行的金星球體。因此在第一次用他的新星玷汙天堂的純淨無瑕後，第谷的彗星觀測無意間又粉碎了假想的天體水晶。

1570年代，第谷設計了他自己的新宇宙學體系，大致上是托勒密和哥白尼模型之間的妥協。首先，他承認日心說系統「非常巧妙地規避了托勒密系統中所有多餘或不一致的東西」。然而，他對「地球移動」的概念始終存疑。除了一般常見的「地球太過笨重、難以移動」的反對意見外，他還提出天文上缺乏任何可檢測到的太陽視差，可證明地球繞行太陽運動。因此他的解決方案是設計一個「地日心系統」，其中地球保持靜止，由太陽、月亮和天球（最高，鑲有固定恆星）繞軌道運行，而其他五顆行星則圍繞太陽旋轉（圖12）。

第谷在1588年於烏蘭尼堡出版的《論虛空世界的最新現象》中，描述了他的第谷系統。此後，這個系統便成為哥白尼日心說系統和托勒密地心說系統的競爭對手。

神祕的宇宙

當克卜勒於1589年抵達圖賓根時，天文學家已經努力了二十年，要將第谷的新恆星和月球之上的彗星，納入流行的托勒密和哥白尼系統中。然而，第谷系統新宇宙學的發表加劇了他們的困境：天文學家到底該使用哪種模型進行計算呢？這不僅是一場理論優劣的辯論，還牽涉到天文學家必須確定每個重要日期的職責，例如基督教日曆中的復活節等。更令人煩惱的則是，到底哪個系統可以提供正確的天體物理模型（如果三者之中真

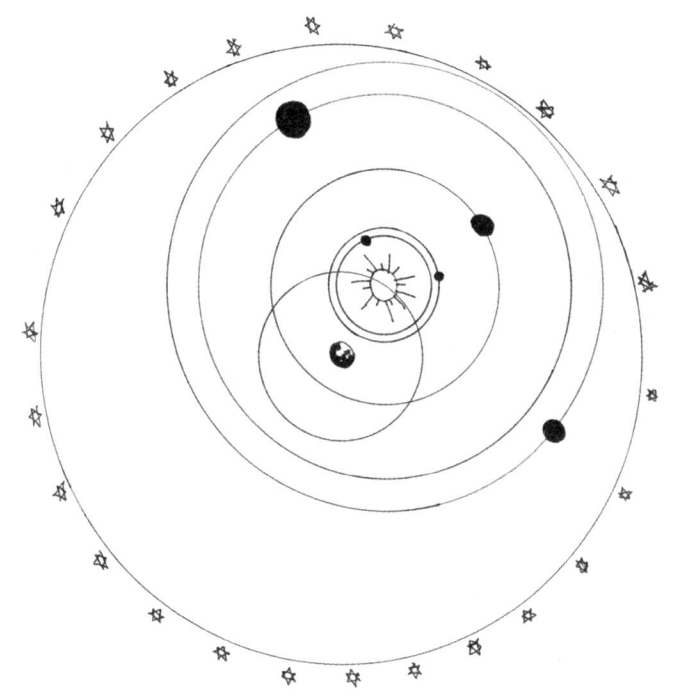

圖 12. 第谷的「地日心系統」（Geoheliocentric system）。

有的話）問題。克卜勒在圖賓根的老師梅斯特林告訴他，每個系統都只是一種數學工具，無法對不可知的天堂做出解釋，不過克卜勒不相信這種說法。

　　克卜勒和哥白尼一樣，都相信日心說不只是一種數學模型，因為地球確實在移動。早在 1593 年，他就在圖賓根的一次學生辯論中支持對哥白尼模型的物理解釋，甚至提出太陽是包括地球在內的行星運動的主要原因。也許正是因為他抱持這種潛在的異端觀點，因此克卜勒被老師建議不要從事神職工作，所以他往東到較遠的格拉茨（Graz，奧地利境內）一所學校教授數學。

克卜勒在格拉茨教書時，突然有了一個困擾他一生的想法。他當著全班同學面前，在黑板上畫一張圖表時，想到整個宇宙可以由一組以太陽而非以地球為中心的同心「柏拉圖正多面體」（Platonic solids）來構成。

當然，這是直接來自新柏拉圖式的神祕主義，以及他們想在天空中尋找隱藏訊息的期待。柏拉圖正多面體之所以這樣命名，是因為人們相信它們是由畢達哥拉斯主義者（Pythagoreans）*所發現，是五個由相同的面構成的正多面體，可與球體相互關聯。最簡單的便是正四面體和正六面體（正立方體），然後是正八面體、正十二面體和正二十面體。每個柏拉圖正多面體都可藉由內球和外球來限定大小。克卜勒意識到，它們可以成為一組嵌套的球體，其中每個正多面體的外球體都會形成下一個正多面體的內球體（圖13）。所以六個同心球體便可包圍全部五個柏拉圖正多面體。「六」這個數字引起克卜勒的興趣，因為當時已知的行星只有六顆（包括地球在內）。因此打動克卜勒的這個非凡想法，便是六個行星球體可能圍繞著五個柏拉圖正多面體來排列。

克卜勒以紙製模型進行實驗，發現只有非常有限的幾種方法，可對行星實體進行排序，而讓它們相互嵌套。值得注意的是，如果他將行星球體按順序排列：「水星──八面體──金星──二十面體──地球──十二面體──火星──四面體──木星──立方體──土星」，那麼各球體大小之間的比例，大約是哥白尼系統中預估行星間軌道大小比例的10%。

這是一個非常特殊的巧合，對這位有神祕傾向的年輕天文學家來說，一定是個令人瞠目結舌的頓悟時刻。克卜勒確信自己發現一個過去只有上帝和那些狡猾的畢達哥拉斯主義者才知道的祕密。他在1596年出版的《宇宙的奧祕》中寫下他的發現。這本小書以對哥白尼體系揭示的「古人智

---

* 當時的人認為柏拉圖是畢達哥拉斯主義者，或深受畢達哥拉斯的影響。

第8章 打破天球

行星天球 ＋ 柏拉圖正多面體 ＝ 太陽系？

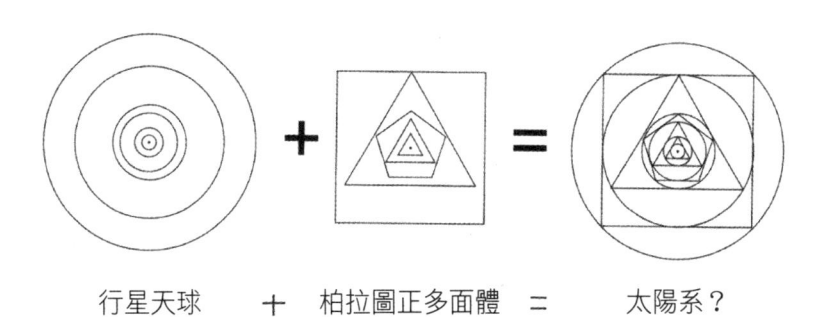

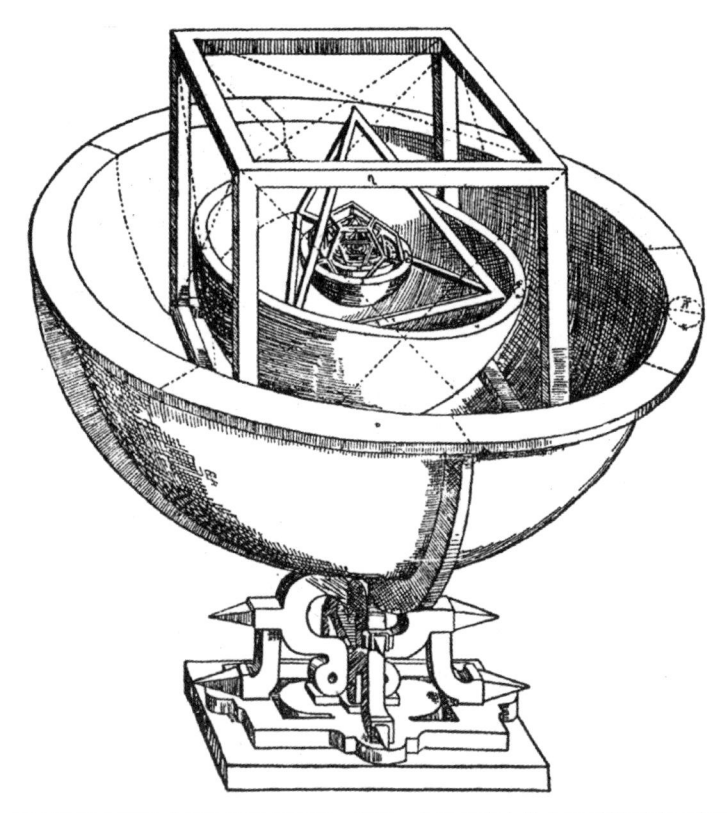

圖13：克卜勒的太陽系「柏拉圖正多面體」模型。上圖是克卜勒太陽系模型的示意圖，說明柏拉圖正多面體在行星軌道內的嵌套方式。下圖則是克卜勒在1596年出版的《宇宙的奧祕》（*Mysterium Cosmographicum*）一書中的模型插圖。他曾計畫將這模型建造為一個銀色凹碗構造。

慧」之熱情宣言開始，陳述他的核心主張，也就是可以把上帝視為一位神聖的幾何學家，祂以最和諧的排列方式安排了行星球體的環繞，讓行星唱出專屬這些天球的畢達哥拉斯樂章。

克卜勒自豪地將這本小書的副本送給跟他同時代的主要學者，包括第谷和「一位名叫伽利略（Galileo Galilei）的數學家，因為他說自己多年來也一直依附在所謂哥白尼是異端的說法下」[6]。請注意，他幾乎是以開玩笑的方式提到「異端」一詞，這也證明了當時已有很多科學家接受奧坎對科學與神學分離的堅持，而不管神學家的教義有多麼嚴格。

《宇宙的奧祕》的出版，不僅讓克卜勒的名字受到歐洲天文學界的關注；同時也為克卜勒提供了某種程度的婚姻本錢。1597年，二十六歲的他與二十三歲的寡婦兼磨坊主的女兒芭芭拉・穆勒結婚。然而，這本書帶來的名聲與書的接受度並不相襯。批評者指出，克卜勒的模型預測與天文觀測間的匹配度只達90%左右。克卜勒辯稱這種分歧可能是觀察的錯誤所造成。然而克卜勒知道要說服懷疑論者，就必須得到更準確的測量結果，因此他向唯一有能力提供幫助的人尋求協助。克卜勒發了一份神祕副本給歐洲最著名的天文學家第谷。後來，他在給他的朋友兼同事梅斯特林的一封信中寫道：「所有人都保持沉默，以向第谷致敬，因為他花了三十五年的時間專注於觀察……我願意等待第谷；他將能向我解釋軌道的順序和安排。」[7]

銀鼻天文學家遇上神祕夢想家

此時，第谷的烏蘭尼堡天文台早已享譽國際。他在1590年3月30日的日記裡記載：「蘇格蘭國王詹姆斯六世和未來的英格蘭詹姆斯一世，今早八點來這裡參觀，下午三點離開。」然而事實證明，這座天文台的運作成本很高，必須依賴資助。丹麥的弗雷德里克國王於1588年過世，年輕

的克里斯蒂安國王對天文學不感興趣。於是在 1597 年 1 月，第谷收到一封信，通知他不僅王室將不再資助他的天文台維護費用，還將停止支付他的國家年金。第谷只好收拾器材，前往哥本哈根。整個烏蘭尼堡天文台遭到遺棄，最後成了廢墟。

在歐洲宮廷闖蕩數年後，第谷接受了神聖羅馬帝國皇帝魯道夫二世的「帝國數學家」任命。1598 年，五十二歲的他住在波西米亞的貝納特基城堡（Benátky Castle），此地距離布拉格約三十英里，他也在當地建造了自己的天文台。同年稍晚，他收到克卜勒寄來的信，裡面還附上一本《宇宙的奧祕》副本。

此時，儘管這位丹麥人仍在繼續進行天文觀測，但他的野心已經轉向證明他的「地日心模型」，不過這是一項超出他「數學」能力的任務。因此，當《宇宙的奧祕》帶著書中神祕而輝煌的數學一起到來時，第谷自然印象深刻，並立刻回信為克卜勒提供一份工作。

收到第谷的回信，克卜勒欣喜若狂。這封信來得正是時候，因為當時宗教改革正席捲天主教格拉茨地區。身為嚴格的路德教派，宗教的分裂使他的教職甚至他與家人處於危險之中。因此他立刻收拾行囊，與家人一起前往貝納特基。這兩位天文學家於 1600 年 2 月相遇，當時克卜勒二十九歲，第谷五十四歲。

第谷立刻把一項具挑戰性的任務交給了他的新助手，也就是請他透過曲折、轉彎和逆行運動，來理解火星的複雜軌道。這位自信的青年深信自己已發現天體運行的祕密，因此吹嘘自己會在八天內解決問題。結果，他花了八年的時間，但就科學成就而言，他倆是自古代以來最重要也最具成效的天文學家。

不過，他倆打從一開始就存在著個人與個性上的衝突。第谷邀請這位年輕人到他的城堡，並不是讓他來實現自己的畢達哥拉斯主義者夢想，

而是請他來證明自己的「地日心模型」。因此克卜勒在貝納特基的前幾個月相當沮喪，因為這位丹麥天文學家對他的觀測數據「非常吝嗇」，只公布他認為克卜勒對地日心系統進行調查所需的最低限度。兩人經常為此吵架，好幾次克卜勒都怒氣沖沖地離開。

1601年10月13日，命運終止了他們之間激烈爭執的合作。就在克卜勒抵達貝納特基不到兩年，某天第谷參加羅森伯格男爵在布拉格舉辦的宴會時喝了很多酒，但第谷覺得貿然離開餐桌很不禮貌，因此極力忍受著膀胱壓力。當他回家時，身體突然感到非常疼痛，接下來便開始發燒。這場發燒慢慢演變成譫妄，在與家人短暫相聚後，有史以來最偉大的「裸視天文學家」於10月24日去世。兩天後，他的年輕助手被任命為帝國數學家，第谷辛苦獲得的所有天文觀察數據，終於落入克卜勒的手中。

在天空中建立模型

克卜勒在他的著作中對這位贊助人的去世表示悲痛。儘管兩人的社會地位、文化和氣質都存在著差異，但兩人仍然非常尊重對方。不過，我們在克卜勒的著作中也不難看出，他因為獲得貝納特基城堡這座天文寶箱的鑰匙而欣喜若狂。他後來甚至承認，「第谷去世後，我很快就利用了他的缺席……繼承這些在我照顧下蒐集的天文觀察資料」。[8]

一旦接受這個職位，克卜勒知道他正踏入一位偉大前輩所走過的天文之路，因為第谷被普遍讚譽為自古以來最偉大的觀測天文學家。如果克卜勒要證明自己的「帝國數學家」稱號名副其實的話，那麼他的成績就必須與前輩的驚人發現並駕齊驅，甚至有過之無不及。他確信自己將獲得科學成就上的證明，答案就在這五個完美正多面體中，古代的畢達哥拉斯主義者掌握了打開天堂的鑰匙。

克卜勒從一開始就遇到問題。他所面臨的挑戰是所有科學的基礎、

同時也是奧坎剃刀在科學推理中的核心角色，亦即模型的選擇。我們可以思考一下克卜勒面臨的難題：他至少有四種模型（托勒密模型、哥白尼模型、第谷模型和他自己的模型），每個模型都可以解釋大部分的觀察數據，但都並非完美，因為每個模型都有大約 5-10% 的錯誤存在。當然克卜勒可以用數量無限的變體模型，透過調整每一個基本模型來提高數據的契合度，例如調整托勒密模型八十個圓圈中的任一個圓圈，或者在哥白尼的模型上附加以本輪形式存在的更多實體。不過，這樣一來便有大量的模型必須加以檢視，他該從哪裡著手呢？

這種情況普遍存在於科學界。各位是否還記得過去的經院學者，如何在幾個世紀當中，徒勞無功地爭論運動是否屬於亞里斯多德的範疇？我們現在所在的這個世紀裡，弦理論家（string theory）[*]同樣也陷入比整個宇宙中的粒子還要多的數學模型中。為了取得進展，科學必須運用一些方法來過濾這片複雜模型之海，這些模型與數據的契合度必須足夠，才能找到可能產生「最佳模型」的模型。

當然我們有許多標準可用來選擇模型。最常採用的就是「教條」，無論是宗教的、歷史的還是文化上的教條。因為科學家和其他人一樣，都可能傾向於選擇適合自己「偏見」的解決方案。這是布里丹極不情願採用的選擇標準，馬丁路德卻熱衷於採用這種選擇標準，用來反對地球轉動的模型。當哥白尼堅持他的日心說模型只能使用圓形軌道時，也等於讓古代教條影響他的模型選擇。甚至到了克卜勒，也還是以自己的信念為引導，相信古代畢達哥拉斯學派是正確的。不過在克卜勒的案例中，他所選擇的模型被證明是偶然的，因為這模型輕易就被證明是錯誤的。

在克卜勒的腦海中，科學「簡約性」雖不是最重要的，但絕對隱含在

---

* 理論物理學的一支，結合了量子力學和廣義相對論，本書稍後會再提到。

其思想中。還記得畢達哥拉斯學派的宇宙，就是在克卜勒於格拉茨教課的某個「頓悟」時刻，出現在他的腦海中。他的興奮源自他對新柏拉圖主義者*的信念，亦即「天堂是上帝的第一個作品，當然要比其他小而普通的東西，精心佈置得更美」。透過這種「美」，或是在他其他文字裡所說的「和諧」，克卜勒指的是數學家熟悉的概念，也就是「數學之美」。[9] 因此「美」或「和諧」這些描述，都是在形容數學家透過感知數學結構（無論幾何、代數或數值結構）所享受到的審美樂趣。這些數學結構都具有和諧、秩序和對稱的特性，更重要是「簡約」的特性。舉例來說，數學家們自古以來就欣賞畢達哥拉斯簡單定理之美，以及其優雅的幾何證明。在克卜勒之後四個世紀，法國數學家龐加萊（Henri Poincaré）寫了「科學家並不因為各種用途而研究自然，科學家研究自然是因為喜歡自然，喜歡自然是因為它很美。……正因為簡約和遼闊都很美，所以我們偏愛簡約的事實，也喜愛浩瀚無垠的事實」。[10] 同樣地，諾貝爾物理學獎獲得者狄拉克（Paul Dirac）也建議：「研究工作者在努力以數學形式表達出自然的基本規律時，應當努力追求數學之美。」[11] 簡約的特性與數學之間相輔相成。幾世紀以來，數學家一直努力「簡化」醜陋的方程式，推導出漂亮的解決方案，這就是數學家的工作。

克卜勒後來在1599年出版的《宇宙的奧祕》和《世界的和諧》（*Harmonice Mundi*）中，更清楚說明了這一點，他在書中認為世界（宇宙）是神聖和諧的體現，這點可以由它是從基本原則或說「原型」（archetype）的結構中顯示出來。[12] 他認為「這與結構上的簡約不可分割」。他還繼續宣稱「自然是簡單的」，並堅持上帝或宇宙「使用一個

---

* 柏拉圖的上帝就是至善的「理型」，而新柏拉圖主義的上帝，雖然也是非人格化的，但比起柏拉圖來說，更把上帝的超越性推到極致。

原因來產生多種結果」。[13] 這種說法當然就是奧坎剃刀的多種「變形」之一，不斷透過「現代之路」而轟隆作響。而且克卜勒在圖賓根學習期間，肯定也遇過這把奧坎剃刀。就像哥白尼和他那些經歷現代之路的前輩一樣，克卜勒要不是明確使用了奧坎剃刀，要不就是透過數學之美或和諧，將「簡約」作為選擇模型的主要標準。

威廉的奧坎剃刀，決心將整個世界的冗雜部件刪除到最低程度。哥白尼和克卜勒都沒有特別關注數學的簡約性，而是關注於審美上的簡約。然而這把美學剃刀和奧坎的剃刀一樣嗎？通向簡約的所有道路，也會通向同一目的地嗎？即使在今天，這問題仍然沒有定論，因為「簡約」並不像它看起來那麼簡單。[14] 當然我們並不是在說簡約是一個模糊或短暫的概念，這有點類似科學上的許多概念，例如物理學中的能量或生物學中的生命，同樣都很難加以定義。然而它們在定義上的難以捉摸，並不影響它們的實用性。事實上，我相信這些術語上的不可定義性，恰好暗示被簡化後呈現的最終事實，會比我們目前的概念基礎層次來得深刻。

克卜勒發現簡約模型具有一種相當矛盾的優勢——它們通常是錯誤的！請想像一下，當你的朋友打電話給你，說她在花園裡發現了一隻動物，並讓你猜猜是什麼。你可能會猜「狗」，但也可能會猜「哺乳動物」。因為兩者都是可能出現在花園裡的動物，也就是相當完美的假想模型，但兩者之中一定有一種更簡約。它之所以更簡約，在於如果我們考慮「動物類型」的話，狗的模型參數只有一種可能性，而哺乳動物模型則會有多種可能性，例如貓、牛、山羊、狗、馬或其他哺乳動物。如果那神祕動物汪汪叫，簡約模型會被證明是正確的，但若神祕動物喵喵叫、哞哞叫、咩咩叫或嘶嘶叫，簡約模型就被證明是錯誤的。因此更複雜的模型較能適用於各種情況，但若遇到的動物是嘓啾叫則為錯誤。

因此簡約的模型通常很脆弱，因為很容易被不同數據給破解。相較之

下，複雜模型的參數可適用於較大範圍的數值，因此通常能符合大多數的數據而變得難以反駁。這也就是托勒密體系能存活這麼久的原因：它的參數如此之多，幾乎能符合任何數據集。

當克卜勒試圖將他的畢達哥拉斯模型，與從第谷的觀察材料中得到的天文數據進行對照，他便經歷了簡約模型的脆弱性。無論克卜勒多麼努力嘗試，都只遇到了挫折。倘若他一直使用複雜模型，例如托勒密或哥白尼的模型，那麼答案就會很明顯，也就是繼續在天上添加更多的圓圈。像克卜勒這樣的傑出數學家，只要有足夠的耐心加上八十個左右的參數，肯定會找到某種方法來調整模型以符合觀察數據。然而與這種方法形成鮮明對比的是，世界上並沒有更多的柏拉圖正立方體，所以克卜勒能做的就是重新排列它們的順序。然而，正如我們已知的，柏拉圖正立方體可以被排序成連續嵌套集的方法有限。儘管用盡了排列方法，克卜勒還是無法把90%符合第谷的數據比例繼續提升。

雖然不情願，克卜勒的下一步依舊是增加更多複雜性，這點當然也與奧坎的剃刀法則完全相容。跟許多批評者的看法恰恰相反，奧坎的剃刀並不堅持這世界是簡約的，他只要求我們在推理時不該在不必要的情況下增加實體。如果現有實體無法完成工作，剃刀法則也可以讓你根據實際需要，隨意添加更多實體，只要這些實體是「必要的」。克卜勒為其模型增加的額外複雜性，就是放棄柏拉圖關於行星始終以等速運動的教條。他讓火星在繞太陽公轉時可以改變速度，這種額外的複雜性也提供了直接的回報。哥白尼體系中的五個本輪得以消失，因為它們成了不必要的實體，所以克卜勒將它們移除。

克卜勒隨後試圖確定完美的圓半徑，他認為這將可用來描述火星的運行軌道。結果他再次遭遇失敗。他說：

如果你（親愛的讀者）對這種令人討厭的計算法感到厭煩，請各位同情我，我至少重複了七十次計算，浪費了大量時間；所以當我說我已經在火星上花了五年時間，你不用感到太驚訝……

經過五年數以千計次大腦麻木等級的計算後（請記住這是在計算尺發明之前的年代），克卜勒終於在他的預測模型和第谷觀察數據中的四個關鍵數據點之間，獲得很好的符合程度。「基於這種方法的假設，不僅滿足它所對應的四個位置，而且準確度在 2 弧分之內，也能正確預測其他觀察結果……」，但隨後他哀嘆：「誰能想到這種可能性？這種新假設與對立的假設在觀察數據上達成一致，然而卻是錯誤的模型……」

為了測試新模型的優點，克卜勒從第谷的巨大觀察數據儲備中擇取了另外兩個點，結果被他珍視的柏拉圖領域假設模型在頑固的數據前破滅了，因為這兩點的預測偏離第谷測量值 8 弧分（月球直徑大小約為 30 弧分）。克卜勒感嘆：「如果我相信可以忽略這 8 弧分，我就會修補我的假設。」克卜勒所說的「修補」，意味著調整他的模型參數，以便給出合理的符合程度。然而克卜勒知道簡約原則，也知道這種脆弱的模型很難給他迴旋的餘地，當然也無法解釋 8 弧分弧度的差異。最後克卜勒認為「既然無法忽視，那麼這 8 弧分就指引出一條天文學徹底改革的道路……」。克卜勒唯一的出路，就是粉碎他的柏拉圖正多面體模型，並且重新開始。

儘管有 8 弧分的弧線差異，克卜勒仍懷疑他的模型應該很接近解決方案。在研究等速運動成功後，克卜勒接下來勇敢地毀掉另一個古老教條，也就是完美的「圓」。從柏拉圖以來幾乎所有天文學家都堅持作為天堂居民的各種天體，只能以完美的圓周運動。當然，所有圓在它們作為圓的意義上都是完美的，但是柏拉圖和其他人強調在數學美感上的「完美」，也就是一個優雅、和諧並且最簡單的二度空間物體，可被簡單的數字描述，

也就是「半徑」的數值。克卜勒的另一個不情願的嘗試，就是彎曲這些圓形。在多次嘗試不同的曲線之後，他偶然發現「橢圓」的可能性。橢圓是透過對圓錐切片進行繪製而得出的截面（圖14）。

事實上，「圓形」是最簡單的圓錐截面，因為它可以只用一個數字來描述，該數字表示圓錐上（水平）截面的切割位置。而下一個最簡單的形狀，便是傾斜切割圓錐所生成的「橢圓形」，為了標示圓錐上橢圓開始和結束的兩個點，需要兩個數字。從圓錐體中拉出的橢圓，通常被描述為圍繞兩個焦點繪製的曲線，不像圓只有單一圓心。克卜勒發現，當他將火星的圓形軌道彎曲成橢圓時，他的模型預測終於符合了第谷的觀察數據。

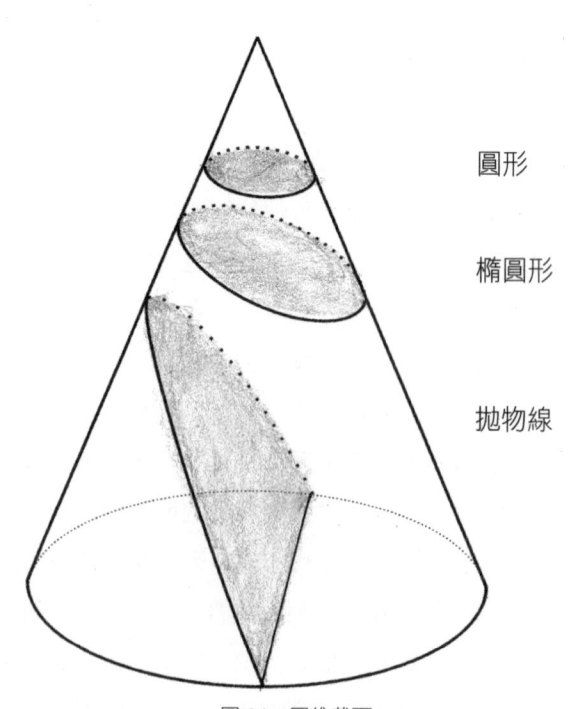

圓形

橢圓形

拋物線

圖14：圓錐截面。

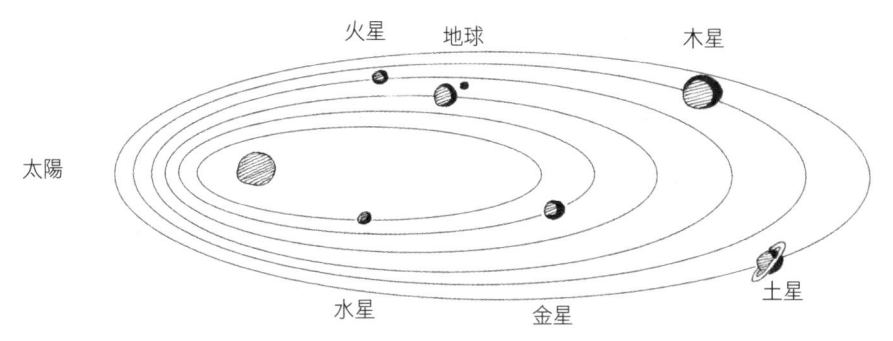

圖15：克卜勒的太陽系及其橢圓軌道。

這是一個相當了不起的發現，但這狀況是火星特有的嗎？為了找尋答案，克卜勒接下來嘗試加入「非等速運動」，並將圓形彎曲成橢圓，以適應包括地球在內的其他行星軌道。令他驚訝的是，他的新模型預測的數據與第谷的觀察數據完美匹配。因此，克卜勒這一次真的發現了天大的祕密。

然而，他的新模型影響驚人。因為在至少已經有兩千年的時間，填滿天空的是水晶球體，行星也都在完美的圓形軌道上運行。連克卜勒自己的畢達哥拉斯模型也加入了柏拉圖正多面體，而只有完美的圓才符合柏拉圖正多面體的表面，也就是球體。當克卜勒終於把這種「天圓」彎曲後，便在無意間粉碎了水晶天空和柏拉圖正多面體，因為這兩者都不符合橢圓軌道。

在這些天文碎片裡浮現出一種宇宙模型，擺脫了所有的週期、本輪和等距線，而且很簡單。克卜勒透過在簡單的柏拉圖起始模型中添加三個新的複雜步驟，便建構出我們今日所知的太陽系。因此這點仍是現代科學上最早也是最偉大的成就。然而，克卜勒並不為他的發現感到自豪；他曾夢想在天堂發現畢達哥拉斯學派的和諧，結果卻只找到不起眼的橢圓。他描述這就好像把「一車糞肥」帶進了天堂。[15]

定律與簡單性

隨著古老教條的消除和水晶球體說法的破碎，克卜勒現在可以一窺未來的科學進程。穿透過去那種混亂的圓圈世界後，他看到三個數學定律，這些定律支撐他的新太陽系中每個行星的運動方式。你可能還記得在默頓計算學者工作中的定律價值，這些計算學派的平均速度定理在今日仍被使用（不過很少被正確標注其貢獻）。克卜勒的數學定律與平均速度定理一樣，用可預測的定律取代了任意的複雜性。有了定律之後，世界變得更簡約也更可預測。

克卜勒第一定律指出：每顆行星的軌道都是橢圓軌道，太陽就位於橢圓的兩個焦點之一。克卜勒第二定律指出：在整個軌道上，從行星到太陽連成的直線，在相同的時間內掃過相同的空間面積。因此，如果你每隔一個月從太陽的位置到行星在其軌道上的位置畫一條連接線，便可得到行星橢圓的十二個扇區，而且克卜勒第二定律也說每個扇區的面積相等。克卜勒第三定律指出：任何行星繞太陽公轉一周所需時間的平方，等於其橢圓軌道長軸長度一半的立方。第三個定律有點難以想像，但它在本質上描述了行星軌道週期與行星跟太陽距離之間的關係。這可能是克卜勒三大定律中最具革命性的一個，因為它意味著行星是以「與太陽的距離」而非諸神、天使或任何更深層次的哲學原理，來決定每個行星的軌道。因此，克卜勒第三定律，讓天空中再也不需要各種超自然的神靈實體。

由於克卜勒定律是科學界最早理解的定律，因此值得再次強調它們到底如何讓這個世界變得更簡單。在他的定律出現之前，每顆行星都受自己的一套規則所支配，也就是軌道和本輪的大小與週期。這些規則是任意的，因為它們必須從對天空的觀察中讀取，並非由任何更基本的規則來預測。而克卜勒定律使用控制每個行星運動的「規則」定律，取代了任意性。事實上，如果上帝創造了一顆額外的行星，並將它放在與太陽有一定

距離的地方，克卜勒就能繪製出這顆行星的軌道。這就是定律的力量，用簡單、規則和可預測的宇宙，取代了複雜、混亂和不可預測的宇宙。

不過我們也應該指出，儘管已不需要來自天堂的超自然實體，但克卜勒相信是由上帝寫下這個讓他發現的定律。在他的代表作《新天文學》（*Astronomia Nova*）中，他也寫了：「幾何是上帝心中永恆的光芒。」對克卜勒來說，他所發現的三個定律就只是閱讀了上帝在幾何上的指引。

這本 1609 年出版的《新天文學》描述了他的前兩條行星運動定律。此書取得巨大的成功，並使克卜勒成為他那一代最偉大的天文學家。然而可惜的是，由於他在生活上遇到接二連三的悲劇，讓他未能充分享受這些讚譽。1612 年，他的妻子和兩個兒子相繼去世，接著又遇到宗教改革，路德教徒被迫離開布拉格，克卜勒不得不放棄他帝國數學家的職位，搬到較寬容的林茨（Linz）地區。後來他再婚，但不斷遭逢個人和經濟問題的困擾，兩個幼女也相繼亡故。1615 年，他四十四歲時，他的母親凱瑟琳娜‧克卜勒（Katharina Kepler）被克卜勒家鄉德國南部萊昂貝格（Leonberg）的法警指控為使用巫術的十五名女性之一。當克卜勒趕到鎮上時，發現母親已被鎖在監獄牢房地板上十四個月，並受到酷刑的威脅。克卜勒親自為母親辯護，如此在持續好幾個月的審判之後，她的母親終於在 1620 年秋天被釋放，但在六個月後便過世了。其中有八名被告婦女遭到處決。在此事件的兩年前，也就是 1619 年，克卜勒出版了《世界的和諧》（*Harmonices Mundi*），並在書中提出他的第三定律。他說雖然他的研究揭示了天堂的和諧和簡單的數學之美，然而可悲的是天堂底下的世界，仍然沉浸在宗教的不寬容和迷信之中。

克卜勒繼續從事他的天文工作。他在這時期最重要的成就，可能是 1627 年出版的《魯道夫星曆表》（*Rudolphine Tables*）。這項具里程碑意義的工作，包括從第谷的精細觀察紀錄中整理出的大量恆星目錄，以及根據

他新發現的定律進行的計算，亦即對於行星未來位置的精確預測圖表。這些表格的效用，來自他的日心系統和他的定律之驗證。《魯道夫星曆表》提供了對行星位置、日食和排列上的準確預測。最終，這些表格的準確性讓所有天文學家相信日心說的真理。此後，即使是占星家也都使用克卜勒定律來預測天體的運動。

1630年11月15日，克卜勒病逝於德國雷根斯堡，享年五十八歲。他的定律仍是他最持久的遺產，也是任何時代科學成就的巔峰。但為何這些定律能夠運作良好？是什麼力量讓行星沿著橢圓軌道運行？到底要如何測量與太陽的距離以瞭解軌道運行的速度？儘管與前輩們的週期和本輪相比，這些定律已大幅簡化；但嚴格來說，克卜勒定律仍是任意的，因為克卜勒是透過與第谷觀測數據的符合度，辨別出這些定律的，而非從更深層次的原理中推導出橢圓軌道的結構。此外，這些定律只適用於行星，至於地面物體的運動，例如箭頭或砲彈的運動方式，他並沒有加以延伸說明。因此，下一個重大的「簡化」可說是相當驚人的發現：亦即數學定律不僅可以支配天體運動，還可以應用於地表上的運動。

9
將簡單化為現實

在我看來……天上的事物和地上的事物是一樣的。因為在沒必要的情況下,永遠不應讓假設多元化。[1]
——奧坎的威廉,約 1323 年

各位先生請注意,乍看似乎不太可能知道的事實,即使在很少的解釋下,也會卸下隱藏事實的斗篷,以赤裸裸的簡約之美呈現出來。
——伽利略《關於兩大世界體系的對話》,1632 年[*]

1608 年 9 月 25 日,海牙(當時稱為荷蘭共和國,現為荷蘭)的州議會,收到澤蘭省議會的一封信,信中說有位匿名的「送信者」,宣稱有位發明家發明了一種儀器,可將遠處的物體看成近在咫尺。

---

[*] 指托勒密和哥白尼兩大世界體系。

光線被集中到一個較小的區域

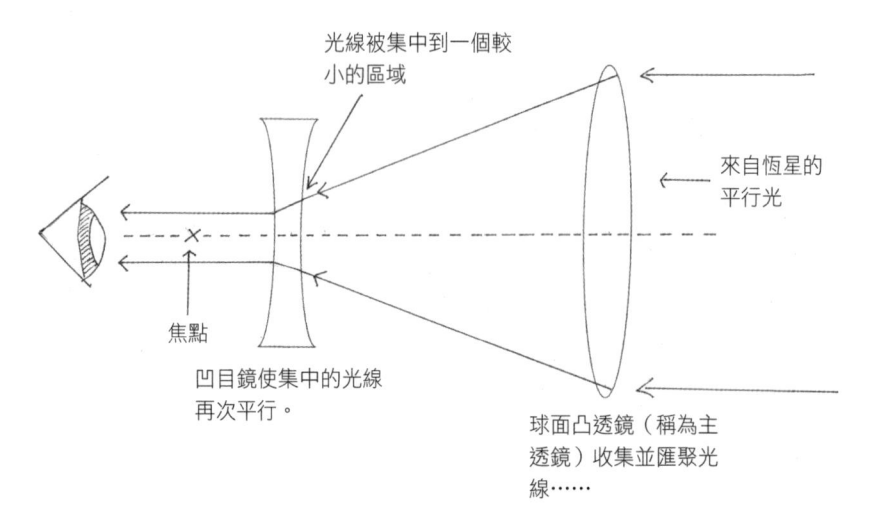

來自恆星的平行光

焦點

凹目鏡使集中的光線再次平行。

球面凸透鏡（稱為主透鏡）收集並匯聚光線……

圖 16：折射望遠鏡的原理。

　　這具儀器由滑動管中的兩個透鏡所組成。在儀器兩端分別是一個凸透鏡以及一個較小的凹透鏡目鏡。發明家要求倘若可以，希望能向拿騷的莫里斯王子展示這具「望遠鏡」，以便申請國家資金來進一步開發這部儀器。一週後，來自荷蘭米德爾堡市的一位眼鏡製造商李普希（Hans Lipperhey），提交了雙筒望遠鏡的專利申請書。第二天，阿爾克馬爾的梅蒂烏斯（Jacob Metius）也為一種伸縮裝置申請了一項獨家專利，這是他經過兩年的研究，透過只有他與一些古人才知道的「祕密知識」製作而成的。於此同時，一位「荷蘭發明家」正在 1608 年的法蘭克福博覽會上兜售一台「工作望遠鏡」，雖然有位潛在買家對望遠鏡很感興趣，但認為價格太高了。1609 年 4 月，所謂的「荷蘭望遠鏡」已在巴黎新橋的一家商店裡出售。到了 5 月，西班牙米蘭總督已擁有一部望遠鏡。該年稍晚，望遠鏡也開始在羅馬、威尼斯、那不勒斯、帕多瓦和倫敦市面流通。[2]

　　人們常說，某些想法是有「時代限制」的。自古以來，曲面玻璃放大

或扭曲物體影像的能力便已為人所知。古代亞述人和埃及人都用拋光水晶製作鏡片，希臘人和羅馬人會用裝滿水的玻璃球來放大物體。到了13世紀，磨砂玻璃鏡片已被用於製作眼鏡。伊斯蘭和歐洲科學家，例如出版《光學之書》的海什木以及培根等人，都對玻璃鏡片的折射特性進行實驗。然而據我們所知，在17世紀早期之前，沒人想到結合透鏡來放大物體這件事。

所有關於望遠鏡的早期記載都來自於荷蘭，因此望遠鏡很可能真的是在荷蘭發明的。但由於這項發明的消息傳播得如此之快，以至於我們已無法分辨最早的望遠鏡發明者究竟是誰。最後，在海牙的荷蘭國會決定將該專利授予李普希。

幾乎永遠處於戰爭狀態的歐洲列強，並沒有放過這種可以發現遠處和潛在威脅者（如船隻和軍隊）的儀器所帶來的潛在軍事優勢。因此當莫里斯王子在海牙檢查新望遠鏡時，他的主要敵人——西班牙荷蘭軍隊的總司令斯皮諾拉侯爵——也決定出席會議。到了1609年，這項發明的消息傳到了西班牙帝國的其他地方。奧地利的阿爾伯特大公，似乎也在當年的春天和冬天至少獲得兩台荷蘭望遠鏡。在教皇保羅五世的侄子、奧地利教廷大使本蒂沃利奧（Guido Bentivoglio）的一封給紅衣主教博爾蓋塞（Scipione Borghese）的信中，描述了他透過大公的望遠鏡窺視遠方的喜悅；不久後，羅馬也展示了一台望遠鏡。就在發明後僅僅一兩年間，望遠鏡仍偏向以好奇或軍事的用途而出售。然而在1609年春末夏初的某個時刻，帕多瓦大學一位對光學感興趣的年輕數學教授伽利略，也誇耀他製作了自己的望遠鏡，而這具望遠鏡即將改變整個世界。

雖然伽利略被正確地認為是科學巨人，不過原因經常是錯的。首先，他並沒有證明地球在移動，他也沒有從比薩斜塔上落下物體。不過他確實有兩個相當重大的發現。第一個重大發現是，他認為天空很像地球，因此

很可能受到同樣的規則支配。第二個重大發現則是,他證明了在預測天體運動方面非常有用的一種數學推理,同樣也適用於地球。

把天空落實到地面上的人

伽利略(Galileo Galilei,1564-1642)出生於比薩,是音樂家兼作曲家伽利萊(Vincenzo Galilei)六個孩子中的長子。1580年,他進入比薩大學攻讀醫學學位,但在參加數學講座並對所有數學事物產生一生的迷戀後,他的興趣轉向了自然科學。雖然家庭經濟上的困難,迫使他在完成學位之前放棄學業,但在接下來的幾年裡,他確定自己將成為專業數學家。他在比薩、佛羅倫斯和錫耶納之間旅行,輔導私人學生或在不同學校任教。二十二歲時,他發表一篇關於一種新型秤重天平的論文。結果這篇論文讓他得以在1589年,獲得了比薩大學數學系主任的職位。

值得注意的是,他的許多講義都在此一時期留存下來。雖然講義是他自己寫的,但似乎是抄自另一位學者的筆記,而非自己書寫的內容。這位學者名叫瓦利烏斯(Paulus Vallius),他在羅馬的羅馬學院(Collegio Romano)教授邏輯和科學方法。我們可以從這些筆記的內容裡,看出伽利略是以經院學派的亞里斯多德傳統來講授數學和物理學,他也知道包括默頓計算學派和奧坎的威廉在內的唯名論哲學家,而且還多次提到他們。[3]

1592年,他在更負盛名的帕多瓦大學獲得新職位,講授數學、力學和天文學。1597年,他寫信給克卜勒,因為克卜勒在前一年出版的《宇宙的奧祕》,把自己的聲望牢牢釘在了哥白尼體系的標竿地位上。克卜勒送給一位去義大利旅行的朋友兩本書,其中一本傳到了在帕多瓦教書的伽利略手上。伽利略寫信給克卜勒,說他已成為哥白尼主義者好幾年了,「有了這個假設之後,我已能解釋許多在目前假設下無法解釋的自然現象」。不過他說的那些許多的「自然現象」到底是什麼,目前仍然成謎。

第9章 將簡單化為現實

　　1601年伽利略的父親去世，三十七歲的他成了一家之主，負責撫養自己的弟弟妹妹。他和情人瑪麗娜・甘巴（Marina Gamba）一共生了三個孩子，不過他們並沒有結婚。人丁不斷成長的家庭帶給他越來越大的經濟負擔，因此除了授課和課外輔導外，他還努力讓自己成為軍事工程和防禦工事方面的數學和科學顧問。

　　伽利略的注意力轉向計算戰船的最佳槳數，以及設計改良過的排水幫浦。他還發明了一種改良的測量器，相當於16世紀的計算尺或計算器。砲長可以使用這種尺計算大砲的最佳射角，測量員也可以使用它來測量建築物的尺寸，商人則使用它來計算例如以杜卡為單位的弗羅林幣值。伽利略的諸多創新，引起了包括洛林的克里斯蒂娜（Christina of Lorraine）這位富人兼權勢者的注意。她是托斯卡尼大公費迪南多一世的妻子，於1600年聘請伽利略作為她兒子科西莫（Cosimo）的家庭教師。

　　1609年5月，伽利略見到了他的朋友、學者和哥白尼學派同伴薩爾皮（Paolo Sarpi，1552-1623）。雖然薩爾皮是位神學家，卻也是一位懷疑論者。除了對天主教會持高度批判態度，他也是威尼斯共和國的堅定支持者。[*] 同樣在1609年，薩爾皮在兩次暗殺企圖中倖存下來，薩爾皮說自己身上留下的傷口，可以證明「羅馬教廷的風格」（梵蒂岡法院）。薩爾皮也是奧坎威廉的唯名論者和崇拜者，這也可以說明奧坎的思想仍在17世紀持續流傳，因而構成後來被稱為「科學革命」（Scientific Revolution）[†] 知識背景的一部分。

　　薩爾皮與伽利略見面時，分享了一封來自之前教過的學生巴多雷（Jacques Badovere）的信，信中描述他在巴黎展示的放大鏡下看東西時體

---

[*] 威尼斯人信奉天主教，但不受教宗約束，這在中世紀是一種獨特現象。
[†] 指現代科學在歐洲萌芽的這段時期，不論在數學、物理學、天文學、生物與化學等方面都出現了突破性的進展。

驗到的驚訝。由於敘述的細節不多，因此伽利略立即返回帕多瓦，並在幾天內建造出自己的望遠鏡。他的第一部望遠鏡只能將物體放大三倍，比荷蘭望遠鏡的倍數還小。不過伽利略擅長改進別人的發明，所以不久之後，他就有了一台有八倍放大率的望遠鏡。然而比較奇怪的是，伽利略製造望遠鏡的方法似乎完全基於反覆的試驗。因為一直到1611年，克卜勒才在他發表的短篇論文《折射光學》（*Dioptrice*）中，揭示了望遠鏡的工作原理。

也一樣在1609年，伽利略用他改良後的望遠鏡，讓威尼斯總督留下深刻的印象。因此他在帕多瓦大學的教職被確認為終身職，並獲得每年一千金幣的豐厚薪水。在威尼斯總督的進一步財政支持下，伽利略建造了一台可放大三十倍的望遠鏡，並在該年秋天將望遠鏡轉向夜空。為此他特別引入兩項創新，第一項是設計了維持望遠鏡穩固的支架，第二項則是安裝在目鏡周圍的圓形遮罩，可減少黑暗背景下明亮物體周圍產生的光暈效應。

他在第一晚觀察了星星。雖然星星依舊是夜空中明亮的光點，但比肉眼可見多出了幾千顆。銀河系也從蒼白一片的長條狀，變成在夜空上鑲著星光的銀色皮帶。第二晚，伽利略更將望遠鏡轉向月球。當時包括月球在內的所有天體，都被認為是完美無瑕的球體。伽利略第一眼看到月球就否定了這一切，他驚訝地看到月球表面並非完美無瑕的球體，而是一片崎嶇的景象，月球表面佈滿隕石坑，穿梭點綴著山脈。於是伽利略寫了月球表面「不平坦、粗糙、充滿凹洞和突起，與地球表面沒什麼不同，同樣被山脈和深谷的紋路覆蓋」。[4] 月球雖是另一個世界，但跟他安裝望遠鏡的這片土地並沒有太大的區別。

接著在1610年1月7日，伽利略將望遠鏡轉向行星。行星與星星不同的第一個特點，便是它們不再以「光點」的形式出現，而是以懸掛在太

空中的「明亮圓盤」出現，土星甚至擁有令人好奇的「耳朵」形狀。這些行星已不再是一群流浪的恆星，而是屬於另一種天體。更引人注目的是木星，伽利略的望遠鏡發現它旁邊有三顆小星星，它們既不圍繞地球也不圍繞太陽運行，而是圍繞木星這顆行星運行。最後，伽利略得到了初步結論：「毫無疑問地，天空中存在著三顆圍繞木星轉動的星星，金星和水星也圍繞著太陽移動。」人類在此終於證明，與亞里斯多德和幾乎所有早期天文學權威的說法相反，並非所有天體都圍繞地球運行。

這些都是非常驚人的發現。正如奧坎的威廉在大約三百年前所推測，天堂並非眾神和天使的家園，這裡與地球所處的領域沒有什麼不同。伽利略在他的一本小書《星際信使》（*Sidereus Nuncius*）中，記錄了他的天文觀測。1610 年 1 月下旬，他趕到威尼斯尋找出版商，他在宇宙觀察上的這些重大發現就此公開。當年 2 月，也就是這本書出版之前，伽利略收到托斯卡尼大公* 秘書的一封信，信中說公爵對伽利略的發現「目瞪口呆」。所以伽利略決定賭上一把，把新發現的木星衛星的名字改成「美第奇衛星」（Medicean moons）。這場孤注一擲得到了回報。他的書於 1610 年 3 月 13 日出版，五百五十冊在第一週就全數售罄。科西莫二世德‧美第奇也相當高興，因此在該年 5 月，伽利略搬到了佛羅倫斯，擔任大公的數學家兼哲學家職位。

地球到底會不會動？

伽利略撰寫《星際信使》一書時，重點都放在描述這些新發現，而非考慮這種發現的含意。或許是佛羅倫斯的來信以及強大的美第奇家族給予了支持的暗示，讓伽利略決心致力於推廣哥白尼的思想。伽利略在談到

---

* 托斯卡尼大公國最初是由美第奇家族所統治。

地球時說:「我們將證明地球是會移動的,亮度也超過月亮,而非宇宙汙物和渣滓集中的垃圾堆……」請注意,這裡關於擺脫「汙物和渣滓」的評論,是針對中世紀對於宇宙的看法(見本書圖3),因為當時一般人認為填滿地球中心的是地獄和被定罪的靈魂。伽利略提供的則是一個完全相反、如同月亮一樣明亮,並與其他天體一樣有價值的新地球。

然而,這個事實也製造了一個讓神學家深感不安的世界。如果太陽是宇宙的中心,那地獄到底在哪裡?更重要的是,天堂在哪裡?過去中世紀的祭司只需用手指向天空,就可以讓其會眾感受到上帝天堂的臨近;用手指向地下,便能強調避免在地獄受永恆熾熱囚錮的重要性。教會的權威,便來自於自稱為人類在超自然領域之間的嚮導角色。而當伽利略的望遠鏡發現天堂只有岩石時,教會作為超自然嚮導的資格便無可挽回地動搖了。

或許是為了轉移宗教上的爭議,伽利略在《星際信使》中只提過一次哥白尼,也只提供支持日心說的微弱證據。其中一個就是美第奇衛星。雖然讓人感到吃驚,但這些衛星的存在,並不能證明地球在移動。伽利略的第二個論點則是「地球反照」(earth shine)的存在,亦即地球反射的陽光照亮了月球的陰暗面。[*]然而,這點雖然可以證明地球跟其他行星一樣是個天體,但依舊不能證明地球在移動。

即使在二十年後的1632年(伽利略六十八歲)出版的巨著《關於兩大世界體系的對話》中,伽利略也只提供了兩個額外的證據。一個是他在1610年用望遠鏡發現了金星相位與月球相位相似,[†]這只有當金星圍繞太陽而非繞地球運行時才可能發生,因此這觀察排除了托勒密系統(地心說)。然而,這些觀察尚未排除第谷的地日心系統。在第谷系統中,不

---

[*] 在新月時,地球的陽光反射,照亮了原先應該全黑月球的陰暗面,造成陰暗面朦朧可見的情況。

[†] 亦即金星也有陰晴圓缺,但金星比月亮遠多了,因此只可能環繞太陽轉動。

可移動的地球仍位於由太陽環繞的天空中心，太陽本身則是被內行星環繞（見本書圖 12）。伽利略對此提供了一個（錯誤的）證據，宣稱潮汐是地球繞太陽的運動所引起。即使在 17 世紀，這種論點的影響力也相當薄弱，因為眾所皆知潮汐是受月球轉動而非太陽的影響。另外值得注意的是，伽利略終其一生都支持原始的哥白尼體系，也就是**擁有許多本輪的模型**，而非克卜勒那種簡單得多的橢圓軌道系統。

然而，伽利略在 1632 年出版的《關於兩大世界體系的對話》[5]，確實導致他與天主教會的衝突，並讓他撤回地球移動的說法，這個故事大家以前應該都聽過。‡ 雖然伽利略可能相信奧坎而將科學與神學分開談論，但在天主教會的眼中「科學女王」仍穩坐在她的寶座上。

熨平現實世界的凹凸

儘管伽利略進行了許多觀察，但在 17 世紀初期，地球和天體之間存在著明顯差異。天體的運動可用克卜勒的數學定律來捕捉，但地球物體的唯一運動定律只有 14 世紀默頓計算器的平均速度定理而已。

伽利略相信「宇宙是用數學語言寫成的」。這種看法雖然在天上站得住腳，但在地球上，物體大多是以不規則的方式進行不規則的移動，一切似乎不受定律約束。即使是平均速度定理，也只是在紙面理論上才有作用。然而儘管如此，伽利略仍然相信觀察證據帶給他的「預感」，認為地球物體的運動就像天體中的物體一樣，一定受到數學定律的支配，只是這些定律的規律性，暫時被地球上各種看得到或看不到的障礙所掩蓋。伽利略也開始透過實驗來證明自己的預感，進行了一項具革命性的實驗。

---

‡ 譯注：伽利略為了支持地球移動的理論，因此最初的書名為《關於海洋潮汐與流動的兩大世界體系的對話》，「潮汐」等字眼最後因宗教法庭的命令而被刪除。

科學實驗並非全新的概念。阿基米德曾做過著名的浮力實驗和槓桿實驗；阿拉伯物理學家、天文學家兼數學家的海什木（Ibn al-Haytham，965-1039）在他的《光學之書》中，也描述他進行的光學實驗。英國哲學家吉爾伯特（William Gilbert，1544-1603）在他的《論磁石》（*On the Magnet*）一書中，描述過一系列關於天然磁石磁鐵和琥珀的實驗，也都比伽利略早了幾十年。然而這些早期實驗主要是「觀察」性質，例如觀察鏡子反射的光束，或是觀察磁石吸引針等。然而伽利略的方法之所以如此具革命性，在於他對於實驗環境的精心設計和操控，揭露了地球運動的隱藏規律。正因如此，伽利略常被稱為現代實驗科學之父。

大約在1604年，四十歲的伽利略進行了測量落體速度的實驗。當時他面臨的問題是大部分物體都掉落得太快，難以測量。因此他想出一個巧妙的解決辦法，亦即不是讓物體在空中自由掉落，而是將它們滾下固定在桌面上的斜坡，以減緩它們的落下速度。然後，為了減少路徑凹凸不平造成的障礙，他小心翼翼地將金屬或木球銼磨成大小相同的球體。接著又在木板上切出凹槽，確保球體可以沿直線軌道滾落，還用蠟紙在縫隙中襯墊，以減少滾落路徑上的摩擦。為了測量時間，他先用自己的脈搏測量，之後設計了一個更準確的滴水鐘，並使用一個精密天平來測量單位時間內的滴水總量。他進行了幾百次實驗，再將這些實驗數據加以平均，以檢視在個別實驗中被實驗誤差所掩蓋的規律。

他的第一個發現是亞里斯多德錯了。這位希臘哲學家曾宣稱，重的物體比輕的物體掉落得更快。儘管伽利略在比薩斜塔進行物體掉落實驗並沒有留下紀錄，但他確實把重量較輕的木球滾下斜坡，然後發現它們滾動的速度與較重的鐵球滾下速度完全相同。不僅如此，伽利略也發現物體並不像亞里斯多德所說的是以恆速落下，而是會在重力作用下加速。事實上，球體會穩定加速，遵守了由默頓計算學者所發現並由奧坎主義者奧里斯姆

證明的平均速度定理。伽利略或多或少複製了奧里斯姆的平均速度定理的圖形證明（圖 7），不過他並沒有將這項功勞歸功給這位中世紀前輩。

伽利略**繼續測量**球的垂直和水平運動，以計算拋物線彈射物體（如砲彈）的軌跡。他提出單位時間內在水平方向上移動的距離近似（忽略空氣阻力）恆定並與時間成正比（0-4 秒，圖 17）；至於在垂直方向，球的落下距離會依時間的平方（1-4 秒，在圖 17 中）均勻加速，這也是平均速度定理的結果。當伽利略用圖形將二者結合起來時，便得到一條「拋物線」。這種形狀很有趣，因為與橢圓一樣，拋物線同樣也是圓錐的一種截面，暗示了地球上的運動方式跟克卜勒的橢圓天體軌道之間存在著某種關聯。然而伽利略可能從未看到，或是忽略了克卜勒在 1609 年發表的《新天文學》，這本書在他自己的《與兩門新科學有關的論述和數學論證》（*Discourses and Mathematical Demonstrations Relating to Two New Sciences*）一書出版的將近三十年前便已出版。據悉，伽利略從未說明讀到過這種地面與天空的運動關聯性。

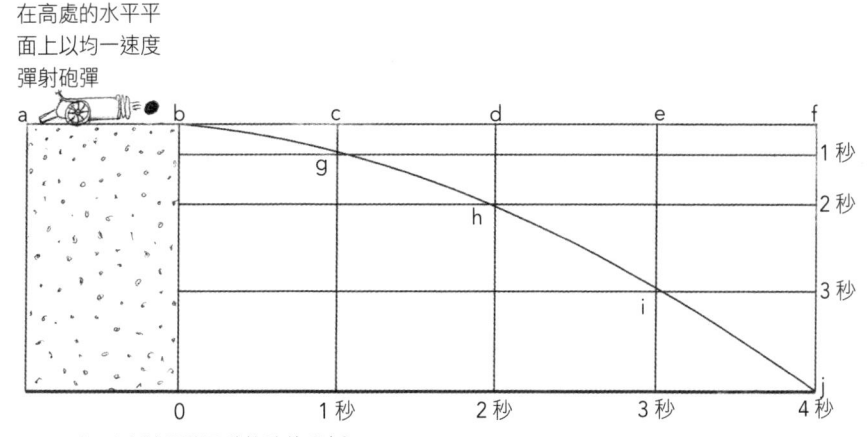

圖 17：伽利略對彈道運動軌跡的分析。

伽利略發現的最重要定律，可能就是有史以來最清楚的科學文章裡所描述的、關於兩個主要世界系統的論述中，以奧坎的方式舉例（亦即想像在一艘船上的人）說明運動的相對性質，這就是今天眾所皆知的「伽利略不變性」（Galilean invariance，或稱伽利略相對性）。

請想像在某艘大船甲板下的主艙裡，你和一群朋友靜靜坐著，旁邊可能有一些蒼蠅、蝴蝶和其他小型飛行動物（如小鳥）。地面上放著一碗水，裡面有魚在游動；接著，我們將一個滴水水瓶懸掛著，並在它下方放置一個寬口大容器。在這艘船靜止的情況下，仔細觀察飛行的小動物如何以相同速度飛到船艙四周。同樣地，魚也無動於衷地向四面八方漫游；至於水滴則正常落入下方的容器中。你扔東西給你的朋友，在距離相等的情況下，往某個方向扔並不比往另一個方向更需要用力。你雙腳併攏跳躍，每次落下的位置都會是一樣的。當你仔細觀察這些事物，並讓船以任何可能速度前進，只要船是等速移動，而船也不會以任何方式波動的話，你完全不會發現船艙內種種事物的動作有任何變化，你也無法從任何一個動作，判斷船是移動或靜止。

伽利略當然知道奧坎的理論，因為他在早期講義中曾多次提到奧坎，甚至還寫了「運動不過是一種形式流」（流動的形式），這正是奧坎描述過的。[6] 然而，伽利略非常重視這個原則，甚至比奧坎或他的繼任者更進一步，堅稱不管觀察者的等速運動如何進行，對於觀察者來說物理定律都是相同的。這原理就是「伽利略不變性」。

伽利略不變性原理，是數學定律「簡約」能力的最佳範例。想像一下，從海岸的角度計算伽利略船上物體的複雜運動，將會有多麼困難。船

上每塊木板、螺絲釘、釘子或繩索都在移動，都有自己的移動速度。然而只要跳上船，就可以從更簡單的慣性來看，此時幾乎船上所有釘著的東西都相對靜止。只有蝴蝶、魚、人、風帆的持續運動，才需要解釋其運動原因。如此便把一艘船上成千上萬的移動縮減為少數運動，讓這個世界變得更簡單也更容易理解。

如同在他之前的布里丹、奧里斯姆和哥白尼等前輩一樣，伽利略也將他的相對觀察拋諸腦後，提出天體可以在沒有摩擦的情況下永遠持續運動。他還認為讓地球每天自轉，[7]會比讓太陽、月亮、行星和恆星每天繞地球轉動要「簡單得多，也更自然」。因此他堅持他的論點「得到了支持」，因為亞里斯多德有句非常真理式的格言告訴我們「用更多東西來做較少東西就能完成的事，毫無意義」。[8]事實上，亞里斯多德從未說過這話，這句話是奧坎剃刀的一個常見變體，已透過現代之路在義大利流傳許久。

在《與兩門新科學有關的論述和數學論證》中，伽利略所說的兩門新科學，一門是靜力學，指物體抗拉強度的科學；另一門則是運動科學，亦即我們今天所說的運動學。整本書描述了慣性定律、落體定律以及對拋物線運動的描述等，因此這本書通常也被認為是整個物理學史上最重要的書籍。

儘管受審後被軟禁在阿塞特里，然而在生命的最後幾年裡，伽利略的名聲仍持續成長。他以前帶過的幾個學生都來到此地，包括發明水銀氣壓錶（後來的氣壓計）的托里切利（Evangelista Torricelli）。托里切利在伽利略因病發燒和心悸時抵達，然後一直陪伴在這位偉大的科學家身邊，直到伽利略於 1642 年 1 月 8 日去世。另一位冉冉升起的明日之星科學家波以耳（Robert Boyle），當時人也在阿塞特里，正打算登門拜訪伽利略。遺憾的是他在 1 月 9 日到達，剛好晚了一天。

10
原子與知靈

當霍布斯先生求助上帝能做什麼時（我們有充分理由承認祂無所不能），他並非以關於流體的爭論來決定全能造物主會做什麼，而是探求祂實際上做了什麼。
——波以耳，1662 年[1]

1654 年，兩位科學家在離大學學院（University College）不遠的牛津大街上一棟房子裡接待一群極富學識的觀眾。其中一位演講者是二十七歲的波以耳（1627-91），他是無形學院（Invisible Colleg）*的成員。其他成員還包括了其他名人，如數學家兼天文學家雷恩（Christopher Wren）、英格蘭作家伊夫林（John Evelyn）以及經濟學家兼哲學家配第（William Petty）。波以耳身材高大英俊、顴骨高、鼻樑挺拔、下巴結實，說話帶有濃重的愛爾蘭口音，但有明顯口吃。他的助手，十九歲的虎克（Robert

---

* 無形學院一詞最早出現於波以耳所寫的信中敘述，亦即科學家經由非正式管道，建立起彼此友誼與討論的習慣，並藉此掌握最新科學發展的訊息。

Hooke，1635-1703）則矮得多，有著駝背但結實的體格以及嚴肅緊繃的臉龐。雖然虎克在職涯的這個階段幾乎不為人所知，但他後來因許多革命性的進展與發明而聲名大噪，例如用來發現生命細胞構造的顯微鏡等。這兩位科學家都是後來被稱為「啟蒙運動」（Enlightenment）發展的傑出人物。

在這次展示中，波以耳邀請無形學院成員觀看他進行的幾次實驗演示。這些演示大多涉及到真空泵（幫浦），能把大玻璃罩中幾乎所有空氣排出。波以耳在玻璃罩裡放入一根蠟燭，用來證明當空氣被真空泵排出時，火焰會先閃爍不定，然後熄滅。因此波以耳和虎克在歷史上第一次證明了「火的燃燒需要空氣」。而在接下來的實驗裡，他們在玻璃罩中放入一個滴答聲很大的手錶。當容器裡充滿空氣時，觀眾很容易就可以聽到手錶的滴答聲，但隨著空氣被抽光，手錶的滴答聲越來越小聲，直到再也聽不見。當虎克讓空氣流回玻璃罩後，滴答聲才又恢復。於是兩人證明了「聲音需要靠空氣傳播」。接著波以耳把磁鐵和指南針放在真空瓶中，證明它們不會受空氣的影響，說明了磁力與聲音不同，亦即「磁力可以穿過真空」。

上述每個實驗都讓聽眾驚訝並震驚。然而他們對這對師生的下一次演示更加驚訝。這個實驗涉及一個幾英尺長的玻璃管，管內插著鉛錘和羽毛。當玻璃管的空氣被抽光後，波以耳迅速豎起玻璃管，接著現場觀眾會看到鉛塊和羽毛一起沿著玻璃管落下，正如伽利略所預測，波以耳證明了「所有物體在真空中會以相同速度落下」，因此亞里斯多德確實錯了。

波以耳出生在愛爾蘭沃特福德郡的利斯摩（Lismore）當地一個雖是白手起家、但後來變得相當富裕的家庭中。不過波以耳並未享受一般英國或愛爾蘭新教貴族所慣有的奢華生活。雖然他父親是第一代的科克伯爵，但他撫養孩子時採取了斯巴達式的教育，他把孩子送到鄉下，讓他們習

慣「粗糙但乾淨的飲食以及空氣裡瀰漫的激情」。這種田園生活並不適合伯爵的第十四個孩子,他經常生病,患有「瘧疾、近視、膽汁問題,麻痺,僵硬,流血水和腎臟疾病等」。波以耳將這些痛苦歸咎於他從馬上摔下後,還被迫在夜間與「路況不熟的酗酒嚮導」一起在「荒山野外」迷路而造成。他也患有口吃,以至於他後來的導師法國人馬科姆(Isaac Marcombes)說「他經常講話結巴且口吃……我難以理解他,也很怕會被前輩嘲笑……」[2]。結果不出所料,波以耳在愛爾蘭的童年並沒有讓他對喜歡上自己的出生地,後來他甚至將此地描述為「野蠻的鄉下」。

波以耳八歲時被送往英國,在伯克希爾的伊頓公學接受早期教育。然而這個男孩沒能在英國公立學校茁壯成長,而是很快就罹患了「憂鬱症」[3]。於是他和哥哥被送到國外,由日內瓦的一位馬科姆(Marcombes)先生照顧。羅伯特似乎對在馬科姆家的生活很滿意,他們一家人四處旅行,等於為兩位男孩提供一種非常適合英國年輕紳士的人文教育。這些旅遊必然包括到義大利朝聖,欣賞啟發人文主義者的古典文明遺跡。也正是在這次旅行當中,年輕的波以耳期盼能在阿塞特里見到他的英雄——年邁的伽利略,只可惜晚了一步。

儘管馬科姆十分負責地照顧他們,波以耳仍不時感到困擾。他在回憶錄中(按照當時的風格,他以名為菲拉特斯的第三人稱講述,這是一位因超凡脫俗的慷慨而被封為聖徒的拜占庭聖人之名)講述了他因嚴重的宗教懷疑,困擾到想自殺的事情。大約十三歲時,他被一場猛烈的雷暴驚醒,「每一聲雷聲都伴隨著頻繁且令人眼花繚亂的閃電,以至於菲拉特斯開始想像,他們一定是被一場即將吞噬世界的火焰砲擊」。於是波以耳發誓,如果他能熬過那晚,他將「更虔誠地成為神的僕人」[4]。擺盪在宗教懷疑主義和虔誠之間的衝突,是波以耳窮其一生都在努力解決的問題。即使在臨終前,他也承認自己不斷受到「褻瀆神明的思想」[5]攻擊。

此時,英格蘭正處於英國內戰的劇痛之中。最早的小規模衝突是 1641 年於波以耳十四歲時發生的愛爾蘭叛亂。他和他的兄弟都收到父親的來信,說他被圍困在自己的城堡裡,並被切斷了財富來源。這封信的用意是在告訴兩兄弟,他們的金錢津貼就此終止。身為驕傲的人,伯爵禁止男孩在這種情況下返回英格蘭,而是建議他們可以返回愛爾蘭,或是加入在荷蘭作戰的英國軍隊。馬科姆提供足夠的資金給比波以耳身強體壯的十九歲哥哥法蘭西斯,讓他返回愛爾蘭。而身體嬌弱的波以耳則與馬科姆一起返回日內瓦。

在七十五歲的伯爵被迫交出財產並很快去世後,這場衝突依然持續了好幾年。波以耳擔心返回英國的禁令在伯爵死後仍不能豁免,因此 1644 年在他十七歲時典當了馬科姆贈與給他的珠寶後,騎馬穿越法國,並買通一條前往英國的船。接著他抵達朴茨茅斯港,從該地出發,前往倫敦的聖詹姆斯,也就是妹妹凱瑟琳和四個孩子居住的地方。凱瑟琳當時幾乎已被她的廢物丈夫拉內拉子爵(Viscount Ranelagh)遺棄,因此當波以耳一到,她「帶著最深情姐妹的喜悅和溫柔」[6]擁抱了她的兄弟,兩人餘生都保持著親密的聯繫。

在倫敦期間,波以耳發現他現在已是多塞特郡斯塔布里奇莊園的繼承者。這片莊園過去有過一段不太光榮的歷史,前任主人繼承莊園時,被告知其父親有「不自然的行為」,這是 17 世紀對於同性關係的委婉說法。因此在父親被絞死後,兒子便將莊園賣給波以耳的伯爵父親。而在伯爵死後,這片莊園便傳給了波以耳,於是他終於能在此地安頓下來,過著鄉紳式的生活。

不過這座莊園早已被戰爭摧毀,除了莊園被毀,大部分的小屋也遭到棄置。波以耳透過砍伐和出售莊園的木材,設法籌措所需要的資金,雇人修復房屋並恢復農場的生產力。在莊園生產的閒暇時間,他定期寫信給妹

妹，內容通常是各種主題的簡單道德故事，包括「關於吃牡蠣」「關於餵狗吃肉的作法」或是「關於雲雀的歌聲和燈光架設等」。凱瑟琳將波以耳的小故事分享給一些具影響力的朋友。事實證明這些故事非常受歡迎，最後甚至集結出版成為《關於幾個主題的偶爾反思》（*Occasional Reflections Upon Several Subjects*）一書。波以耳的寫作風格大受歡迎，很快就被斯威夫特（Jonathan Swift）* 在他一篇稱作「掃帚上的沉思」的文章中諷刺，以「令人尊敬的波以耳」冥想式風格來說話，像是：「看到這裡時，我嘆了口氣，暗自在心裡說，唉！**這些凡人肯定是掃帚做的啊……**」。

然而，儘管這些故事的文學價值令人懷疑，但它們帶來的額外收入，讓波以耳得以擁有在斯塔布里奇設置實驗室的經費。他也在這裡盡情享受了對人文主義者來說最令人迷醉的實驗科學「煉金術」。他說：「我從中獲得的樂趣，讓我覺得這間實驗室真是一種極樂世界（Elycium）。」雖然我們現在知道煉金術大多是無稽之談，但它確實提供了研究各種物質性質的工具，可算是現代化學的科學先驅。無論是蒸餾、區分**酸鹼**以及提煉純金屬的方法，最早都是在煉金實驗室開發出來的。不過，除了健全的實驗科學成分外，煉金術還涉及大量深奧的胡說八道和詭異配方，甚至還包含異國情調的成分和說明，例如「在冬季到春季之間，改變和溶解海洋與女人……」[7] 的配方。

儘管如此，年輕的波以耳也被煉金術迷惑了，甚至還興奮地寫過「草帽海岸」上有一種蠕蟲，它會先「變成一棵樹，然後變成一塊石頭……」。他也講過一個「外國化學家」告訴他的驚人故事，這位化學家說自己在法國旅行時，在旅館遇到一位光頭僧侶，宣稱自己「可以指揮一群精靈，如果化學家能忍受看到精靈的可怕景象，僧侶便會召喚它們出

---

* 愛爾蘭作家兼諷刺文學大師，以《格列佛遊記》聞名於世。

現」。當化學家不置可否，和尚「說了幾句話後，立刻就有四匹狼走進房間，繞著桌子跑了很長一段時間」，牠們「看起來很生氣」，「化學家緊張到頭髮豎了起來，要求僧侶快讓這些狼離開。僧侶說了幾句話之後，狼就不見了」。在這場驚嚇過後，兩人參加了一場「由兩位穿著考究的漂亮高級妓女服務的宴會」……儘管她們向化學家招手，但他只敢保持距離；不過化學家確實向他們詢問了關於「賢者之石」（philosopher's stone）的問題，「……其中一位在紙上寫了一些東西，他立刻閱讀，並瞭解了其中的奧祕……」。然而，一切正如這些故事經常有的結局，「這場宴會和那張紙突然消失了，紙上清晰的內容也從他的記憶中消失了，以至於他永遠無法再想起……。」

這些內容在今日讀起來都像囈語幻想，但在 16 和 17 世紀，歐洲許多最偉大的知識份子，都致力於理解這些具異國情調的配方、神祕的說明以及傳奇的故事。如果波以耳只繼續成為一名煉金術士，他在古老的「科學史」上就會是個默默無聞的人物。幸好情況相反，他成了現代科學史上的關鍵人物。他從神祕主義者到科學家的轉變，反映出現代科學脫胎自神祕主義和人文主義的根源。藉由奧坎剃刀的價值，一把切割掉這些無稽之談。

眾神、黃金和原子

到了 17 世紀，人文主義逐漸陷入危機之中。許多深具影響力的哲學家，都已對這種無稽的神祕想法感到厭煩，開始對人文主義在人類創造力的信念上產生動搖。笛卡爾（René Descartes）是 17 世紀最偉大的哲學家（1598 年出生，約比波以耳早了一代），他就像奧坎的威廉一樣，將當代哲學提煉為最簡單的極簡主義基礎，認為「以此順序引導我的思想：先從最簡單和最容易瞭解的對象開始，我便可以一點一點提升，並且可以一步

一步瞭解更複雜的事物」[8]。笛卡爾本著他最為人知的懷疑精神，認為「為了尋求真理，在我們的一生當中，有必要盡可能地懷疑所有事物」。他摒棄幾世紀以來對於超越必要實體存在的猜測，得出一切只有兩個確定性：他自己的存在（我思故我在，cogito ergo sum）和物質的存在。

笛卡爾與在他之前的唯名論者一樣，否認物體的外觀可以對應任何一種物理現實。他指出，蠟在加熱時會完全改變外觀，但根本上仍是相同的蠟。因此他總結說，物質的外觀是我們感官的幻覺。他只承認物質的一種屬性：廣延（extension），也就是物質佔有了空間，並認為只有物質才有廣延。他的名言是：「給我廣延和運動，我將建構整個宇宙。」同時他也強調「粒子密實了整個宇宙」。

「密實」（plenum，充飽氣的狀態）的想法可追溯到亞里斯多德。亞里斯多德提出沒有空無一物的空間，因為物質具有廣延的屬性。這對今天的我們來說似乎很奇怪，但恰好說明了我們運用克卜勒太陽系模型探索的觀點，也就是可能真有大量也許無限的、在邏輯上「自我一致性」（self-consistent）的錯誤模型，可適用於事實。就像亞里斯多德引用的例子：如果管道上方堵塞，水便不會從狹窄管道中流出。這種觀察也促成古代哲學家的著名格言「自然厭惡真空」（nature abhors a vacuum）；在這種情況下，如果水確實能從堵塞的管道中流出，只留下空無一物的空間，當然就會形成真空。

拿管道來作為宇宙意義理論的開端，似乎是很怪的起點。不過我們這位古代哲學家也利用大自然對真空的明顯厭惡，駁斥了古代世界最有先見之明的想法，亦即駁斥了「原子論」（atomism）。在亞里斯多德出生前大約一世紀左右，德謨克利特（Democritus）宣稱物質是由微小的隨機運動粒子或原子所組成。由於亞里斯多德意識到原子論與他的格言相互矛盾，亦即「所有移動的東西都是由另一種東西所推動」，而真空中沒有任

何東西可以移動原子。因此亞里斯多德摒棄了原子論，轉而支持他的替代理論，認為物質可以無限地分割並填滿所有空間，形成所謂的「密實」。他解釋整個宇宙就像是一個充氣室，其中的物體和材料，如鳥、人、箭、魚、行星、空氣、水或天上的以太，會相互滑過彼此，就像魚群在水中滑行一樣。亞里斯多德堅稱任何縫隙都會立即被填滿，就像水會被吸回到堵塞管道所形成的真空，將它填滿。根據這種理論，空無一物的空間在邏輯上不可能發生。

很多哲學家並不贊同亞里斯多德「密實」的想法。伊比鳩魯學派於西元前 306 年左右由伊比鳩魯（Epicurus）在雅典創立，他的整個哲學體系都基於原子論。羅馬詩人盧克萊修（Lucretius）也支持原子論。因此密實與原子論的辯論轟轟烈烈地踏入歐洲的中世紀世界，此時的經院學者普遍站在亞里斯多德這一邊。布里丹在他的觀察中發現了「密實」的證據，亦即如果堵住鼓風箱的洞口，我們便「不可能」分開鼓風箱的兩個把手，「用十匹馬在一側拉，而十匹馬在另一側拉，即使二十匹馬也辦不到」。然而奧坎的威廉則傾向原子論，他認為「物質和形式都是可分割的，而且可以在地點與位置上有所不同」。他甚至推測水的沸騰和凝結，可能是由水的結構或原子的重新排列所引起。[9]

文藝復興時期的人文主義者大多放棄了亞里斯多德的理論，轉而支持他的老師柏拉圖。而且他們多半傾向於支持原子論，尤其是原子的相互作用能為理解自然界的魔法提供合理基礎。例如煉金術士宣稱原子可用不同方式排列，作為土、空氣、火和水的元素。而他們認為汞、錫和金等金屬便是由這些元素所組成。在煉金術士的心目中，賤金屬（非金銀的金屬）和黃金之間的區別，只是重新排列原子的問題，因此只要透過正確的自然魔法，便能實現這種轉化。因此，他們的夢想便是將賤金屬轉化為黃金。此外，帕拉塞爾蘇斯的追隨者則認為，行星路徑會影響體內原子的運

動,因而導致疾病或影響健康。這些病痛可能會受到有「同情共感的」（sympathetic）地球物體化解。因此,當你受到土星等憂鬱行星的影響而感到悲傷時,他們便會建議你穿上黃色長袍並戴上金手鐲,或者享用金色高腳杯中的葡萄酒等,因為這些東西具有陽光般的「同情心」,可以讓自己回復「一致性」。當然,這種治療很可能恰好奏效,而且這種維持「自我一致性」的模型雖然錯誤,但偶爾有效,就足以讓迷信的人相信是正確的。

原子論與亞里斯多德的密實之爭,已流傳了兩千多年,也很清楚說明了在給定任何數據的情況下,總是有可能建立出幾個甚至無限多個「自我一致性」的宇宙模型。正如我們即將看到,奧坎剃刀的主要作用便是對這世界上的競爭模型進行分類。

笛卡爾雖然也接受亞里斯多德的「密實」論點,但他仍然接受了物質以微粒形式出現的概念（在物質可以無限分割的說法下）。而在世界邁向現代科學的進展中,他也以他的物質粒子,將人文主義的行星或魔法論述裡所說的地球「同情心」剝除殆盡。因為在笛卡爾的唯物主義宇宙中,這些說法都成了不必要的實體。他認為空氣、水、地球、火、植物和動物等物質,僅由形成它們的旋流移動微小粒子所組成。上帝創造了粒子,並給了它們第一次神聖的推動；從此之後,它們的動作完全是機械式的。他認為即使是人體,也「只是一個雕像或用粒子製成的機器」。笛卡爾大部分的哲學思想,包括他的機械原子論（mechanistic atomism）,都在大約於波以耳出生前後出版的《世界》（*The World*）一書中詳細論述。笛卡爾的《方法論》（*Discourse on the Method*）於 1637 年出版,《哲學原理》（*Principles of Philosophy*）於 1644 年出版。

儘管笛卡爾的「機械哲學」受到天主教人文主義者的強烈反對,但它已跟新教國家流行的唯名論、經驗主義和路德教派等更多觀點產生共

鳴。1649年，笛卡爾的大部分作品已被翻譯成英文，其思想也被剛萌芽的科學革命領袖瘋狂吸收。然而，許多英國哲學家和神學家擔心他的原子論和決定論的宇宙，距離無神論只有一步之遙。這些學者的恐懼終於出現在霍布斯（Thomas Hobbes）的哲學論述中，他被稱為「馬姆斯伯里的怪物」（Monster of Malmesbury），在1651年出版了臭名遠播的《利維坦》（*Leviathan*）一書。波以耳當時才二十四歲。

霍布斯是位唯名論者，比任何人都敢於採用奧坎威廉的「簡約」法則。[10] 他接受了奧坎不可知上帝和對共性的剔除，並堅持「善」「惡」等概念並沒有哲學或邏輯基礎。與笛卡爾一樣，霍布斯也斷言宇宙僅由機械粒子所組成，但他比這位法國前輩走得更遠，他宣稱上帝和靈魂都跟人一樣，僅由物質構成，藉此消除了自然與超自然之間的區隔。

霍布斯認為只有一個世界。在他所寫這本造成巨大影響的《利維坦》中，他認為就全能的上帝而言，我們唯一知道的就是祂是「所有原因的第一因」；而人只是原子運動的另一種形式。他認為如果沒有仁慈的上帝看顧我們，生活就會充滿衝突、暴力及「孤獨、貧窮、骯髒、野蠻和缺陷」。[11] 但他以唯名論為由，認為善惡只是我們對「喜好和厭惡」[12] 賦予的名稱。他因此敦促人類放棄向不可知和漠不關心的上帝祈禱，並利用人類的聰明才智、政治和科學，建立一個以維持秩序、減少痛苦和增加幸福為目的的「聯邦」（commonwealth）。就像美國哲學家和政治學家葛拉斯彼（Michael Allen Gillespie）推測的：「正如霍布斯所理解，科學將使人類在唯名論上帝的混亂和危險世界中得以生存和繁榮。」[13]

霍布斯的思想激起保守派哲學家的驚愕，其中包括劍橋柏拉圖主義者團體的成員，尤其是神學家兼哲學家莫爾（Henry More，1614-87）。莫爾和他的劍橋同事接受了笛卡爾和霍布斯在機械宇宙的大致主張，但認為僅靠機械不足以解釋重力、磁力或自然厭惡真空等現象。因此他們反而主張

從唯名論退回柏拉圖的現實主義。在這種現實主義中，一種無形的「自然精神」瀰漫在整個宇宙中，充當上帝的代理人，以確保事件都能按照祂的神聖計畫發生。[14] 換言之，宗教界尚未準備放棄對科學的掌握。

勇敢的虛無

英國內戰結束，代表愛爾蘭莊園終於回歸波以耳家族。1654年，二十七歲的波以耳再次發現自己變得富有，因此決定搬到牛津這個更能激發智力的環境。他在牛津建造了另一個實驗室，並且聘請了虎克。

大約就在牛津時期，波以耳厭倦了煉金術這種神祕的「孔雀理論」，他抱怨這些理論「就像孔雀羽毛，雖然外觀出色，但既不牢固也不實用」。儘管終其一生他都對煉金術保持濃厚興趣，但波以耳的實驗研究已從奇怪的「草帽海岸的蠕蟲」及其他同樣神祕深奧的事物，轉移到更嚴肅的科學上。這項轉變的因素，可能受到他妹妹拉內拉子爵夫人瓊斯的影響。瓊斯是一位非凡女性，對科學、哲學、自然和政治都有濃厚的興趣，是詩人彌爾頓（John Milton）和博物學者兼作家哈特利布（Samuel Hartlib）的朋友。在波以耳寫給馬科姆先生的信裡，曾說他如何在倫敦的妹妹家中結識了許多「文人」以及「無形學院」的成員。

波以耳的科學起點，採用的是笛卡爾關於機械宇宙的思想。但作為一個虔誠基督徒，他對霍布斯關於唯物主義上帝的願景感到震驚。劍橋柏拉圖主義者提出的解決方案，波以耳來也無法接受，因為他們的「自然精神」帶了點異教徒的味道。然而，波以耳並沒有捲入這些圍繞他旋轉的各種哲學思辯，而是效仿自己的童年英雄伽利略，致力於執行精心設計的實驗來解決爭論。

最先引起他興趣的是進入「密實／原子論」辯論核心的對象。這是一把毫不起眼的「空氣槍」。他在一封信中描述他如何對「可以發射鉛彈」

的空氣槍產生興趣，「……其威力，可在二十五到三十步距離內殺死一個人」，而且只靠充填「完全平凡的空氣」即可。空氣槍似乎不太可能促成一場科學革命，但與傳說中辛梅里亞人（Cimmerian）的黑暗或神祕魔法石完全不同，因為空氣槍是真實的存在。波以耳可能買了一把空氣槍，拆開並瞭解其運作，然後向他妹妹展示了空氣槍的機制。最重要的是，與煉金術無法證實的說法不同，空氣槍完全可以被有效地研究。幾百年後，20世紀的生物學家梅達沃（Peter Medawar）也說，科學是「解決問題的藝術」。[15] 波以耳發現了一個可以解決的問題。

波以耳這種「實驗方法論」的靈感來自許多地方。英國哲學家和政治家培根（Francis Bacon，1561-1626）在1620年出版的著作《新工具論：或解釋自然的一些指導》中認為，從唯名論角度看，獲得科學知識的唯一途徑是進行大量仔細紀錄的個人觀察，這些觀察可被製成圖表或概括起來獲得結論，也就是今日所稱的「歸納法」（induction）。培根當然不是第一個使用歸納論證的人，例如奧坎的威廉在三個世紀前[16]便提出一個歸納論證，說「每個人都可以成長，每頭驢都可以成長，每隻獅子也都可以成長，對於其他特定情況也都是如此；因此所有動物都可以成長」。奧坎和培根都提出了歸納的邏輯，作為亞里斯多德「定言三段論」的替代方案，因為該理論已因為唯名論對共性的排除而遭到破壞。

波以耳的洞察力，在於理解了結合伽利略精心設計的實驗與培根的歸納法後，便可成為實驗室裡「重複實驗，得出可靠結論」做法背後的推動力。波以耳跟伽利略的做法不同之處，在於伽利略只留下很少的實驗細節，而波以耳大量提供他的實驗設備和精確做法的詳細描述。他記錄所有細節，甚至包括實驗時的溫度或天氣以及各種原始數據和分析。基於這個原因，波以耳也跟伽利略一樣，成了「實驗科學之父」的候選人。

伽利略以身為物理學家和天文學家聞名於世，波以耳則受到煉金術

研究的啟發，更加務實與偏向化學。波以耳並非調查從空氣槍發射的彈丸軌跡，而是轉向研究發射的原因。空氣槍由一個拉緊的活塞構成，而活塞壓縮充滿空氣的腔室，釋放扳機便會消除腔室內的壓力，讓被壓縮的空氣把活塞推入槍管，因而能以一定速度從槍中射出子彈。波以耳感興趣的問題是：既然空氣是裡面唯一的東西，那麼空氣究竟如何將子彈從氣槍中推出？換言之，「空氣」這個看不見的東西到底是什麼？這問題在 17 世紀雖然仍然是謎，但跟煉金術不同的是，這問題有確實的答案。

波以耳的出發點來自伽利略的學生托里切利發起的一項研究。在伽利略去世前一年，他收到一封信說到礦工報告了件有趣的事，是關於使用機械抽水泵從被淹沒的礦井中抽水的問題。抽水泵在連接到水源後，會將氣缸中的活塞回縮；而活塞回縮時，水便會被吸入腔室。人們認為，這是因為自然厭惡真空使然，否則氣腔可能會形成真空。不過問題來了，礦工們發現無論他們如何用力拉抽水泵，都無法將水提高到三十三呎以上。因此他們請求伽利略幫助，而伽利略說服托里切利進行調查。

礦工的抽水泵既大又笨重。由於伽利略經常在精心控制的實驗室環境中重現問題的基本特徵，因此托里切利受到啟發，將一根長玻璃管裝滿水，然後倒插進盤子裡。不過為了重現礦工無法提升水柱的問題，管子高度至少要十公尺，這遠比他在比薩的房子屋頂還來得高。因此他的實驗在鄰居間引起一陣恐慌，他們擔心他在練習巫術。這也促使托里切利的實驗從水轉向水銀，由於水銀比水重十四倍，因此只需一公尺長的玻璃柱，就能得到相同的效果。1643 年，他將頂端密封的水銀管倒置在水銀盤中（圖 18）。這位義大利科學家原先預測管中的真空將會阻止水銀流出管外，然而他卻驚訝地觀察到，一切跟將近兩千年來「自然厭惡真空」的教條相反，水銀液面的高度確實下降了，但玻璃管在水銀液面上方留下了幾英寸的真空。聽說托里切利的實驗後，法國的數學家、物理學家兼哲學家

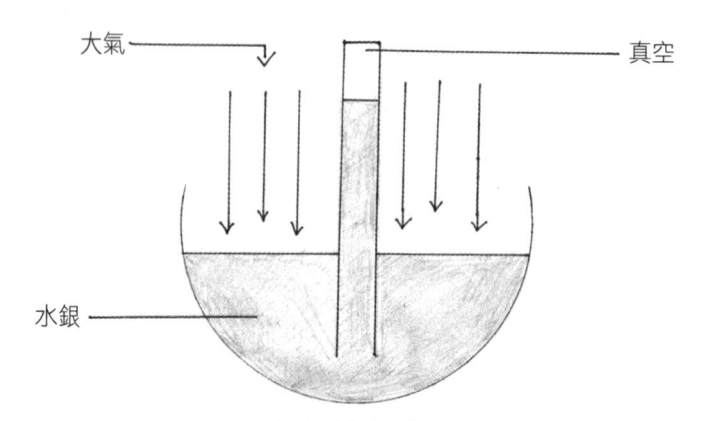

圖 18：托里切利的水銀管實驗。

帕斯卡（Blaise Pascal，1623-62）帶著被稱為「托里切利的管子」，爬到法國中部的多姆山（Puy de Dôme）頂峰，並且觀察到水銀柱高度在爬升過程中下降，但在下山過程中又再次上升。因此，他和托里切利提出，水銀柱的高度並不是由管內令自然厭惡的真空所支撐，而是由外部大氣的重量支撐。因為在較高的地點，空氣較稀薄，大氣的重量變輕，導致水銀柱下降。他們也藉此發明了氣壓計。

波以耳對托里切利和帕斯卡的氣壓實驗相當著迷，這啟發他建構出自己的玻璃、金屬閥門和空氣泵等巧妙裝置。基本做法是抽空一個大容器中的空氣，然後在容器裡進行實驗。他或虎克會在容器裡放入蠟燭、鐘錶、昆蟲、魚或動物，觀察它們如何應對真空。這就讓我們回到 1654 年他在無形學院所做的實驗演示。

在他最著名的實驗裡，波以耳從一個燒瓶中抽出所有空氣，燒瓶底部則透過一個閥門連接到活塞上。當他打開閥門（活塞便與真空接觸），活塞顯然被真空吸了起來，甚至可以吊上一百磅的重量（圖 19），觀眾們「不禁感到驚訝」，因為「無法理解這樣的重量如何自行上升」。英格蘭

[圖示：真空舉起重物示意圖，標註「真空」、「被真空吸了起來嗎？」、「是大氣推動的嗎？」、「閥門」、「重錘」]

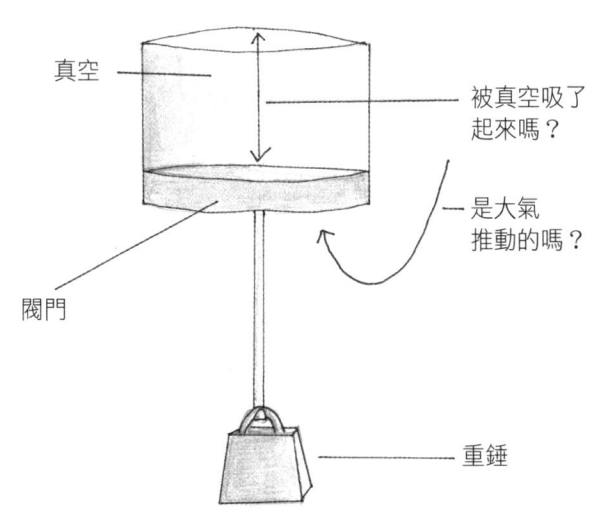

圖 19：波以耳著名的真空舉起重物示意圖。

首席大法官黑爾（Matthew Hale）立刻表示相當欽佩波以耳這種「勇敢的虛無」。

　　這場實驗戲劇性地證實托里切利和帕斯卡的實驗。畢竟，自然真的不討厭真空。事實上在另一項實驗中，波以耳還證明了在一個抽真空的氣罩內打開活塞，根本不會遇到阻力。因此就像托里切利一樣，波以耳認為自然厭惡的是外部空氣的重量。並不是真空將活塞拉入真空腔室，而是由外部的空氣所推動。

　　波以耳意識到這項關於空氣性質的實驗與「密實／原子論」的爭論有關。他提出空氣的「彈性」，可能是由「像羊毛一樣，一堆相互重疊的小物體」所提供。或者不用靜態模型來說，空氣可能由幾億個微小的隨機移動粒子所組成，「如此旋轉，以至於每個小微粒都努力拍打其他小微粒」。這種說法幾乎就是笛卡爾的「旋轉渦旋」模型，但在小微粒之間存在的是真空，而非亞里斯多德的「密實」。因此，波以耳認為「密實」現

已成為不必要的實體。

波以耳在1662年出版的革命性著作《物理機械新實驗，關於空氣彈簧及其效應》（*New Experiments Physico-Mechanical, Touching the Spring of the Air, and its Effects*）中，描述了他的玻璃管真空實驗，立刻引起轟動。哲學家鮑爾（Henry Power）寫道：「我一生中從未讀過這樣的論文，當中對所有事物都進行了如此好奇和批判性的處理，也進行了明智而準確的實驗，並且非常坦誠而明智地傳達一切。」[17]波以耳跟伽利略一樣，使用一般白話文書寫，在當時就是英語，而非與他同時代大多數人愛用的學術拉丁文。他的科學著作也未受到早期科學的寫作哲學或任何神學推測的妨礙。此外，波以耳與伽利略的簡略實驗報告十分不同，波以耳的敘述非常詳細，並以圖紙描繪泵、玻璃燒瓶、閥門和其他裝置，甚至還附上他觀察時的精細紀錄來輔助說明。波以耳的方法受到無形學院成員的熱烈擁護，因此在1660年該協會正式成立，通過正式章程和會員資格，並要求會員每週必須繳納一先令會費。僅僅一週之後，查理二世就表達了他對該學會的興趣，並在1662年正式授予該會皇家憲章，使無形學院成為皇家學會，波以耳便是創始成員之一。

不過，並非每個人都對波以耳的實驗感到高興。劍橋柏拉圖主義者莫爾（Henry More）就被嚇壞了。他確信波以耳的「可怕」機械科學與霍布斯的無神論哲學一樣糟糕。在莫爾於1671年出版的《形而上學》（*Enchiridion Metaphysicum*）中，他堅持確實是「真空」在做所有的拉動，因為它充滿了「一種不同於物質的物質，亦即精神或無形體……一種能移動、改變和引導物質的認知原則」。他認為不是空氣原子，而是這個「知靈」的非凡之手，將活塞拉入腔室以關閉令自然厭惡的真空。莫爾並宣稱，波以耳的實驗證明的不是無神物質機制的推動，而是瀰漫在整個空間裡的「自然精神」之拉力。[18]

波以耳在他的《流體靜力學論述》中回覆了莫爾，說明《博學的亨利莫爾博士的反對》裡一個對未來科學課程相當重要的有力觀點。他首先承認他無法反駁莫爾「知靈」的存在，但他堅持「我已力圖解釋，這些現象可以用機械來解決，亦即透過物質的機械影響，而無需求助於自然厭惡的真空、實體形式或其他無實體的生物」。波以耳在論述裡反駁了莫爾的「知靈」或大自然對真空的「厭惡」，並不是因為這些說法已被反駁，而只是因為它們對於說明實驗事實沒有必要性。他認為任何「知靈」都是一種不必要的實體，因此應該從科學中去除，這也就是奧坎剃刀的體現。

如何判別好的假設與優秀的假設

波以耳本質上是一位實驗主義者，但他與莫爾的衝突迫使他必須為自己的理論辯護，這也促使他制定了區分好壞想法的標準。我相信這些標準對現代科學的貢獻，與波以耳的實驗方法一樣重要。波以耳提出十項關鍵原則，透過這些原則可以將「好的和優秀的假設」，與他所謂的「孔雀理論」[19]區分開來。基於明顯的理由，我把它們分成兩組。*

第一個原則可能是大家最熟悉的。波以耳指出，一個好的理論應該以觀察為基礎。這點在本質上是培根的歸納推理法，可用來分別從理論出發的舊式演繹法，如「所有人都是凡人」。然而波以耳對歸納法的支持，讓他與「馬姆斯伯里的怪物」霍布斯發生衝突，因為霍布斯堅持理論先於數據。波以耳和霍布斯之間的衝突，便是謝弗（Simon Schaffer）和沙平（Steven Shapin）在1985年對科學利維坦和空氣泵的社會史研究重點。†

波以耳的第二個和第三個原則強調一個理論應該要合乎邏輯，而非自

---

* 這是我提出的順序，不是波以耳的原則順序。
† 兩人合著了《利維坦與空氣泵：霍布斯、波以耳與實驗生活》。

相互矛盾。這當然是科學的基本特徵，但不僅限於科學。水管工要合乎邏輯、不矛盾；美髮、烹飪、編織籃子或哲學的原則不也應該如此？

波以耳第四個和第五個原則，堅持理論應該基於足夠的證據，而且優秀的理論「應該讓我們能預測事件，這些事件也將構成我們製作實驗的基礎」。波以耳在此建議，理論應該要能做出實驗中得到的預測結果。這些標準也是今日用來判斷大多數科學理論是好是壞的試金石。正如 20 世紀物理學家費曼（Richard Feynman）所說的：「無論你的理論多麼美妙，甚至多麼簡單，如果它不能做出正確的預測，那就是錯誤的理論。」

儘管這些原則對科學相當重要，但它們並不局限於科學，也無法定義科學。就像法官依證據讓被告席中的被告被判無罪或有罪一樣，廚師也會實驗測試新的食譜，園丁或農民同樣是在花園或田地中測試新種子。西元前 2600 年左右，古埃及的梅杜姆（Meidum）金字塔建築師，對他在金字塔建築的假設進行了一次實驗，但在實驗建築倒塌後，這個假設就被推翻了。後來金字塔建築師終於成功，並將他們的建築假設轉化為實際的工作理論，這些理論支撐了像吉薩金字塔群這樣的宏偉結構，而金字塔群結構也屹立了幾千年之久。這麼多年來，農業、冶金、建築和現代文明的所有其他基礎，都是透過邏輯、觀察、理論，結合無數未記載的實驗而得到類似的實行和改進等。

也許最重要的是，上述原則都不足以保證科學的進步。例如，請思考

圖 20：使用實驗來測試假設。

一下大約在西元 1600 年時，一位天文學家試圖在托勒密、哥白尼或第谷的太陽系模型間做出選擇。每個模型都是基於邏輯數學原理或理論而來，每個科學家也都做出與天文觀測相當吻合的預測，能在許多「正確實驗」中倖存下來，那麼我們到底該如何判斷呢？

幸運的是，一種在中世紀世界磨練出來的理性工具，經過文藝復興和宗教改革後倖存下來，並在 17 世紀的科學革命中發揮了關鍵作用，亦即「簡約」法則。波以耳在描述下一個標準、也就是關於「好的和優秀的」理論的第六條原則時，寫了「真正的哲學家，其大部分工作是將事物的真正原則減少到最小數量，卻又不會使它們顯得不足……」。波以耳並未指明哪些人是「真正的哲學家」，但他在另一篇文章中提到「關於假設的普遍規則」，亦即 *entia non sunt multiplicanda absque necessitate*（如無必要，就不增加實體）。[20] 各位讀者應該不必懂拉丁文，也能知道這就是奧坎剃刀之精義。

波以耳其餘的原則，都是以各種不同方式找出簡單的解決方案。例如他的第七個原則指出，「要建構一個假設，必須先看出它是清晰可理解的。」可理解的理論往往是簡單的理論；相反地，複雜理論（如煉金術）中的錯誤，通常在用最簡約的術語解釋時會變得極其明顯。笛卡爾也提出了類似觀點，認為「一個單純從理性之光誕生的簡約概念會更為確定，因為它比將這概念推論出來更簡單」。

波以耳的第八個原則帶有自己的簡約剃刀。它說，一個相當好的理論「不要預設立場……」。該原則本質上是對於皇家學會的座右銘「Nullius in verba」的再次重述，這句座右銘通常被翻譯為「不要輕信任何人說過的話」。波以耳此處的意思是科學家應從「最簡單的既定事實基礎」展開自己的理論，而不是本著任何教條來發展。

波以耳的第九個原則，堅持一個好的理論應該「與宇宙中的已知現象

沒有矛盾」。請注意波以耳並非堅持新理論不能與既定理論相互矛盾，而是說科學家不應預先假設任何立場，他在前面已說過類似論點。所以他的「沒有矛盾」指的是「現象」，因為現象對他來說是事實，無可反駁。如果說這條規則是奧坎剃刀的另一個面向，似乎並不明顯。但如果我們問一下這個問題，答案就會變得明顯：宇宙必須透過多少組定律來運行？大多數科學家會以簡單為由，堅持只有一種。然而這種信念是最近才出現的。在從前，亞里斯多德和他的大多數中世紀追隨者都認為，天體的運動規則與控制地球物體的運動規則有所不同；而煉金術士相信，神祕配方可以在他們的實驗室裡運作，但絕不能使用在廚房裡。同樣地，神祕主義者、占星家或順勢療法者雖然不否認物理定律，但他們會宣稱當他們說出咒語或製作魔藥或進行預測時，另有一套「額外規則」在運作。波以耳的第九條原則，防止了雖有「自我一致性」（如地心說模型的預測數據準確）卻與世界他處的事實相互矛盾的各種「替代理論」模型擴散。因此，波以耳堅持的等於是整個宇宙最精簡的一套規則：奧坎的剃刀。

波以耳的第十條、也是最後一條原則是：「接著，在所有好東西當中，最簡單的一定是砍除所有多餘東西後剩下來的。」這也是波以耳反對煉金術那種神祕的「孔雀理論」、轉而支持「好的且優秀的科學理論」所需的最後武器，也就是奧坎的剃刀。波以耳和奧坎一樣，堅持科學家應該選擇適合他們數據的「最簡約」理論。[21]

波以耳的簡約標準被吸收到皇家學會提倡的科學中，之後融入現代的科學方法當中。儘管這些原則的起源很少被提及，甚至很少被意識到，但它們在今天仍然持續被遵循。你可以詢問任何一位科學家，當一個簡約的理論就能解釋他們的數據時，他們是否會支持一個複雜的理論。當然，這些科學家可能會停下來思考一下，然後問你其他問題，例如「你指的是否是所有數據？」只要你回答：「是的，所有可用數據。」他們就會承認，

他們通常會選擇能解釋所有數據的最簡約理論。這就是所謂的科學，再沒有其他推理世界的方法了。科學家們可能會有很多個工具箱，但裡面只有一把剃刀。

1662 年，波以耳將這些原則付諸行動，提出現代科學最早期定律的其中一條。波以耳遵循他的第一個原則，辨別「好的和優秀的假設」，並以觀察為基礎，進行了一系列的實驗。在這些實驗中，他測量了被困在水銀柱內的氣體（空氣）體積，有點類似托里切利的實驗。波以耳發現當他增加水銀柱的高度時，氣體的體積便會縮小。經過幾百次觀察後，波以耳使用歸納原理，辨識出一條與他「好的和優秀的假設」第十條原則一致的定律，亦即「最簡約的，便是砍除所有多餘東西後剩下來的」。因此，波以耳的氣體定律指出：在恆定溫度下，氣體的體積與其壓力成反比。*還有什麼會比這種說法更簡單的呢？

在接下來的幾世紀裡，科學家又發現了兩個氣體定律。1787 年，法國熱氣球飛行者查爾斯（Jacques Charles）發現在恆定壓力下，氣體的體積與其溫度成正比。把他的定律與波以耳定律結合後，他認為可以透過加熱氣體來降低密度。於是在 1783 年 8 月 27 日，他從現在的巴黎埃菲爾鐵塔所在地，放出一個氫氣球。這顆氣球飛過城市，進入法國鄉村地區，底下有騎士拼命追蹤著。最後氣球終於降落在田野上，趕來的騎士卻被嚇壞了的農民拿著刀子和乾草叉攻擊。二十年後，法國化學家給呂薩克（Joseph Louis Gay-Lussac）證明在體積不變的情況下，氣體的壓力與其溫度成正比，而發現了三個氣體定律當中的最後一個。

這三條氣體定律都非常簡單，甚至簡單得令人厭煩，但它們一起解釋

---

* 如果簡化為公式，它可以用 $P_1V_1 = P_2V_2$ 來表示。也就是氣體在時間點 1 和 2 時的壓力（P）和體積（V）的乘積是恆定的：如果其中一個數值上升，另一個數值就必須下降。

了幾億個事實,從波以耳的氣槍彈出的子彈、氣壓計、步槍開火、水壺蓋彈出、汽車輪胎的壓力、氣體巨行星的動力學、恆星的演化和太陽的命運等。它們還可用來解釋蒸汽的行為現象,因而以定律支持了以蒸汽為動力的工業革命。

1668 年,四十一歲的波以耳離開牛津前往倫敦,他在倫敦與心愛的妹妹凱瑟琳一起在帕摩爾街度過後半輩子。在他家隔壁,住著查理二世的情婦格溫(Nell Gwyn)。凱瑟琳聘請虎克在她家後面蓋一個實驗室,讓波以耳得以繼續他的實驗工作。凱瑟琳於 1691 年 12 月 23 日去世,一週後波以耳也跟著離世,因為「對她的死感到悲痛,讓他的抽搐發作」[22]。他們的房子 1850 年被拆除,同一地點現在是銀行。旁邊有一塊藍色牌匾,上面寫著「1671 年至 1687 年間,格溫在此地的房子住過」。帕摩爾街上並沒看到其他牌匾紀念她的科學家鄰居,這位偉人曾將知靈趕出真空,為一個更簡約的世界騰出了廣闊空間。

波以耳協助建立了現代實驗科學的原則,並將奧坎剃刀的影響範圍擴展到物質內部。他堅持需要應用「簡約」原則來過濾假設,因而將奧坎剃刀確立為不可或缺的科學工具。不過,儘管哥白尼、克卜勒、伽利略、波以耳等人都對科學進行了簡化,但 17 世紀對於科學的理解仍然過於複雜。尤其是認為天地兩界有著不同的規律。因此,下一個挑戰便是為宇宙找到一套單一規則。

11
運動的概念

科學家走進咖啡館

1684 年 1 月 24 日星期一晚上,在泰晤士河北岸的格雷沙姆學院舉行的會議後,虎克與他的兩位皇家學會成員哈雷(Edmund Halley)和雷恩(Christopher Wren),一起前往當地的咖啡館。

從虎克和波以耳向牛津無形學院成員展示革命性的真空實驗到此時,已過了整整三十年。這時虎克已是皇家學會的實驗館館長,進行過許多革命性的實驗,例如毛細管壓力等實驗。他也在發明自己的顯微鏡後,發現了微生物世界驚人的多樣性。與他一起前來喝咖啡的另兩位科學家,同樣有著傑出的成就。五十二歲的數學家、解剖學家、天文學家兼幾何學家雷恩,跟波以耳一樣,是皇家學會的創始成員。在 1666 年的倫敦大火摧毀大部分地區後,虎克被任命為重建監督,招募了自己的兒時朋友雷恩,一起重建了包括宏偉的聖保羅大教堂在內的倫敦市。而年僅二十八歲的哈雷,是這群科學家中最年輕的一位,卻早已被推崇為全國最聰明的人。哈雷作為牛津大學本科生,發表了關於月球和太陽黑子的論文。1676 年,他放棄了他的講座地位,前往南大西洋的聖赫勒納島觀察日食和月食,並

對南方天空中的星星進行編目記錄。在藉由克卜勒定律所預測的天文觀察日，也就是 1677 年 11 月 7 日，哈雷首次觀測到「水星凌日」穿過太陽表面。*

遺憾的是，舉辦這次歷史性會議的咖啡館名稱沒被記錄下來，交易巷內的「Turk's Head」「Joes」或「the Vulture」三家咖啡館都是可能地點，因為它們都很靠近格雷沙姆學院，也都是虎克等人經常出沒的地方。[1] 由於當時還是報紙出現之前的年代，所以當他們走進混合咖啡香、巧克力味、人類汗臭和菸草煙霧的咖啡館時，會聽到有人問「有什麼新聞啊？先生們」的呼喊聲。尤其是虎克，這幾家倫敦咖啡館的客人都認識他，因為虎克甚至在咖啡館進行實驗，包括將子彈從加洛韋的天花板扔到地板上的實驗，他說這個實驗是要證明地球的自轉。第一次來咖啡館的人會看到這樣的情況：有幾排穿戴假髮、穿著體面的男人──這是 1660 年君主復辟以來流行的頭飾──圍坐在長方形木桌邊，桌上散落著各種小冊、傳單、民謠詩卷、幾根燭台，或許也有痰盂。人們會熱烈討論來自國外的最新消息、當地法院最近審判的內容或八卦，例如國王最近頒授頭銜給他與情婦格溫（也就是波以耳的鄰居）的私生子之類的消息。

這種地方會為傑出的新來者騰出空間，因為他們最可能帶來皇家學會正在進行或報導的奇特新科學故事。不過這一次，學者們因為有要事討論，因此避開了人群，找了一個安靜角落。他們一坐下來，就有一個男孩為他們提供新鮮的熱咖啡，價格是每人一分錢，可以無限續杯。

到聖赫勒拿天文觀測，激發了年輕的哈雷在天文學上的熱情，他決定協助解決「行星運動」這個懸而未決的難題。首先要解決的是行星軌道的

---

* 譯注：當水星運行至地球與太陽之間時，可觀測到太陽的投影上有一個黑色小圓點橫越穿過太陽表面，此黑色小圓點即為水星。

形狀，大約在五十四年前去世的克卜勒，把他的三個行星定律和橢圓軌道留給了後代。克卜勒定律雖然成功了，但克卜勒和其他任何人尚未深入理解，因為這些定律源自更深層次的定律，能解釋為什麼行星會繞太陽運行或是為何會遵循橢圓形路徑。而且克卜勒定律只適用於變化很少的天體，然而在地球上，變化就像規律一樣頻繁。為了能將定律納入陸地領域，科學家還需納入變化的「原因」。

哈雷思考了伽利略的慣性原理，它可以解釋為什麼任何以恆定速度和方向運動的東西會繼續運動下去。不過該原理只解釋了直線運動。扭曲、轉彎或軌道的運動必須有其他理論才行。克卜勒推測行星由於某種「力……被迫固定繞著太陽旋轉」，因而偏離了它們沿直線運動的自然趨勢，不過他沒有詳細說明他的想法。在這場咖啡館會議之前二十五年，荷蘭天文學家惠更斯（Christiaan Huygens）提供了一個離心力方程式，該方程式原則上可以讓物體保持圓周運動。包括哈雷在內的幾位科學家都注意到，如果結合克卜勒第三定律，惠更斯離心力的強度將與行星到太陽距離的平方成反比，也就是現在的「平方反比定律」。所以哈雷很想知道適用於太陽對行星影響的平方反比定律，是否可以產生克卜勒的橢圓形軌道？

虎克說他已有答案；然而當其他兩人向他詢問細節時，他卻迴避不談，堅持他們必須先嘗試自己解決問題，才能體會該任務的難度和最終解決方案的獨創性。因此，為了解決這個問題，雷恩提供一本價值四十先令的書作為獎品，給兩人當中能提供令人信服證據的人。

經過很長一段時間，兩人均未能領取獎品。1684 年 3 月，哈雷收到父親從伊斯靈頓（Islington）家中消失的消息。五週後，他父親的屍體沖上倫敦東部一條河的河岸被人發現，而且顯然是被謀殺的。由於父親沒有留下遺囑就死亡，哈雷被迫忍受了幾個月的法律糾紛，並在 1684 年 8 月去到靠近劍橋的阿爾康伯里處理。哈雷在該地趁機訪問了附近城市的大學，

見到當中最聰明的學者，哈雷認為這學者可能有辦法協助解決雷恩發起的挑戰。

建立定律的人

1643 年 1 月 4 日，在年輕的波以耳抵達義大利、希望能見到伽利略一年後，有個嬰兒在林肯郡的伍爾索普莊園早產。儘管嬰兒身體虛弱，體型小到幾乎可以被裝進一品脫的水壺裡，但這個強韌的孩子終於活了下來。

牛頓（Isaac Newton）的早年生活，在這場艱難的出生後幾乎沒有改善過。他的母親漢娜（Hannah Ayscough）在牛頓出生前三個月就守寡了。牛頓三歲時她再婚，將牛頓留給他的外祖母照顧。這個男孩從未有機會與他母親或繼父的溫情和解，於是在長大後得到神祕又愛報復的「孤獨者」綽號。牛頓先在格蘭瑟姆國王學校接受教育，在該校他是由柏拉圖主義者莫爾教導學習。1661 年，十九歲的牛頓被劍橋大學三一學院錄取，在那裡結識了盧卡斯數學教授巴羅（Isaac Barrow，1630-77），巴羅認可這位年輕人的數學天才。不過巴羅也是像莫爾一樣的新柏拉圖人文主義者，因此他鼓勵這位年輕人，讓他對神祕主義和煉金術產生了終生的興趣。1667 年，年僅二十四歲的牛頓被選為學院院士。1670 年，巴羅辭去主席職務，牛頓被選為他的繼任者。在教授職位上，牛頓每週至少要講授一門幾何、算術、天文學、地理、光學、靜力學或其他的數學科目。牛頓選擇講授光學，不過他的上課內容顯然很乏味，以至於經常只能面對一堆空位講課。

與牛頓聊了幾小時後，哈雷詢問牛頓的意見，認為被太陽的力量保持在繞行軌道上的行星，在太陽力的強度按平方反比定律減弱時，該用怎樣的曲線來描述行星的軌道？牛頓毫不猶豫地回答，這種軌道將是「橢圓形」。哈雷一聽嚇壞了，要求牛頓提供證明，這位劍橋學者在抽屜裡翻來翻去，找不到他的筆記，不過他答應找到後，會把證明的內容寄去給哈

雷。哈雷回到倫敦後，有點懷疑牛頓的證明可能不比虎克的更高明，儘管牛頓早在 1679 年 12 月便收過虎克的信，因此平方反比定律會產生橢圓形的想法，很可能早已在他的腦海中萌芽。[2] 不過在 1684 年，信差到了倫敦，這是牛頓寄給虎克的九頁論文，題目是「物體在軌道中的運動」。

哈雷讀過後，驚訝地發現牛頓這篇論文已提供了全新的「動力學」科學元素，不僅描述了運動，還包含數學定義的原因。因此他回到劍橋說服牛頓出書，他向牛頓保證，這本書將由皇家學會出版。可惜當牛頓的書《自然哲學的數學原理》（*Philosophiæ Naturalis Principia Mathematica*，今天普遍稱為 *Principia*《原理》）完成時，皇家學會已把所有經費用在編寫一本不太成功的魚類相關書籍。因此在 1687 年，哈雷自己承擔書的所有出版經費，這本書可說是整個科學史上最重要的一本書。

牛頓《原理》一書的核心是三個經過數學定義的運動定律，它們共同構成了經典力學的科學基礎。他的第一個革命性步驟是用綜合性的術語，將運動改變的原因加以數學化。牛頓第一定律指出，靜止或等速運動的物體將持續運動，除非有其他力作用在物體身上。在牛頓的定律中，「力」是運動變化的原因。最重要的是，它既適用於地球上的物體，也適用於天空中的物體。

然而什麼是力呢？各位是否還記得布里丹的創新想法，在數學上將衝力定義為「質量乘以速度」。而在牛頓的第二定律中，他以類似的方式定義了力，不過牛頓用的是「加速度」替代布里丹說的速度，亦即「運動的變化」程度，力變成了「質量乘以加速度」。這樣一來，物體不需要力來保持以等速運動（或維持靜止不動），這與伽利略的慣性定律一致。物體只有在「改變」運動時才需要力，例如箭頭離開弓時。

不過該注意的是，牛頓並沒有試圖描述力究竟是什麼，而是試圖描述力的作用。當物體的運動發生變化時，例如加速、減速或改變方向，根

據牛頓第二定律,有一個力作用在該物體上。然而這個定律並沒有告訴我們任何關於這種力的「性質」訊息。但如果你透過某種方式知道該力的強度,第二定律便能讓我們重新排列牛頓方程式,計算出該力將使物體加速多少,因為它的加速度將等於施加的力除以物體的質量。

牛頓第三運動定律則說,對於每一個動作,都有一個相等和相反的回應反應(re-reaction)。例如當弓箭手的弓弦對箭施加一個力,使其從弦上加速時,箭同時也會對弓和弓箭手施加一個相等且相反的力,這就叫做後座力(反作用力)。

牛頓的三大運動定律,終於為地球運動的原因提供數學上的定義:力,但其原理則來自哈雷對這些行星橢圓軌道的問題。因此為了回答這個問題,牛頓必須讓他的力學能夠飛向天空。由於行星在繞太陽運行時會改變方向,是一種加速度形式,所以牛頓認為它們必須受到某種力的作用;而且正如克卜勒所猜測,這種力必須來自太陽。牛頓發現,如果此力與行星質量乘以太陽質量的乘積成正比,並且像惠更斯所說的,離心力與行星到太陽的距離平方成反比,那麼他的發現便能符合克卜勒的軌道。[*]牛頓萬有引力定律指出,兩個物體之間的引力,等於引力常數 G 乘以二者的質量乘積,[†]再除以它們之間距離的平方。

如果牛頓就此停下腳步,那麼他將與哥白尼、克卜勒和伽利略一起成為科學界的巨人。然而牛頓繼續邁出革命性的步伐,結果為自己贏得了有史以來「最偉大的物理學家」甚至「最偉大的科學家」的名號。牛頓指

---

[*] 嗯,不完全如此。在《原理》一書中,牛頓證明了在橢圓軌道上運行的行星必須受到離心力的影響,離心力的大小與其到太陽距離的平方成反比;也就是應該說他證明了哈雷問題的反面說法。

[†] 質量定義為物體對加速度的抵抗力,它與重力或重量無關,大致可以說質量相當於一個物體中的物質數量的總和。

出，當地球物體（如蘋果）落下時，它們會加速（跟伽利略的實驗證明一樣）。若把這個事實與他的第一定律結合起來，牛頓便得出結論：墜落的地表物體必須受到作用在地球和物體之間的力之作用。更值得注意的是，牛頓還發現如果他假設這個力「等於」他在天空中給定的萬有引力常數 G 乘以兩個質量的乘積，再除以它們之間的距離，就可以獲得精確的墜落軌跡。因此，這個革命性的結論便是「重力」。這種彎曲行星軌道的力也會作用在地球上，而讓蘋果從樹上掉下來。

牛頓終於把地球上和天空中的運動整合為一套單一定律。各位是否還記得，拋物線與橢圓一樣都是圓錐體的截面（圖 14）？我們若把蘋果扔到空中，依據伽利略和牛頓定律的描述，它的運動軌跡將會是一條拋物線；若我們用火箭的力量扔出一個蘋果，把蘋果發射到環繞地球的橢圓軌道上，它就會像月球一樣成為一個天體。因此地球和天體是受到牛頓單一定律支配下的兩個不同宇宙區域。

牛頓跟在他之前幾十年的波以耳一樣，都在自己的原理中提供了革命性科學的指導「原則」。在牛頓的《原理》一書的「規則一」中，[3] 提出「解釋自然事物的原因時，不能超過真實且足以解釋表象的原因」，這句話和奧坎剃刀幾乎完全一樣。而在另一篇文章中，牛頓也認為「自然喜歡簡約且不會受多餘的原因所影響」。所以從 13 世紀開始，這把剃刀已經透過現代之路，一路影響了達文西、哥白尼、克卜勒、伽利略、波以耳，再到牛頓，成為了現代科學的中心原則。

不過牛頓的簡約定律還是有代價的，他不得不引入三個新實體。首先是一些力，如重力。雖然牛頓使用了數學定義，但人們對於力的真正理解並不比布里丹對衝力的理解更多。牛頓認為力是一種推力或拉力，推動者和被推動者要「接觸」才能傳遞力，就像亞里斯多德的運動概念一樣。然而這種接觸力會受到重力概念的嚴重破壞，因為重力從太陽穿過幾百萬英

里的空曠空間，讓行星環繞軌道運行，這是如何辦到的呢？牛頓並不知道答案。

定律是什麼？

這又讓我們回到布里丹所說的衝力。還記得之前我曾問過各位，如果布里丹用「天使」來代替衝力如何產生的概念，是否會有所不同？我們一樣可以對牛頓所說的力或引力提出同樣的要求，是否可以使用「天使」而非引力或力來推動行星或彈射運動呢？這種替代方案有何不同？從某種意義上說，沒什麼不同。當然它仍然必須是一個擁有牛頓原理的天使，這樣才能確保遵守牛頓定律所規定的路徑。如果天使需要遵循規定的路徑，那我們何不扔掉天使的說法，只保留定律的規則就好？因此，在布里丹定律或牛頓定律中，天使是一個不必要的實體，應該要被排除。

然而如果排除了天使，我們就會面臨宇宙是在何處保存了這套「規則」的問題。牛頓相信他的定律是用「上帝的筆」寫成，這有點像基督教形式或物體的共性，上帝寫的這本「規則手冊」就在天堂裡。然而在牛頓之前近四個世紀，奧坎的威廉便認為「宇宙中沒有任何秩序與宇宙中現有存在的部分不同」。[4] 力和引力通常被認為「與宇宙存在的部分不同」，因為它們是拉推物體的「隱形」實體。然而奧坎認為，像這樣描述物理對象之間「關係」而非描述對象本身的術語，就是他所謂的 ficta，亦即我們今日稱為「虛構」或「想法」的東西。因此對於牛頓所構想的力和引力，奧坎至少說中了一種。

還記得在牛頓定律中，我們將兩個物體的質量相乘並除以它們之間距離的平方後，可以獲得將它們拉在一起的引力大小，而導出更大的質量會被更大的引力拉動。但這不是有點奇怪嗎？因為伽利略的著名證明是不管亞里斯多德說過什麼，無論物體質量如何，都會以相同速度落下。

第 11 章 運動的概念

這難題在牛頓力學中，可透過牛頓第二定律（f=ma）的作用解決，亦即透過將施加的力除以質量，來計算引力造成的「加速度」。因此我們要先乘以質量來獲得力，然後除以相同的質量，以計算出該力造成的加速度。質量既是乘數又是除數，如此上下抵消。所以質量會從重力加速度的完整計算中消失，這正與伽利略的觀察一致，即不論物體的質量如何，物體都會以相同的速度落下。

雖然這說法有效，但是不是有點可疑？奧坎若是看到肯定有話要說：為何先將質量放入方程式中？然而若我們不考慮質量，引力就根本不像牛頓的力了。那到底什麼是引力？三個世紀後，另一位偉大的物理學家愛因斯坦思考了同樣的問題，並對引力提出了截然不同的理解方式（本書稍後會詳述）。

然而，牛頓宇宙中還有兩個實體無法相互抵消，也就是「絕對空間」和「絕對時間」。舉例來說，當我們問科學家一個問題：在沒有參考坐標可以測量空間或時間的宇宙中，加速度意味著什麼？比方說，我們可以想像伽利略的船突然被狂風襲擊，導致船身傾斜，因此在甲板下方的廚房裡，鍋碗瓢盆全被拋出落下。每個被拋落的物體所承受的力，可以透過測量它們相對於艙壁或彼此的質量和加速度來計算。然而，若我們把周圍的所有物體，包括船、海，甚至行星、太陽、月亮和星星都拿走，只剩下一個在空曠空間中加速的鍋子，在沒有參考點的情況下，我們怎麼知道它被加速了，或說受到力的影響？還記得奧坎威廉的論點嗎？「數量」如數字2，不可能是一個（普遍）存在的東西，例如在一個房間裡，若想將兩把椅子變成四把椅子，只需將牆壁推到另一個也有兩把椅子的房間即可。因此，若是把「力」視為一種存在的東西，當伽利略想像中的艙壁消失時，力似乎也跟著消失了。

那到底什麼是力呢？四百年前，奧坎的威廉寫了：

> 自然科學既不是關於事物的出生和死亡，也與自然的物質實體無關，當然更不是我們看到會四處移動的事物。……正確地說，自然科學是關於這些事物共有的心靈意圖，並在許多陳述中正好代表這些事物。[5]

這種說法對於 14 世紀來說是一種相當與眾不同的聲明，不過我們相信奧坎的意思是堅持科學是關於「模型」的概念。因此像是伽利略時代的衝力或牛頓時代力的概念，是將心理建構的原因（心靈的意圖）包含在模型中，陳述了對世界進行的預測（在各種陳述中完全代表此類概念）。這樣的說法並非否認這些詞指涉的是世界上的實體，但奧坎認為科學與這些實體無關，而只是我們的模型對它們做出的陳述。當然，我們最希望的是這些陳述與其他受模型啟發的陳述一致，例如描述實驗結果的陳述（也就是各種其他陳述）。如果這些陳述一致，那我們就有了一個一致的世界模型，也就是「科學」。不過這並非意味著我們的模型一定是正確的，只是我們還沒證明出它是錯誤的。科學模型不像亞里斯多德所堅持的真實存在於世界之中，也不是像柏拉圖所提出的存在於某個「神祕領域」，而是存在於我們的大腦中。根據奧坎的說法，世界上真正存在事物的最終現實，將永遠超出我們的能力範圍，就像奧坎的全能上帝一樣「不可知」。

且讓我們回歸模型的本質，因為這才是奧坎剃刀在科學上扮演的角色。接下來，我們會注意到牛頓的萬有引力定律被描述為「共性」，因為它適用於宇宙中所有物體。但這個「共性」並不能套用於他的所有機械定律上。正如我們即將看到的，這些定律的效用在物質的「最小尺度」上會失去作用，但在行星、蘋果和最小粒子間的一大段「中間層」，牛頓定律和奧坎剃刀已被證明非常有用，足以用來建立這世界大部分技術的基礎。

12
讓運動發揮作用

伯爵與大砲

　　1798 年 1 月 25 日，也就是在牛頓過世後約七十年，英國皇家學會宣讀了冉福得伯爵（Count Rumford）所寫的一篇論文，題目為「對摩擦生熱來源的實驗探究」。這篇論文描述了一個實驗，實驗中一門大砲被鑽孔，用來製造可裝填火藥和射擊彈丸的空心圓柱體。

　　在整根固體金屬上鑽孔，當然是一種需要大量「牛頓力」的任務。冉福得把兩匹馬拴在一個輪子上，讓牠們繞著院子轉圈。當牠們緩慢沿著圓形路線小跑時，牠們所消耗的力可使輪子以每分鐘 32 轉的速度旋轉。輪子被綁在大砲的砲管上，砲管截面則緊靠著浸在水箱中的堅硬鋼鑽頭旋轉。在場的冉福得伯爵，身穿軍用馬褲、背心、領口布和及膝長外套，頭戴三角帽，正專注地觀看著一切。令旁觀者驚訝而伯爵老神在在的畫面，就是鑽孔的砲管竟然會產生如此多的熱。就在兩個小時之內，浸泡鋼鑽頭的冷卻水居然沸騰了。冉福得在報告中說：「看到如此大量的冷水在沒有任何燃火的情況下被加熱到沸騰，旁觀者臉上的驚恐和訝異真是難以形容。」因此，伯爵證明了熱與運動有關。

什麼是熱？

冉福得伯爵在1735年出生時的本名是班傑明・湯普森（Benjamin Thompson），出生地點是波士頓以北、新世界（美國）麻薩諸塞州沃本地區一個小鎮的普通農民家庭。在五月花號航行到新英格蘭僅僅一百二十年後，像波士頓這樣的定居點，已發展成為獨立的經濟中心。在成為乾貨商學徒的生涯失敗後，湯普森學習當個醫生，並獲得教師的職位。十九歲時，湯普森娶了殖民地最富有的女性，一位名叫羅爾夫（Sarah Rolfe）的三十二歲寡婦，因而在社會地位上大幅躍升。羅爾夫女士繼承新罕布夏州冉福得鎮的土地和財產，因此湯普森的這場婚姻為他提供了地方鄉紳式的生活，他也很快被任命為新罕布夏州民兵少校。1775年獨立戰爭爆發時，湯普森拋棄妻子和年幼的女兒，為英國人從事間諜工作。隨著波士頓淪陷，他坐船逃到倫敦，並在那裡成功將自己定位為一名顧問，負責招募和裝備參加獨立戰爭的英國軍隊。

在為王室工作的期間，湯普森對軍事工程產生了興趣。他設計自己的實驗，並在1779年當選為皇家學會會員。不過，後來他被指控為法國人從事間諜活動，被迫中斷研究，逃到歐洲大陸。他在慕尼黑得到巴伐利亞選侯（Elector of Bavaria）顧問的職位，也在此地發明了野外廚房、便攜式鍋爐和壓力鍋等，讓選侯非常開心。因此他得以升官，成為神聖羅馬帝國的伯爵。

湯普森在擔任慕尼黑兵工廠負責人期間，進行了他這輩子最著名的實驗。他描述說「最近忙於監督大砲的鑽孔時……我被黃銅管在短時間內產生巨大的熱給震驚了，開始認真留意在這個過程中，是否有什麼奇特或值得注意的事。」就像牛頓著名的蘋果掉落砸頭意外一樣，有時一顆聰明的腦袋去觀察一個司空見慣的現象，深刻的謎團便有可能揭開。在此，謎團便是「熱」的本質。

18世紀時，「熱」是一個頗具爭議的問題。古代人會把它與火關聯在一起，希臘人則認為火與土、空氣和水一樣，都是四大元素之一。然而隨著18世紀工業革命的發展，熱的性質及其為蒸汽機提供的動力，突然變得相當重要。在大約一世紀前，德國化學家兼煉金術士格斯塔爾（Georg Ernst Stahl，1659-1734）和貝歇爾（Johann Joachim Becher，1635-82）提供了第一個線索，指出木頭在燃燒成灰燼時會失去質量。於是他們把燃燒過程中離開可燃物的物質，命名為「燃素」（phlogiston），這是來自希臘文 phlox，即火焰的意思。他們宣稱，燃素是熱和燃燒之間的真正媒介。他們也提出呼吸涉及燃燒，透過釋放燃素而加熱身體，這燃素被植物重新吸收並儲存在木材中，接著再次在燃燒的木頭中釋放，完成了燃素的生態循環。

到此為止，這是一個符合許多事實的合理推論。然而，燃素愛好者完全無視於波以耳的原則，也就是將假設限制在用最簡約的「最好和最優秀理論」解釋他們的發現。德國化學家波特（J. H. Pott，1692-1777）堅持燃素是「自然界所有無生命體的主要活性成分」「顏色的基礎」和「發酵的主要因素」等。

就像所有定義不夠嚴謹的想法一樣，燃素理論依舊有機會吸收新事實。1774年，英國科學家普里斯特利（Joseph Priestley，1733-1804）對空氣進行分餾，獲得「比普通空氣好上五、六倍」的「促燃氣體」。普利斯特利推論，這種新氣體必定是所有燃素去除後的空氣，就像木材或其他可燃材料因燃燒而釋放燃素後所留下的。他稱這種新氣體為「脫燃空氣」（dephlogisticated air），也就是我們今日所稱的元素「氧」，它會與可燃材料中的碳結合，產生二氧化碳。氧的這種性質與普里斯特利的燃素解釋並不相同，然而正足以展示：將任何數據或觀察結果整合成一個完全「錯誤的模型」有多容易，因為你只要有足夠的獨創性和想像力即可。

許多化學家可能會注意到燃素理論存在的一些問題,例如當鎂這類金屬燃燒時,其質量是增加而非減少。雖然這點表面上看可以反駁「燃素模型」,因為金屬中的物質(如假想的燃素)損失,顯然不可能增加金屬的質量。然而,燃素理論的擁護者並未輕易放棄,他們提出了某些形式的燃素可能具有「負」的重量。但隨著越來越多的證據顯示,「金屬」即使在普里斯特利的「脫燃空氣」中燃燒,質量也會增加後,這項理論的支持者被迫退縮到一個更「抽象」的空間,認為燃素是某種「非物質」的物質,燃燒的本質也開始模糊到類似柏拉圖的形式或亞里斯多德的思想。燃素理論的倡導者,開始像中世紀的經院哲學家或封閉的神祕主義者一樣,滿足於盡可能地增加實體,以使自己的理論能夠符合事實。

燃素理論最終在 1775 年 9 月 5 日遭到終結。當時的法國化學家拉瓦節(Antoine Lavoisier,1743-94),向法國科學院提交了他對普里斯特利「脫燃空氣」的研究報告。拉瓦節重複了普里斯特利的金屬燃燒實驗,仔細秤量金屬燃燒前後的空氣或氧氣,證明減少的重量與燃燒金屬增加的重量相同。因此,燃燒的金屬並沒有釋放出任何物質,純粹是金屬與空氣中的某種成分結合,亦即氧氣。

拉瓦節繼續論證:

> 化學家把「燃素」當成一個模糊的原理,⋯⋯以符合他們要求的任何解釋;有時這原理包括重量,有時卻不包括;有時是自由的火焰,有時則是跟泥土結合的火焰。⋯⋯它就像名副其實的變形桿菌,時時刻刻都在改變自己的形態。[1]

請注意,這位法國化學家並沒有宣稱他反駁了燃素理論,而是認為像波以耳所說的「孔雀理論」一樣,燃素理論已變得太過複雜,以至於無法

反駁。相較之下,拉瓦節的氧氣理論雖然簡單,卻能說明一切。拉瓦節寫道:「在解釋燃燒現象時,不需再假設在我們稱為可燃的所有物體中,都存在大量固定的燃素⋯⋯」他接著論證:「根據良好邏輯的原則,燃素並不存在。」[2] 我們並不需要在這裡提到剃刀,因為它在科學中已被普遍接受為是一種「良好的邏輯」;也就是說,如果遇到任何疑問,我們應該想到「如非必要,勿增實體」。

拉瓦節對燃素的否定,證明了直到18世紀,奧坎的剃刀依舊在科學研究中根深蒂固,因此讓燃素理論幾乎消失無蹤。然而,儘管拉瓦節消滅了燃素這實體,但他也發明了另一個實體「氧氣」。由於燃素愛好者認為「燃素」是燃燒和熱的來源,所以在氧氣取代燃素之後,也依然留下一個問題:「熱」到底是什麼?拉瓦節在1783年發表的論文《對燃素的思考》(*Réflexions sur le phlogistique*)中提出,熱是某種「微妙的流體」,會從熱體流向冷體,他稱之為熱質(caloric,卡路里)。

這讓我們回到了冉福得伯爵的實驗。各位應該還記得伯爵說的「我被黃銅管在短時間內產生龐大的熱所震驚」。問題是,根據拉瓦節的熱質理論,熱質是從熱體流向冷體,而鑽頭、馬、銅管和周圍的冷卻水,都是在相同溫度下開始進行實驗的。因此,熱質到底從何而來?另一個問題則是,在實驗過程中熱質似乎取之不盡,這跟有限且守恆的物質,或是只從熱體流向冷體的那種「微妙的流體」下的熱質理論,似乎有所矛盾?

線索在於:整個過程是從「馬的運動」開始。冉福得伯爵推斷,因為馬的運動,使得鑽頭開始運動,鑽頭又使大砲運動,而大砲又使微小的水顆粒運動,才得以加熱它們。因此他堅稱「正是這些運動⋯⋯構成了物體的熱質或溫度」[3]。冉福得發明了熱的「動力學」理論,宣稱熱是物質粒子運動的程度。這種說法就像燃素一樣,讓熱質成為一種不必要的實體,因為熱質本身只是被當作運動的一種度量。

論火的動力反思

正如當初發現金屬燃燒後質量會增加，並未立刻消滅燃素理論的情況一樣，冉福得伯爵對熱取之不盡的性質之證明，也沒有立即導致熱量理論的消滅。有些科學家提出冉福得在測量上的不準確之處，另一些科學家則指出，從數量來看，並無法證明熱量取之不盡；因為當砲管被鑽透或是鑽頭壞掉時，熱量就會憑空消失。

還有一個問題是，就像過去一樣，許多相信亞里斯多德關於物質無限可分割的「密實」理論科學家，抵制作為熱動力學理論基礎的「原子論」。法國工程師卡諾（Sadi Carnot，1796-1832）在 1824 年出版一本極具影響力的著作《論火的動力反思》（*Reflections on the Motive Power of Fire*），也就是在冉福得發表砲管論文的二十六年後，為理解熱引擎如何以熱量形式，從熱傳到冷的熱傳達運作，建立了「熱力學」這門科學的基本數學架構。就像托勒密的地心說或後來的燃素理論一樣，在聰明的科學家手中，錯誤的理論仍然有機會變得正確。

冉福得說熱是一種「運動」形式的理論，的確是很好的見解，但在冉福得為大砲鑽孔過了約五十年後，這種說法還是有許多模糊之處。直到 1845 年 6 月，英國物理學家焦耳（James Prescott Joule，1818-89）沿著冉福得的思路進行了更精確的實驗，才證明熱量與牛頓的「動能」（指物體藉由運動所擁有的能量）概念* 成正比。在大約二十五年後，也就是1870 年左右，蘇格蘭物理學家馬克士威（James Clerk Maxwell，1831-79）和波茲曼（Ludwig Boltzmann，1844-1906），將熱的動力學理論和卡諾的熱力學以及物質的原子論融合在一起，創立了「統計力學」（或現代熱力學）這門科學。他們宣稱「溫度」是移動原子的平均動能，相當於波以耳

---

* 注：動能等於二分之一質量 (M) 乘以運動物體速度 (V) 的平方。

的「微粒」，也就是前面說過「如此旋轉，以至於每個微粒都努力拍打著其他小微粒」。當物體變熱時，這些微粒移動得更快，因此具有更多的動能而產生了高溫。當物體冷卻時，原子移動變慢，動能變小，因此溫度變低。所以溫度和運動成為一體之兩面，而「熱」和「運動」這兩個以前各自獨立的現象，現在被簡化為一個現象。熱量在此成為另一個不必要的實體；透過熱力學，牛頓的簡約定律從天而降，穿過地球上的砲彈和蘋果世界，進入運動原子的微觀領域。

簡化的應用

讓我們再看一下波以耳／虎克真空玻璃罩設備（圖 19），在「大感驚訝」且目瞪口呆的觀眾面前，我們看到一個顯然空無一物的空間竟能舉起一百磅的重量。這讓你想起什麼了嗎？內燃機的氣缸？只要你的車不是電動車，通常就是由它來為你的汽車提供動力。

波以耳的真空空間吸提重物的力量，讓觀眾留下深刻印象。因此，科學家、發明家和工程師也都開始想辦法利用這股力量。1679 年，法國胡格諾派[†]的帕潘（Denis Papin，1647-1713）提出在氣室內「冷凝蒸汽」以形成真空，如此拉動活塞的想法，從而發明了單衝程發動機。1698 年，英國軍事工程師塞維利（Thomas Savery，1650-1715）取得一項專利，亦即透過汽缸內的蒸汽冷凝來驅動水泵。十年後，鐵匠兼浸信會傳教士的紐科門（Thomas Newcomen，1664-1729）設計了一個類似的水泵，稱為「礦工之友」（Miner's Friend，亦即紐科門蒸氣引擎），可從被淹沒的礦井中抽水，解決了新興煤炭行業的礦坑積水問題。

紐科門的水泵是一種大氣引擎，就像波以耳的實驗一樣，依靠大氣

---

† 16 至 17 世紀的法國新教徒，遭到天主教多數派的迫害。

的重量來驅動活塞。1764年，蘇格蘭發明家、機械工程師兼化學家瓦特（James Watt，1736-1819）將動力衝程氣缸與冷凝氣缸分開，讓發動機變得更為節能。他還提出一個革命性的想法，亦即密封氣缸兩端，利用蒸汽的熱膨脹推動活塞，並利用冷卻劑驅動的蒸汽冷凝將活塞拉回，如此發明了蒸汽機。

最初的蒸汽機只被當成水泵的用途，然而瓦特使用一組飛輪驅動齒輪取代了紐科門的搖臂，變成旋轉形式的發動機。這種系統很快被英國工業裡的各種工廠業主所採用，例如棉紡織製造商阿克萊特（Richard Arkwright），很快就讓棉花工業從水車驅動轉向由蒸汽驅動的高速推進。而康沃爾的採礦工程師特里維西克（Richard Trevithick，1771-1833）有更偉大的想法，他把輕便型蒸汽機固定在輪式馬車上，製造出一輛蒸汽汽車，取名為「喘氣的惡魔」（Puffing Devil）。1801年聖誕節前夕，這台喘氣的惡魔載著六名乘客，開在坎伯恩的福爾街上，然後駛向附近的貝肯村。工業革命正在如火如荼地進行中。

特里維西克這台車的蒸汽引擎，經喬治・史蒂文生（1781-1848）、羅伯特・史蒂文生（1803-59）等工程師進一步的改進，成為工業革命的動力，也是世界上最大的工業生產力泉源。僅在英國一地，煤炭產量就從1820年的每年約兩千萬噸，增加到一個世紀後的三億噸。同樣的情況也發生在農業上；經過幾個世紀的發展停滯後，隨著農業機械化程度的提高，農作物產量也隨之爆增。在工業革命中，進步和生產力都呈指數成長。當然，就像文藝復興或宗教改革一樣，這種變化背後顯然有多種原因，包括資本主義和帝國主義的興起、煤炭的現成供應、廉價勞動力、引進遠至中國的各種外國技術、更大的市場以及從奴隸貿易中獲得的豐厚利潤。即便如此，各種蒸汽機相關的發明，無疑發揮了巨大的作用。然而這些機器在產量上的指數級提升，都必須先透過模型來實現。這些模型主要是在紙上

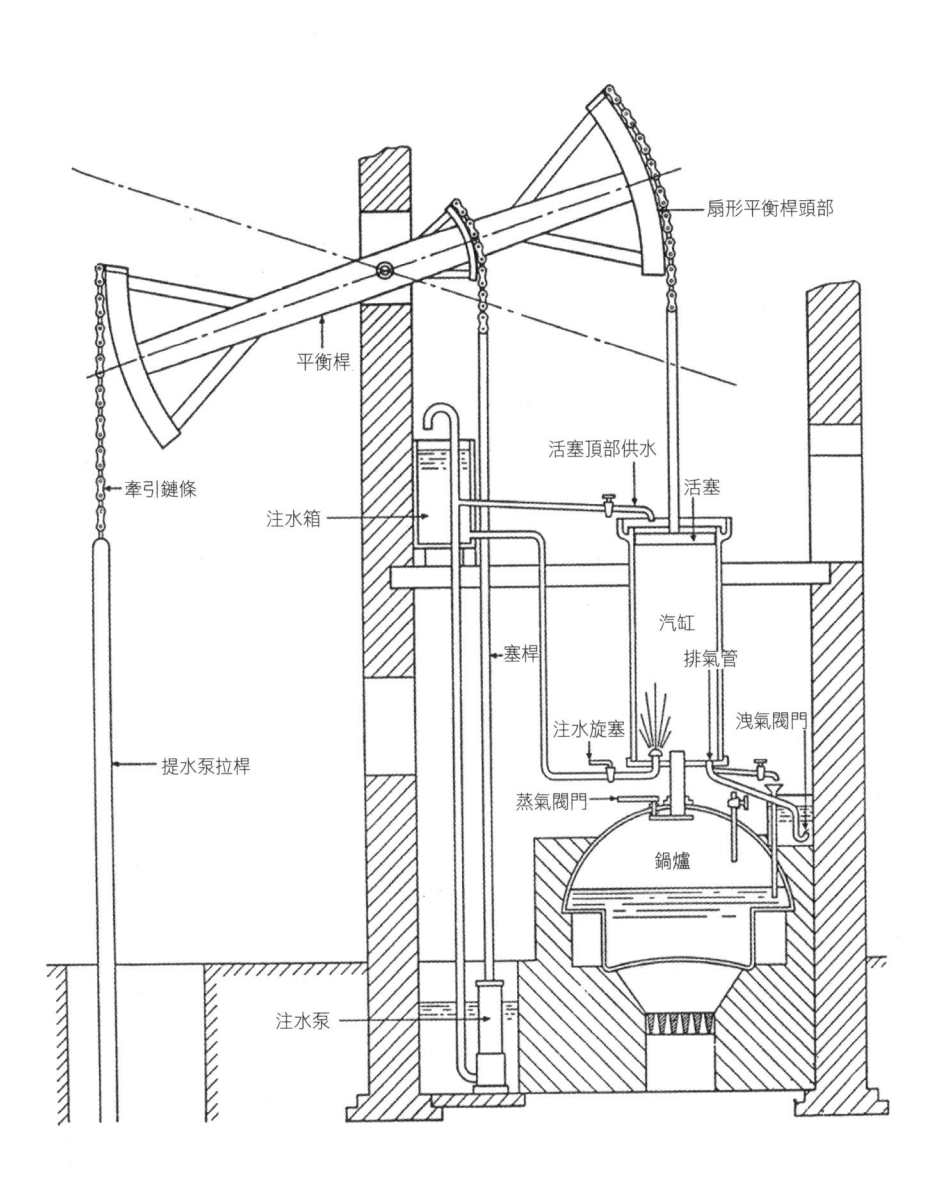

圖 21：紐科門的大氣蒸汽機，圖片來自 http://physics.weber.edu/carroll/honors/newcomen.htm

繪製，但可以將簡單的定律實體化，就像波以耳、牛頓、卡諾或玻茲曼所做的一樣。

模型能將知識實體化，因此這些人在機器結構、動力學和功能上，運用了幾何學和數學語言建立起模型，過程簡單到就像是可以模擬繪製出蒸汽機一樣。例如在 1712 年，紐科門便運用了波以耳的「空氣重量」來解釋活塞運動。這種做法之所以有用，在於各種改良都可以在「正向回饋」的循環中回饋到模型上，而讓效能呈指數成長。不過若沒有奧坎剃刀的幫忙，這類模型就會變得毫無用處，只是徒增複雜度而已。

請想像一下，如果你的蒸汽機模型基於莫爾的「知靈」來建造蒸汽機，你該如何改進模型？也許你會先向知靈祈禱，不過當這方法無效時，唯一辦法就是進行緩慢的「嘗試錯誤」過程。從這個世界有時間概念以來，這一直是地球上大多數創新（包括生命本身）的進步要素。不過，當科學家和工程師轉向實例，將他們的知識和科學定律建立成模型後，一切都改變了。而且正如波以耳原則所敦促的：「必須是最簡單的，剔除掉所有多餘的。」由於有了模型的剃刀，科學家和工程師便能預測改進、提高模型的效能。如果他們的預測實現了，工程師就知道這種模型是好的；若沒有成功，工程師也能修改模型，直到他們的預測成立，獲得所需的改進。改進後的模型也將成為進一步發展的起點。有了這種正向回饋循環，技術發展就能將反覆實驗帶來的線性改進速度，轉換為代表現代特徵的「指數式」進展。

在繼續談下去之前，我們再來談談冉福得伯爵的著名實驗。牛頓的機制解釋了運動和熱量，是從馬匹的勞動到馬具、鑽頭、砲管和水的傳遞；然而，牛頓的熱力因果鏈中遺漏了一項重要因素：馬。馬的動作是如何啟動整個過程的呢？牠的四肢如何運動？牛頓科學也能解釋馬和其他動物、植物與微生物嗎？儘管笛卡爾提出動物只是機器，但大多數 18 世紀的生

物學家持懷疑態度，爭論說牛頓力學不足以解釋生命的自我推進運動。相反地，他們提出生命是由不遵守牛頓定律的一種「生命力」所驅動。因此，為了找出原因，我們打算帶「馬」一起去釣魚！

| 第三部 |

生命的剃刀

13

生命的火花

靈魂研究是極重要的研究。靈魂研究也對整個真理,尤其是對自然的研究非常重要,因為靈魂是動物生命的根本。
──亞里斯多德,《論靈魂》

科學扮演的角色是「用看不見的簡單性來代替可見的複雜性」。
──佩蘭,諾貝爾物理獎得主

日光照射在委內瑞拉中部的利亞諾斯(Llanos)草原上,一群南美洲原住民和兩位歐洲白人,正從拉斯特羅德阿巴索村騎馬出發,去尋找一種鰻魚。這是 1800 年 3 月 9 日的早晨,屬於一個充滿社會動盪和科學革命的世紀,不過曙光下的委內瑞拉當地毫無生氣可言。這些原住民嚮導可能是來自安第斯山脈北部山峰以東的利亞諾斯草原裡、眾多瓜希沃族(Guahivo)部落中的一個。他們的名字未被記錄下來,只留下兩位白人的名字,分別是邦普蘭(Aimé Bonpland,1773-1858)和洪堡德(Alexander von Humboldt,1769-1859)。邦普蘭是法國植物學家,身材粗壯、個性

冷漠；洪堡德則是普魯士探險家兼科學家，身材瘦削、長相英俊。他倆對生命和電力的本質，都有根深蒂固的興趣。不過可悲的是，過去在利亞諾斯草原上的原住民部落幾乎完全消失了，對於他們的傳統、神話和傳說的精彩描述，是由最後一位遇到並記錄的西方探險家瓦爾德—瓦爾德格男爵（Baron Hermann von Walde-Waldegg）所寫。[1]

在洪堡德的《個人敘述》（*Personal Narrative*）[2] 書中詳細描述了這次探險，這本書後來啟發了達爾文（Charles Darwin）和華萊士（Alfred Russel Wallace）的探險。當時嚮導將兩個白人帶到一條小溪旁。旱季時，這條小溪會變成泥濘的水池，「周圍環繞著美麗的樹木、香椿、杏樹和開滿芬芳花朵的含羞草」。嚮導告訴他們，渾濁的水域裡到處都是肌肉發達的鰻魚，被稱為「震顫者」（tembladores），因為這些帶電鰻魚帶給人的震顫，可能會讓成年人失去知覺甚至死亡。這些鰻魚除了非常危險之外，也很難被抓住，因為牠們會把自己深埋在泥潭裡。然而當地人有種巧妙的方法，稱為 embarbascar con cavallos，也就是「用馬釣魚」。

這句話讓探險家們大感疑惑，不過他們還是組裝了設備，準備解剖和研究嚮導預期將會捕獲的鰻魚。這些當地嚮導帶著他們飛奔到周圍的森林後沒多久，在日正當中之前，森林裡原有的嗡嗡聲被逐漸接近的馬蹄聲響打破，而且是非常多匹馬的馬蹄聲。騎手們帶著大約三十匹野馬和騾子衝進空地，接著嚮導用魚叉和用蘆葦做的棍子，將馬趕到泥潭裡。騾馬驚慌失措的騷動，讓水面沸騰一般翻捲起「青黃色鰻魚，就像一群大水蛇……」。受到干擾的鰻魚將自己緊壓在馬肚上，試圖攻擊這些入侵者，並且一次次發出電擊，讓馬匹陷入瘋狂。「生命機制相當不同的兩種動物彼此較勁，呈現出非常驚人的奇觀」。

僅僅五分鐘內就有兩匹馬淹死了，另有幾匹馬跌跌撞撞地設法走到岸邊，其餘的馬則持續遭受鰻魚的反覆攻擊。有一陣子看來，這些「馬餌」

圖 22：用馬釣電鰻。來自 https://content.lib.washington.edu/fishweb/index.htm

似乎全都會淹死在同一水坑裡。然而，隨著鰻魚似乎疲倦地退到池邊後，整場喧鬧逐漸平息。此時真正的捕魚時間開始了！人們手持綁在繩上的短魚叉，一共勾起了五條活鰻。洪堡德和邦普蘭非常高興，因為這五隻令人震撼的鰻魚，是活生生的科學寶庫，有機會幫助他們解開 18 世紀最激烈的科學爭論，也就是生命的本質。

笛卡爾放棄了幾世紀以來的神祕猜測，在 17 世紀發起了「機械革命」，堅稱宇宙中所有物質，無論有生命或是無生命物質，都是由無生命的「微粒漩渦」所組成。不過對於「生命」的機械描述，顯然無法說服大多數學者。雖然笛卡爾將生命比喻為時鐘的運行，但很少有科學家會認為報時鐘內的布穀鳥和真的布穀鳥一樣，都是由「相同機制」（機械）來運作的。生命力和生物體複雜性的差別，從肉眼看來就大不相同，當我們透過顯微鏡揭露生物體內部的複雜性後，情況更加明顯。19 世紀早期的主流

觀點，仍然認為生命是由一種「生命力」所驅動，這股力量甚至可以從鰻魚等特殊動物的體內甩出來，擊暈馬或其他動物。而且這種「生命力」信仰的起源遠在幾千年前，地點則遠在幾百英里之外。

生命是什麼？

就像斯圖爾特大法官的觀察一樣，雖然他無法定義何謂色情，但「當我看到時就會知道」[3]。同樣地，生命雖然很容易識別卻很難定義。人們常說「繁殖」定義了生命，但包括人體的血液細胞或神經細胞，以及大多數佛教僧侶或天主教神父，他們雖然沒有繁殖，但確實都是活著的生命。此外，「新陳代謝」也被認為是定義生命的特徵；但將營養物質轉化為廢物的化學反應，很難說與導致木材燃燒的化學反應有多大區別。甚至連負責生命驚人多樣性的「演化」，對於生命的生存來說似乎也可有可無，至少在短期內是如此。如果沒有特殊事件的話，演化也可以擱置一百萬年。也就是說，除非發生重大災難，否則生物圈幾乎不會注意到演化。

然而，大多數古代人注意到，在他們周圍的物體多半屬於兩大類。第一類包括岩石、浮木、沙子或鵝卵石，它們是惰性的，除非被推或被拉，否則不會移動。因此這些物體被描述為「死的」。第二類包括爬過岩石的螃蟹、海裡游泳的魚、頭上飛過的鳥或延伸過沙丘的草。在「能自行動作」的意義上，這些會動的物體被描述為「活的」。

在將「能自行動作」這條件確立為生命的跡象後，古代哲學家接著問：是什麼導致這些明顯沒有「推動者」的生命運動？哲學家想出的答案是，這些有生命、能自行推進的物體，一定是由某種超自然或神奇的「靈魂」激發出運動。這些哲學家不但固執己見，還將那些沒有明顯可見推動者而能移動的天體也歸類為活的，或說是被某種靈魂激活的。甚至連風、溪流、暴風雨或波浪等，也被認為是由特定的靈魂擁有者，如神靈、精

靈、仙女、惡魔或神等賦予了生命。正如西元 3 世紀的羅馬編年史家拉爾修（Diogenes Laertius）所觀察到的：「（古代）世界充滿了生機，也充滿了神靈。」[4]

魔法、神祕與令人震驚的魚

「自行動作＝生命」的假設或模型運作良好，但偶爾也有例外，例外之一便是磁石。磁石從表面上看是石頭，但在「移動」的意義上，它能讓釘子或其他含鐵小物體移動，因此同樣擁有栩栩如生的特性。我們現在當然知道這是磁鐵礦物（氧化鐵）的自然磁化形式，但在古代世界裡，人們認為磁石是有生命的，而且是被一個神奇靈魂所操控，它可以伸手拉動或推動遙遠的物體。正如被稱為泰勒斯的哲學家（Thales，西元前 624 年左右出生於如今土耳其）所堅稱：「磁石具有生命或靈魂，因為它能移動鐵。」另一種神奇的材料，就是偶爾會被捲上地中海海灘的黃褐色半透明物體，它能吸引纖維或乾稻草，尤其是用布摩擦後力量更強。古希臘人稱這種有吸引力的材料為「銀金礦」（electrum），不過我們現在知道這其實是琥珀。

古人還知道某些動物也擁有「遠端行動」的神祕特性。其中一個是地中海電鰩，牠與魟魚一樣，會利用刺來阻止獵食者的獵捕，或是電暈因飢昏頭而誤捕牠的漁民。電鰩與魟魚的不同，在於電鰩的刺似乎能穿越釣魚線、漁網、長矛或三叉魚戟等物體，在不接觸漁民的情況下電暈漁民。這點被認為是「非物質靈魂」能超越物質身體範圍的證據。正如西元 170 年左右羅馬詩人科里庫斯的奧皮安（Oppian of Corycus）所寫的：「魚雷魚（電鰩）發揮魔法力量、施放了符咒。」[5]

於是，這些魔法物體和生物被引用為魔法力量在自然界普遍存在的證據，成為「生命法則」的證據。老普林尼（Pliny the Elder，23-79）也

圖 23：電鰩。圖片來自 https://www.fishbase.de/photos/thumbnailssummary.php?ID=2062#

認為：「拿同樣來自海洋的魚雷魚作為大自然強大力量的證據，難道還不夠嗎？」[6]西元 200 年左右，在雅典任教的阿佛洛狄西亞的亞歷山大（Alexander of Aphrodisias，約 150-215 年）也提問：

> 為什麼磁石能吸鐵？為什麼被稱為「琥珀」的物質能吸動稻殼和乾稻草而讓它們粘在一起？……沒人會忽略海裡的魚雷魚，牠到底如何隔著繩子使人身體麻木？……我可以為你準備一份清單，列出只能透過經驗瞭解並被醫生稱為擁有「無法說明特性」的許多事物。[7]

他們堅持生命是種魔法，因而導致人們普遍相信疾病和健康會受到自

然魔法的影響。

克勞狄烏斯・蓋倫（Claudius Galenus，129-216）出生於現在土耳其的佩加蒙，一般簡稱為蓋倫，是羅馬最著名的醫生。在他搬到羅馬之前，曾在當地角鬥士學校擔任外科醫生多年，對人體解剖學有相當深入的瞭解。他對醫學的興趣受到希臘希波克拉底（以其誓詞聞名）[*]早期理論的啟發；希波克拉底宣稱，健康取決於「血液、黃膽汁、黑膽汁和黏液」等四種體液間的微妙平衡。蓋倫則提出四種體液的平衡，是由遍布整個宇宙的「生命之靈」來維持。這些生命之靈，類似中醫的氣或印度醫學的風息（vayu），被認為就是提供琥珀或電鰩能力的神祕力量，也就是活靈魂的物質基礎。

蓋倫認為，疾病是體液失衡所引起，因此這種平衡可透過適當使用神祕物體來恢復。因此他建議吃電鰩肉來治療癲癇；而嚴重的頭痛，則應將活魚貼在頭部來治療。同樣地，普林尼也以包含電鰩肉的一餐飯作為藥方，緩解分娩的痛楚，但前提是「必須當月亮在天秤座時捕獲電鰩，並露天放置三天」。他還建議「欲望（性欲）太強時……要在魚還活著時把電鰩的膽汁在塗到生殖器上……」。[8]

當然，即使是極糟的想法，有時也可能有效。我猜想普林尼將活電鰩的膽汁塗在生殖器上的處方，應該會削弱即使是正值青春期的驚人欲望；而將活電鰩貼在頭部治療也可能有效，因為電療已被證明能為慢性偏頭痛患者提供緩解。[9] 不過吃電鰩肉對病人來說，應該除了營養之外沒有更多治療上的好處。

儘管這些治療處方令人懷疑，但蓋倫的醫學方法仍遠遠領先時代。他

---

[*] 希波克拉底誓詞又稱醫師誓詞，列出了一些特定的醫學倫理規範，例如「不損害病人、不歧視病人、不洩漏祕密」等。

在當代人的眼中,也是一位敏銳而帶點冷酷的動物實驗者。例如當蓋倫對一頭活豬進行解剖時,不小心切斷連接發聲部位和大腦底部的喉神經,他注意到豬的尖叫聲立即停止,但掙扎仍在持續。蓋倫的結論是,賦予動物生命活力的生命力流經了神經部位。據我們所知,這是史上第一次有人把神經與動物的運動聯繫起來。

魔魚帶來的軍事優勢

蓋倫於216年去世時,他在醫學上的理性方法幾乎已完全失傳。然而他的魔法藥水和各種可疑療法,透過古代文字紀錄忠實地傳播給阿拉伯人,並藉由他們傳回西方世界。後來的人將異教和基督教的魔法概念混合在一起,製成了各種神祕的奇異藥湯。

其中最奇怪的配方是基於另一條神奇的魔魚——鮣(echeneis)。普林尼將其描述為一條「小魚」,可以附著在船上,讓船動彈不得。「鮣無需自己努力,牠既不推擠船,也不做任何其他事情,就只是停在那裡」。在亞克興戰役中,鮣被指責是破壞安東尼旗艦的元凶,讓這艘船成為屋大維軍隊的攻擊目標。而當鮣進入中世紀世界時,立刻被加進電鰻的行列,成為魔法藥水裡的強大成分。你可能記得教導過阿奎納的大阿爾伯特,他將鮣描述為一種被魔術師追捧的魔魚,因為魔術師用牠來製造愛情符咒。然而,從沒有人在當時看過鮣,這一點都不奇怪,因為這條魔魚並不存在。

文藝復興時期的人文主義者,熱情接收了這些古老的神奇物品,包括磁石、琥珀和魔魚等,既用來作為藥物,又作為與自然界神祕力量接觸的證據。例如《赫密士文集》(*Corpus Hermeticum*)的佛羅倫斯翻譯者費奇諾(Marsilio Ficino)便寫過:「海裡的電鰻即使透過一根桿子,也能在遠處讓接觸桿子的手突然麻木。」而在斯卡利格(Julius Caesar Scaliger,1484-1558)發表於1557年的《第十五本關於微妙的公開練習》中,先是

第13章　生命的火花

圖24：神奇的魔魚，魟。

強調電鰩的威力可以「將手部麻木」，作為神祕力量的證據，接著批評那些「認為所有事物一定可以還原為固定特質」的人。

因此，對於完全合理而簡單的「自行動作＝生命」等式來說，神祕主義者添加了大量的各式魔法物品和屬性。這種趨勢正如我們在其他科學領域看到的一樣，包括天文學（本輪）或化學（燃素）那些「如果模型不符事實，就增加更多複雜性」的做法。不過，有些人對這種幻想抱持不同意見。法國文藝復興時期的人文主義者、也是莎士比亞的同時代人蒙田（Michel de Montaigne，1533-92）就感嘆地說：

> 人類的理性工具是多麼自由和模糊啊。我經常看到當事實擺在人們眼前，他們卻更想探究其理由，而非探究真相。……他們通常會這樣開始：「這是怎麼發生的？」然而他們應該說的是：「這真的發生了嗎？」……我們的理性可以填滿一百種事物並找到其原理和背景……但我們卻知道一千件「從未有過的事物」的基礎和原因。[10]

那些「從未有過的事物」當然就是不必要的實體。蒙田也是唯名論者和現代之路的擁護者，[11] 深知奧坎剃刀在追尋更簡約模型方面的價值。

魔鬼剋星

在洪堡德前往亞諾斯草原捕捉鰻魚之前五十四年，也就是大約在1746年4月的某天，一群約兩百名身穿白袍的卡爾特修士（Carthusian）組成一條近兩公里長的隊伍，蜿蜒穿過位於巴黎的修道院場地。每個修士都以二十五英尺長的鐵絲與他前後的兄弟相連。站在隊伍最前面的人是諾萊（Abbé Jean-Antoine Nollet），當一切就緒時，諾萊讓領頭修士的鐵絲接到一個玻璃瓶上，伴隨火花的產生，這兩百位修士全都跳了起來。

諾萊的職稱是「宮廷電工」。對於18世紀中葉的修士來說，這似乎是一個相當奇怪的職位。修道院的修士當然不需要更換國王宮殿中的燈泡或其他電氣設備，因為這些東西還沒被發明出來。不過，有種叫做「萊頓瓶」（Leiden jar）的東西例外，這是讓巴黎僧侶跳躍表演背後的真正明星；它可以提供一種「震撼」，就像電鰻一樣，能讓生命力跳出身體（或跳出瓶外）。由於這是幾十年前在荷蘭萊頓發明的一種可捕捉「魔法」的容器，因此諾萊將這種瓶子命名為萊頓瓶。

諾萊的萊頓瓶故事，始於倫敦醫生吉爾伯特（William Gilbert，1544-

第13章 生命的火花

1603）。他認為雖然磁石的力量只能吸引和排斥含鐵物質，但一塊摩擦過的琥珀卻能吸引各種材質，例如稻殼碎片、羊毛、羽毛或稻草等。他還發現，如果用絲綢或羊毛摩擦玻璃、寶石、硬橡膠、樹脂和封蠟等各種材料，就可以為它們充電，讓它們像琥珀一樣獲得移動遙遠物體的神奇力量。他還指出這些帶電材料有時會發出火花，但磁石從來不會。他把這些材料統稱為 electricus（來自琥珀的拉丁文 *electrum*，意思是「類琥珀」），後來也從這個字產生了「電氣」（electrical）一詞。

發現帶電物體的神祕力量可以轉移後，人們認為這可能是一種超自然的「微妙流體」。它還啟發了17世紀的機械愛好者建造一種稱為「摩擦機」的裝置，以便獲得這種隱匿流體。該裝置是以旋轉的硫磺球摩擦琥珀或玻璃棒，如此積聚足夠的「微妙流體」來吸引羽毛，或是在靠近玻璃棒時產生火花。

憑空出現的燦爛火花，點燃大眾對這種神祕電力的迷戀，也促使它從魔術師的實驗室，來到客廳表演與馬戲團娛樂的擴大領域。坎特伯雷地區的一位絲綢染工格雷（Stephen Gray，1666-1736），發現可以沿著絲線將電流傳輸幾百英尺遠。這個發現讓他決定改變職業，成為一名電氣表演者，並以「懸浮善良仁慈的學童」技巧而聞名。在這項表演中，一個小男孩被細線懸掛著，然後透過他的腳來通電，把羽毛和黃銅條吸引到他的身上。整場表演的高潮是房間突然變暗，接著玻璃棒拉近到男孩懸空的腳上，發出劈啪作響的火花。

這種表演相當有趣，而且是為了大眾娛樂而製作。然而電器流體的機制和可預測的特性，逐漸從神祕的雲團中浮現。例如，格雷發現電流可以沿著絲線或金屬線傳輸，但不能沿著木棒傳輸，甚至那些被魔術師宣稱為「魔杖」的木棒也不行。大約1745年時，萊頓當地的穆森布羅克（Pieter van Musschenbroek，1692-1761）教授，發現可以將電流從摩擦過的玻璃

231

棒，轉移到裝滿水的絕緣玻璃罐中，藉此捕獲和儲存電流。一天，他的律師朋友拿著瓶子，在他為瓶子充電時經歷了劇烈的震撼（電擊）。幾天後，穆森布羅克決定做同樣的嘗試，試圖瞭解震撼程度到底有多可怕，他後來寫道：「我的身體受到如此強烈的震撼，就像被閃電擊中一樣呲呲作響，我的四肢和全身受到了難以形容的嚴重影響⋯⋯。」

　　穆森布羅克發現，用金屬箔條襯著瓶身內外，可以提高電擊裝置存儲電能的容量。此外，他不用水而是用鉛丸填充瓶子內部，再將鉛丸連接到一根穿過塞子的黃銅棒。這就是由穆森布羅克命名、讓所有修士一起通電的著名電能裝置「萊頓瓶」。萊頓瓶的製造很簡單，並且可以好幾個串聯起來，建造出威力更強大的電池，稱為「彈藥電池」。它可以讓牛隻、壯

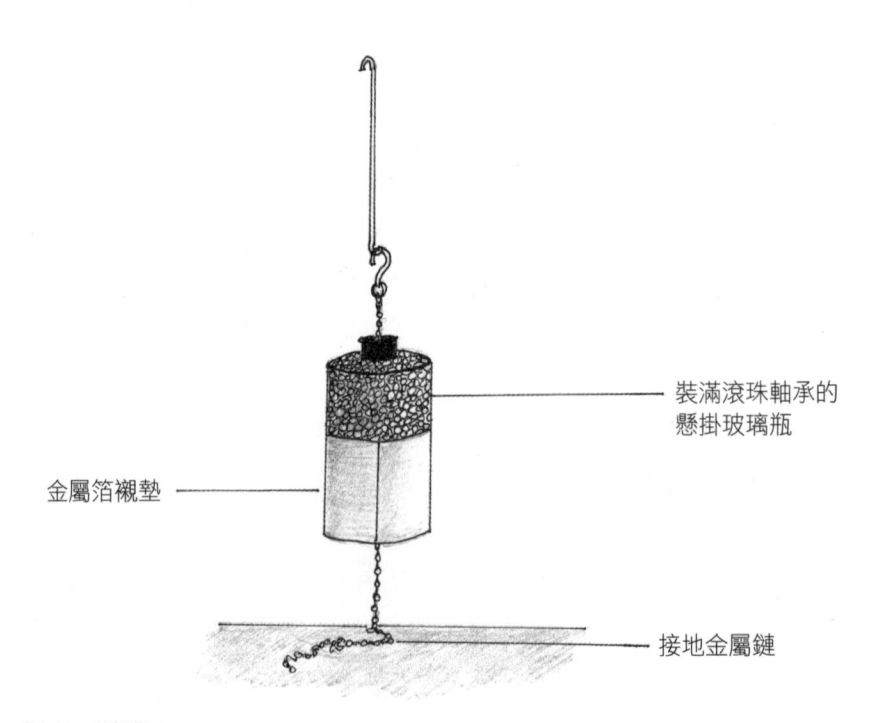

　　　　　　　　　　　　裝滿滾珠軸承的
　　　　　　　　　　　　懸掛玻璃瓶

金屬箔襯墊

　　　　　　　　　　　　接地金屬鏈

圖 25：萊頓瓶。

碩的摔跤手、士兵,當然還有一群串連的修士大感震撼。不久後,由於電池的易於製造和可用性,讓一位觀看魔術表演的觀眾想到,是否可以利用大氣(自然)中更強大的火花(閃電)?

把閃電裝在瓶子裡

在 1743 年訪問波士頓期間,一位名叫富蘭克林(Benjamin Franklin,1706-90)的三十七歲報紙出版商兼印刷商,目睹了愛丁堡電工史賓塞(Adam Spencer)「水平懸掛的男孩臉上和手上發出的火花」之展演,雖然他後來以美國最偉大的政治家而聞名,但這火花男孩的表演卻點燃他對電的終生迷戀,以及探索電力奧祕的決心。

富蘭克林在自己家裡進行了幾年的實驗後,於 1750 年寫了封信給倫敦皇家學會,提出帶電物體要不是具有過量(帶正電)或已耗盡(帶負電)的電力流體,要不就是中性而不帶電。富蘭克林還說,任何電力流體的不平衡(如懸掛男孩的表演)都會形成電流,甚至引起火花。而他更令人驚訝的說法是,「閃電」也是電的一種形式,本質上是由雲層和地面間的電力不平衡所引起的巨大火花。

1752 年 6 月,富蘭克林在一個暴風雨夜晚,在費城當地著手證明他的理論。他和兒子把鑰匙掛在風箏繩上,繩子另一端則繫在萊頓瓶上。兩人拉著繩子把風箏放入暴風雲中,希望能把閃電的電流引到萊頓瓶裡。很幸運地,他們沒有成功,因為如果他們成功了,富蘭克林和兒子都會遭到電殛而亡,美國歷史的演進可能就會完全改觀。不過,儘管富蘭克林沒有捕捉到閃電,但他「觀察到風箏繩上有一些鬆散的線絲直立,並彼此排斥分開,就像被懸掛在一根共有的導電體上」。看來,只靠雲的間接電流就足以使風箏和導線帶電,這些帶電纖維會排斥風箏,就像用萊頓瓶充電的情況一樣。因此富蘭克林證明了幾千年來被認為是由眾神射出的閃電,

只是另一種形式的電。德國哲學家康德（Immanuel Kant）稱富蘭克林為「新的普羅米修斯」，英國化學家普利斯特里（Joseph Priestley）將這場風箏實驗描述為「可能是自牛頓爵士時代以來，整個哲學領域最偉大的貢獻……」，並認為富蘭克林是「現代電力之父」。[12]

生命是由電驅動的嗎？

就在風箏實驗的幾年前，也就是 1746 年時，沉浸在活力論傳統當中的英國博物學家透納（Robert Turner），出版了《電學：或關於電的論述（根據以太原理探究其性質、原因、特性和影響）》一書。該書雖然對各種神祕理論進行了漫無邊際的描述，但當作者說電鰻的衝擊是一種電擊時，已明顯與傳統看法不同。對透納來說，這種說法並沒有減損生命的神奇，因為他相信電是一種神奇魔力。不過透納確實說明了這種動物的魔力可以用萊頓瓶加以捕捉。

沃爾什上校（John Walsh，1726-95）是被派往印度的英國軍官、科學家兼外交官，他對動物電力進行了更廣泛的研究，讓電力逐漸廣為人知。1772 年當選為皇家學會會員後，他被介紹給富蘭克林，兩人一起提出一個計畫，富蘭克林把該計畫描述為「探索觸碰電鰻的震撼是否是由電力造成……」。那年稍晚，沃爾什前往法國的拉羅謝爾，招募當地漁民協助獲取地中海的電鰻標本。他先說服這些人使用萊頓瓶震撼一下，結果漁民回答「效果確實跟電鰻完全相同」。也許是為了向諾萊致敬，沃爾什公開展示了這項實驗，證明電鰻帶來的震撼就像萊頓瓶的電力一樣，可以透過「人鏈」來傳遞。接著，他寫信給富蘭克林，告訴他「電鰻的影響似乎完全來自於電力」，也就是「動物電」的一個範例。

沃爾什的實驗似乎證明了電鰻的震撼是電的一種形式，但電是否像特納在書中提出的，能使所有生物的「生命力」發揮基本作用呢？1786

年4月26日晚上八點半，波隆那大學的解剖學家兼醫師賈法尼（Luigi Galvani，1737-98）走進波吉宮（Palazzo Poggi）的花園，手裡拿著一組解剖過的青蛙腿和連接在黃銅鉤上的青蛙脊髓。他把鉤子掛在圍繞花園的鐵欄杆上，然後就像三十多年前的富蘭克林一樣，等待暴風雨的來臨。當風暴來臨時，賈法尼興奮地目睹被肢解的青蛙腿，似乎在花園的鐵欄杆上恢復生機，出現了收縮和抽搐的怪異景象。

賈法尼的實驗正是瑪麗雪萊的哥德式經典小說《科學怪人》（*Frankenstein*）的靈感來源。賈法尼受到大約十年前的一次偶然觀察所啟發，他當時正在解剖青蛙，他的助手啟動一台機器後，產生了放電火花。當時助手正好把刀伸向青蛙被解剖處，火花立刻從刀片傳到青蛙臀部的坐骨神經。賈法尼和助手親眼看到青蛙的腿抽搐，他們都嚇了一跳。賈法尼用手術刀再戳蛙腿一下，確認青蛙確實已死，但牠的腿卻彷彿不肯認命一樣。古羅馬醫師蓋倫提出過神經是生命精神的管道，賈法尼現在想知道這些重要的生命精神是否來自於電力？

普魯士電工

前面提過的洪堡德，1769年出生在柏林一個富裕的普魯士家庭。他九歲時父親去世，洪堡德和哥哥威廉被交由與他們感情疏遠且個性專橫的母親伊麗莎白（Maria Elisabeth）照顧。

洪堡德從小就對大自然著迷，喜歡收集和研究小動物、貝殼、植物、化石或各種岩石，因此被大家戲稱為「小藥劑師」。隨著年齡增長，他對「生命力是精神性的還是機械性的」這個重大科學問題產生興趣。他的夢想是學習自然科學，但母親對兩個兒子的未來想法沒有太多想像，只希望他們能在普魯士公務員系統中從事受人尊敬的職業，因此洪堡德被送到漢堡學習商業。然而，他並不喜歡這種學習方式，最終說服母親允許他追求

自己在地質學上的興趣,並到弗萊貝格學院學習,成為一位同樣受人尊敬的採礦工程師。

洪堡德很快就在他的職涯中取得進展。他參觀了萊茵河沿岸的礦山後,寫了一本關於礦山地質的書籍,還另寫了一本他發現潛伏在潮濕黑暗裂縫中的奇怪黴菌和海綿狀植物的書。他對礦工的生活和工作條件深感同情,於是發明了礦工面具和頭燈來提高他們的工作安全。他還為礦工編寫了一本地質教科書,甚至為礦工的孩子們籌設了一所學校。

1792年秋,洪堡德在訪問維也納期間得知賈法尼的實驗,開始著迷於「生命力來自於電」的可能性。他以萊頓瓶複製了賈法尼的青蛙肌肉實驗,對青蛙、蜥蜴和昆蟲進行了電擊和解剖。他甚至在自己的手臂上切開傷口,用酸擦拭後,放入金屬和電線戳刺自己的肌肉。在一項更魯莽的實驗裡,他把一個鋅電極放入自己嘴裡,再將一個銀電極放入直腸。當他用電線將兩者與萊頓瓶連接時,肚子立刻疼痛起來。他還說「把銀更深入地插入直腸後,兩眼會出現明亮的光芒……」。[13]

幸運的是,洪堡德在如此嚴苛的自我實驗中倖存下來。他在1794年拜訪了他的兄弟威廉,威廉與妻子卡羅琳住在耶拿鎮,而耶拿鎮當時是薩克森─威瑪公國的文化中心,靠近德國文化巨人歌德(Johann Wolfgang von Goethe)的故鄉。威廉和卡羅琳剛好是歌德朋友圈裡的成員,因此他們向洪堡德介紹了這位偉大詩人。

圖26:亞歷山大・馮・洪堡德的肖像。

此時的歌德已上年紀,不再是那種贏得並傷透許多人心的「阿多尼斯式」(Adonis)[*]人物,而是有點陰沉肥胖的中年人。然而洪堡德這位對自然一切事物充滿迷戀的年輕普魯士人到來後,重燃了歌德年輕時懷抱的熱情,尤其是對自然科學的熱情。兩人經常花上好幾個小時討論他們平日遇到的議題,包括活力論者和機械論者之間關於生命本質的衝突。[14]他們也會一起進行實驗,解剖青蛙並觀察牠們被電線戳到時腿如何抽搐。他們甚至還檢查過被閃電擊斃的一對夫婦的屍體。歌德的浪漫主義本質上是復興的基督教人文主義,但他對自然的熱愛凌駕了對人性的崇拜,對洪堡德的科學和人生哲學產生長遠的影響。

洪堡德在 1790 年前往倫敦,遇到了在庫克船長[†]的南太平洋發現之旅中隨船的植物學家班克斯(Joseph Banks)。班克斯的冒險故事以及他所收藏的動植物,讓洪堡德決心成為探險家。然而直到 1796 年母親因癌症去世之前,她對兒子的平凡期望,一直阻礙著洪堡德的雄心壯志。最後這對兄弟都沒有參加母親的葬禮,而母親去世還不到一個月,洪堡德便辭去採礦檢查員的職務,開始從事博物學家、地理學家、地質學家兼探險家的新職業。

1799 年,他獲得西班牙王室對「西班牙美洲」的探索許可,便在 1799 年 6 月 5 日與法國植物學家邦普蘭一起搭乘皮薩羅號,啟航前往拉丁美洲,並於 7 月 16 日抵達委內瑞拉的庫馬納。在前往內陸之前,他們先花了幾個月的時間探索沿海地區,想要探索奧里諾科河是否真如傳言所說最後會匯入亞馬遜河。經過幾週的艱苦跋涉,他們穿越了廣闊單調的平原和所謂的亞諾斯「燃燒平原」,最後抵達卡拉博索鎮。他們在那裡意外遇到

---

[*] 希臘神話中掌管每年植物重生的神,長相俊美,極受婦女崇拜。
[†] 詹姆斯庫克(James Cook,1728-1779)船長是英國探險家、航海家兼地圖繪製者,以三次遠航太平洋而聞名。

一位志同道合的「靈魂伴侶」，這人製造了「一台帶有大片板子、電氣盤（一種產生靜電的裝置）、電池和靜電計的裝置，幾乎跟歐洲第一批科學家所擁有的完整設備一樣」。這些設備是由一位名叫做德爾波佐（Carlos del Pozo）的男士所製造，他是「一位令人尊敬的聰明人」，只依據別人的描述便組合出同樣的設備，而這些他人的描述主要來自富蘭克林的回憶錄。德爾波佐非常高興見到洪堡德和邦普蘭，尤其他們隨船帶來地球上最先進的電子儀器。事實上，當他「第一次看到不是由他製作、而像是從他自己的設備複製出來的機器時，幾乎無法抑制自己的喜悅」。

不過他們到卡拉博索的目的並不是要認識令人愉快的電工，而是來此尋找電鰻。在本章開頭描述的當地人用馬釣鰻魚的方法，讓兩位歐洲探險家捕獲了五條活電鰻，但過程並非毫無意外。洪堡德描述他不小心踩到一條活鰻，鰻魚的震撼立刻帶來「疼痛和麻木……一種相當暴力的感受……在當天後來的過程裡，我的膝蓋和幾乎所有關節都劇烈疼痛」。

洪堡德和邦普蘭證實就像電一樣，鰻魚造成的電擊可以透過金屬傳導，而不能透過密封蠟傳導。當邦普蘭和洪堡德牽著手時，電也可以穿過他們的身軀。更有趣的是，洪堡德發現鰻魚竟能控制和引導牠們的電擊，例如當兩人中的一人握住鰻魚頭部，另一人握住尾巴時，通常只會有一人會受到電擊，而且電擊可以傳遞給任一端。這些實驗使洪堡德確信，動物電本質上與「由萊頓瓶或伏打堆[*]充電的導體電流」相同，但動物能控制電。

後來洪堡德又花了四年時間在拉丁美洲旅行，最後以傳奇的方式，登上坐落於安第斯山脈上的雄偉的欽博拉索山（Chimborazo）[†]。他和邦普蘭進行了有史以來第一次系統性的生物地理學研究，記錄了這座山上的植

---

* 又稱伏打電堆，是最早可以連續提供電流的化學電池。

† 當地一座死火山。

物，範圍從山腳下的熱帶雨林一直到攀附在岩石上的地衣。他定期發送報告到歐洲期刊上發表，並將數千種動植物標本運到柏林或倫敦的約瑟夫班克斯，以確保自己返回歐洲時，會是那時代最有名望的科學家。

不過直到1808年，洪堡德才發表他對電鰻的觀察結果，當時的爭論已從鰻魚的電擊是否是電的問題，轉移到更普遍的動物電作用（若真的有動物電的話）。最後也最重要的是，洪堡德和他的兄弟威廉在1811年創立了世界知名的柏林洪堡大學（Humboldt University）。1836年，該大學招募了傑出的年輕醫生兼生理學家杜布瓦－雷蒙（Emil du Bois-Reymond）。雷蒙設計了稱為「電流計」的儀器，其靈敏度足以檢測沿神經傳播的微弱電流訊號。在會讓人留下深刻印象的格雷式戲劇化公開演示中，雷蒙做出只要收縮手臂，就能讓電流計指針跳動的展示。[15] 他認為古羅馬蓋倫所說的動物精神，亦即沿著神經傳播以提供動物運動的「生命力」，最終被證明與電鰩的震撼力、琥珀的吸引力和閃電的破壞力，是同樣的一種力量。因此就動物的運動而言，「生命的精神力」已被證明是不必要的實體。

身體的電

若有任何東西能代表生命的重要精神，那就是「電」，因為幾乎在生命的每個層面，都以某種形式依賴於電。除了傳輸神經訊號和刺激肌肉收縮外，電在每個活細胞內都有極重要的作用。電可以將生物分子折疊，而形成蛋白質、酶、細胞膜、DNA、糖或脂肪所需的特定形狀，並且可以驅動細胞複製、運動、修復、光合作用、新陳代謝、視覺、聽覺、味覺或嗅覺等。訊號會以帶電粒子波的形式，流進和流出神經細胞，並沿著神經傳播。在細胞內，是由被兩層膜包覆、被稱為「粒線體」的胞器裡的奈米級發電機來產生能量，為人體所有細胞提供動力。細菌可以透過沿著奈米線

傳遞的電子訊號進行交流[16]，而生物電訊號也可以指導胚胎的發育。[17]

洪堡德於 1835 年去世，大約是雷蒙發明電流計測量和證明電與神經之間聯繫的前一年。洪堡德的最後一部作品耗時二十七年，是一部五卷巨著《宇宙》（*Cosmos*），光是索引就多達一千頁。這本書等於是一場結合地理學、人類學、生物學、地質學、天文學、化學和物理學全面但漫無邊際的嘗試。自亞里斯多德以來，沒有人嘗試過類似的人類知識「大整合」。在這部巨著中，洪堡德敦促人類「努力瞭解遍及宇宙生命力的法則和統一原則」。生命力雖然依舊存在，但在洪堡德最後的智慧整合中，已把神祕主義抽離，並反過來期待那種我們在本書稍後將會探索的物理學上的統一與綜合。

雖然許多科學家承認「遍及宇宙生命力的法則和統一原則」可能確實解釋了生命的機制，但沒人知道如何使用這些相同的法則和原則，來解釋巨大的多樣性和複雜性。即使最頑固的機械論者，也無法對單一物種的起源提出任何機械論式的解釋，更不用說像洪堡德這樣的博物學家每年就能發現幾千種物種。正如美國詩人基爾默（Joyce Kilmer，1886-1918）所感嘆的：

詩是由我這樣的傻子所作
但只有上帝能造出一棵樹

打破這種說法，便是科學簡化的下一個大挑戰。

14
生命的重要方向

「天擇」理論本身極其簡單，它所依據的事實雖然數量過多，範圍也擴展到整個有機世界，但仍可分為幾個簡單易懂的類別。
——華萊士，1889 年[1]

大自然的需求會讓動物身體的各個部位，依據整體健康而妥善安排。例如鋒利的門牙方便於切開食物，扁平的臼齒善於磨碎食物……因此，這些身體部位並不是因用途而出現。相反地，是因為它們的出現，才讓動物可以存活下來。原因便是如此……這些身體部位是在偶然間擁有保護動物的用途。
——奧坎的威廉，約 1320 年[2]

1858 年 6 月 16 日，一封信寄到位於肯特郡唐恩村外約半英里處的達爾文家。這是寫給四十九歲著名博物學家達爾文的信。達爾文的名聲主要來自他那些大受歡迎的暢銷書，其中最廣為人知的一本是十九年前出版的《小獵犬號之旅》（The Voyage of the Beagle）。達爾文不僅在書中描述了他

在這艘著名船上的航行始末,還描述了他在南大西洋、太平洋和印度洋為期五年的探險中遇到種類繁多的動植物。而在當時讓這位年輕博物學家留下深刻印象和困惑的部分,就是在他探索的每個島嶼上都居住著特有的獨特物種群。他在書中寫到:

> 最先吸引我注意的是,將這些嘲鶇(反舌鳥)放在一起做比較後……我驚訝地發現,來自查爾斯島的所有嘲鶇都屬於同一物種(Mimus trifasciatus);來自阿爾伯馬爾島的嘲鶇則屬於另一種(Mimus parvulus);而來自詹姆斯和查塔姆群島的嘲鶇……又是另一種(Mimus melanotis)。

為什麼地理位置相近的島嶼都有自己的獨特物種呢?

當然,創造論者有現成的答案:上帝選擇以這種方式創造世界。然而到了19世紀,許多生物學家對於引用上帝的創造來解釋萬物,越來越無法感到滿足。將近兩個世紀以前,牛頓曾辯稱「上帝像鐘錶匠一樣被迫干預宇宙,並不時修補機制,以確保宇宙能繼續以良好狀態運行」。然而,上帝真的會細心修補居住在群島中每個小島上的每隻嘲鶇或雀類,讓牠們之間有極細微的差異嗎?看起來很像一種病態「偏執」的沉迷。

達爾文從小獵犬號航行歸來後,就一直在思考物種起源之謎。他甚至在十六年前就草擬過自己理論的「大綱」。然而達爾文並未發表這些想法,因為他覺得必須先取得更多證據。因此在過去的二十年裡,他專注於研究蠕蟲或海岸線生物如藤壺等,或是檢查那些從「野外博物學家」處取得的標本。這些通常被稱為「飛人」(fly-men)的人,會到世界各地的森林、叢林、沼澤、大草原和沙漠中,搜尋並取得最奇特稀有的動植物,然後將它們打包出售給博物館和有錢的自然主義者。

1858 年 6 月送到達爾文家裡的這封信，就來自其中一位飛人華萊士（Alfred Russel Wallace）。達爾文聽過這名字。因為就在幾年前，華萊士曾寫信給他在倫敦的代理人史蒂文斯描述他最近的貨物。其中的「變種家鴨」，指名要交給達爾文先生。[3] 此外，在 1855 年，華萊士以飛人身分寫了一篇科學論文，題目是「控制新物種出現的定律」[4]（'On the Law which has regulated the Introduction of New Species'）。華萊士甚至曾寫信給達爾文，詢問他對自己論文中描述的理論看法如何，不過達爾文並未回覆。然而這篇論文和隨後的信件提醒了達爾文一件事，就是這位鮮為人知的飛人同樣也在思考物種的起源。

　　然而 1858 年送到達爾文家門口的這封信，與上一封信顯然不同，因為信中還附了一份手稿。當達爾文開始讀信時，頓時感到相當驚訝。信中首先引用了馬爾薩斯在 1798 年出版的「人口原理論文」（'Essay on the Principle of Population'），該論文指出物種的繁殖通常會超過可用資源的供應。華萊士繼續說「野生動物的生命是一場生存的鬥爭」，因此只有一小部分出生的動物有機會生存並繁殖。他還說「死掉的一定是最弱的……而那些得以延續生命的，只能是健康和活力充沛的最完美個體」。華萊士也討論了家畜飼養員如何人工選擇所需的馴養特質，如溫馴或肥碩，因而能將野狼變成家犬或將野豬變成飼豬。他還認為「生存競爭」同樣會作用於野生物種的自然變異，因而指出「最弱和最不完美的個體最後總是會輸」。最後，華萊士認為這種過程發生了幾千年，導致物種在演化上的變化以及新物種的穩定建立，因為每個物種都適應了當地環境。

　　華萊士解開了物種起源之謎。他在信件最後還要求達爾文，如果覺得這篇論文不錯的話，請將它轉交給英國最傑出的地質學家，也就是達爾文的好友萊爾（Charles Lyell）。

　　不難想像達爾文在翻閱華萊士手稿時，一定皺著眉頭、瞠目結舌。當

他回過神後，他果真寫信給他的朋友萊爾，並附上華萊士的論文。達爾文在信中承認：

> 你的預言果然實現了，我應該搶先一步說出來才是。……我從未見過比這更驚人的巧合。如果華萊士看過我在1842年就寫好的草稿，他應該無法寫出更好、更簡短的摘要！他使用的這些名詞，甚至是我在草稿上使用的章節標題。……所以不管我有多少原創性的想法，現在都沒用了。

他繼續說「我希望你也會認同華萊士的描述，並讓我代為轉達你的想法」。他也承諾會寫信給華萊士，並將他的論文轉交給一家科學期刊發表。

蝴蝶和甲蟲

華萊士出生於1823年，是家中九個孩子中的一個。他的母親瑪麗安妮來自赫特福的一個富裕家庭。根據華萊士的說法，他的父親在開始一系列災難性的商業冒險之前，日子「過得相當閒散」。但由於這些商業冒險，大部分的家族財富受到了損失。1816年，這個向下沉淪的家庭，被迫從倫敦的大房子搬到威爾斯邊境蒙茅斯郡的廉價住所，華萊士就在這裡出生。

華萊士五歲時，有位去世的親戚留給他們一筆遺產，讓他們得以搬到母親的家鄉赫特福，這個家庭的前景也變得光明。然而父親又一次災難性的商業冒險，讓家族的財富再次散盡，因此華萊士的父親不得不利用家裡唯一不斷成長的資源，也就是他的孩子們來掙錢。華萊士的哥哥們甫成年，就立刻成為各種行業的學徒，如測量員、木匠和行李箱製造商等。後

來全家人被迫搬到較小的房子居住，直到最後因房子太小，無法容納所有孩子，無奈之下華萊士被送到一所私立學校寄宿，他還必須在學校教導更年幼的男孩，以支付自己的學費。

最終在華萊士十四歲時，日益惡化的家庭財務狀況迫使他終止了正規教育。他被送到哥哥約翰那裡，開始在倫敦一家建築公司當學徒。這位做普通零工的男孩，每天的收入只有六便士。但令人高興的是，倫敦為華萊士提供了大量的免費機會，讓他有機會進行自我教育。他參觀了位於托特納姆法院路的大英圖書館、動物園和科學館（現為伯貝克學院），這座科學館是由富有的慈善家建立的七百所機械研究機構的其中一個，目的是希望能在勞動人口中推廣科學。華萊士在這裡第一次聽到威爾斯社會主義者兼合作運動聯合創始人歐文（Richard Owen）的演說，他的烏托邦社會主義和對既定宗教的懷疑主義，對於塑造華萊士的思想發揮了重要作用。因此華萊士後來曾說：「唯一有益的宗教是灌輸為人類服務的宗教，其唯一教條便是人類的兄弟情誼。」

1837 年，華萊士開始擔任測量師學徒，並在接下來的六年旅行全國各地，經常處理與「圍牆法」（General Enclosure Act）相關的索賠。這項法令讓許多農民的生活陷入窮困，因為官員把以前用來放牧的公共土地圍了起來。華萊士認為這根本是將「搶劫窮人」合法化。由於這項工作需要在鄉下大量奔走，點燃了華萊士對動物學、鳥類學、植物學和昆蟲學，尤其是甲蟲方面的終生興趣。

當華萊士的父親於 1843 年去世時，年僅二十歲的華萊士被迫放棄測量學徒生涯，開始從事他能找到的任何建築工作。在做了幾個月的散工後，他終於找到一個更符合興趣的職位，也就是在萊斯特郡擔任教師。華萊士在休息時參觀了當地圖書館，並在圖書館裡閱讀洪堡德的《個人敘述》、達爾文的《小獵犬號之旅》以及馬爾薩斯的《人口原理論文》。他

還遇到後來成為一輩子好友的貝茲（Henry Walter Bates），他是另一位自學成才的年輕人，同樣對甲蟲很有興趣。華萊士和貝茲定期前往萊斯特郡的鄉村，回程時捕蟲網裡會裝滿甲蟲、蝴蝶和其他昆蟲。接著兩人會將每個標本仔細裝訂在貝茲花園棚架內壁掛著的木板上。接下來的問題便是，必須用物種名稱來標記每個標本。兩人會仔細記錄翅膀顏色、紋路、大小等特徵。最重要的是，他們學會了如何區分某個物種內的自然變異特徵，以及分隔不同物種的變異特徵。正是這種練習過程，激發華萊士對 19 世紀生物學「關鍵問題」的興趣，亦即物種如何誕生？

圖 27：蝴蝶標本板。

木棍、石頭和物種起源

大多數在維多利亞時代思考過這問題的人,應該都認為地球上的所有物種,全都是在大約六千年前的「七天內」創造出來的。因此,對於維多利亞時代的普通人來說,植物和動物的多樣性一點都不神祕。而在奧坎的威廉時代,天體的運動也是一樣,因為自然界是由上帝的存在來加以解釋。上帝依照各自種類,創造出牛隻、野獸和爬行動物,以便讓人類「統治」。畢竟,祂是唯一強大到足以讓世界充滿數量如此眾多、種類也無比多樣的動植物和爬行動物的實體。

從許多方面看,聖經對於創造萬物的描述,其實是阿奎納神學科學的最後遺跡;而奧坎的威廉在六百年前就用剃刀將之砍除。阿奎納以亞里斯多德的哲學解釋聖經中的創世故事,將亞里斯多德的貓、狗和橡樹這類「目的因」,等同於牠們在上帝計畫中的設定角色。他還認為上帝已為每個物種配備了自己的「貓性、狗性、橡樹性」。所以「物種不變性」等於被雙重確定。奧坎對目的因和共性的砍除,破壞了這種哲學現實主義對「物種不變性」的主張。此外,從本章開頭的引文中我們可以看出,奧坎還認為牙齒在自然變異上的不同特徵,可能是偶然產生的,並因為「讓動物得以生存」而保留了下來。這是對「天擇理論」的一項清晰預測,但就跟許多其他理論一樣,它也被埋葬在啟蒙運動對所有中世紀事物的厭惡之下。由於影響如此之大,一直到了18世紀,瑞典現代分類學之父林奈(Carl Linnaeus,1707-78)還堅持認為「並沒有所謂新物種這種東西」。[5]

英國神職人員、博物學家兼哲學家裴利(William Paley,1743-1805)提出著名的「鐘錶匠類比」,以支持創造論對物種起源的需求。裴利認為牛頓、伽利略、波以耳或法拉第所描述的機械定律,無法產生像人眼這樣複雜的組織。為了說明他的觀點,他想像自己在穿過一片荒地時,偶然發

現了「地上有隻錶,此時應該問為何錶會出現在這裡?」他堅持「一定是在某個時刻,某個地方,存在過一個或一群工匠,為了讓我們在這裡發現的這目的而製作了這隻錶……」。佩利這種依靠智能設計的類比,引起有時被稱為「間隙之神」(god of the gaps)的說法,也就是把已知自然法則無法解釋的現象以「神」來做解釋。

然而 18 世紀早期的各種新發現,已將「間隙之神」逼到非常狹窄的角落。舉例來說,除了佩利想像地上的錶之外,我們也可能在他所說的地上發現非常類似動植物岩石。這些岩石有時被稱為「有花紋的石頭」,經常是被農民的犁挖出來,或是直接在海灘上被發現。其中有些石頭看起來很像樹枝,有些則類似樹葉、種子或骨頭碎片等。更令人費解的是,那些看起來像未知海洋生物的東西,例如多塞特*地區的農民經常發現巨大的圓盤狀石頭,其美麗的捲曲螺旋裝飾紋路,類似海洋軟體動物的殼,被農民稱為「蛇石」(圖 28),也有人稱之為「切德沃斯麵包」(Chedworth Buns,麵包外型極像菊石),外殼很對稱地分成五個部分,看起來就像石化後的海膽。[6] 這些埋在遠離大海的田野下很像已知或未知海洋生物的石化屍體,到底是什麼?

17 世紀的標準解釋是:花紋石是上帝的獨立創造物;祂把這些石頭放在地球上,是出於祂自己的神祕原因,也許是作為創造有血有肉的生物之前某種轉型過程的產物,也或者只是用來提醒人類,祂有無所不能的力量。然而,依然很難解釋它們的分布位置,例如為何這些石頭大量出現在牛津郡或多塞特郡,而在達特穆爾或威爾士山丘上卻找不到?為什麼上帝會為多塞特郡的男人和女人提供這些刻著美麗紋路的石頭,而不為北威爾士的男人和女人提供呢?[7]

---

* 英國英格蘭西南部的郡。

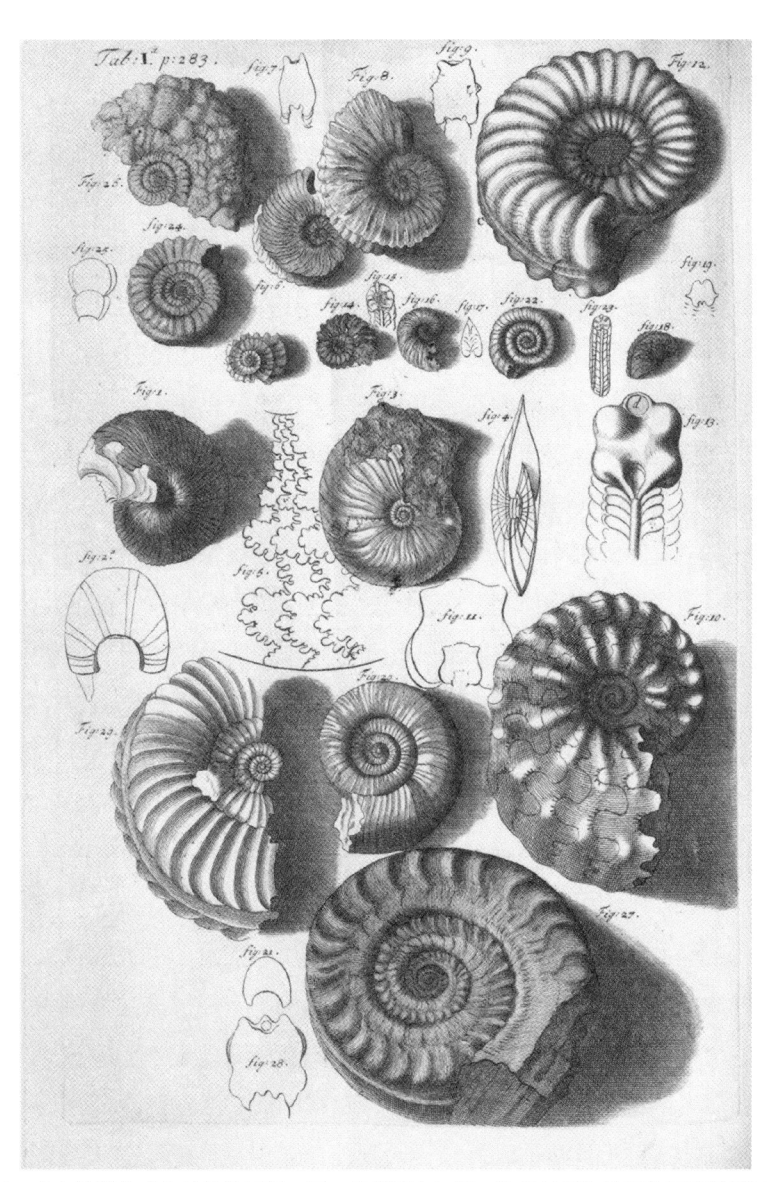

圖 28：虎克繪製的「有花紋的石頭」圖。我們現在知道，這些被稱為蛇石的石頭是菊石的化石（圖片來自「虎克和沃勒的化石圖」，皇家學會筆記和紀錄，卷 67、頁 123-38，楠川幸子教授提供，2013 版）。

某些科學家採取更激進的觀點。虎克在1665年出版的《顯微術》（*Micrographia*）一書中，不僅描述了活體標本的微觀結構，也描述了這些有花紋石，並驚訝地發現它們不僅在肉眼下看起來像活體標本，在他的顯微鏡下看起來也是如此。因此他認為這些花紋石原本就長這樣，亦即它們應該就是動物和植物的石化遺骸。儘管這種觀點最初受到很多質疑，但他的想法慢慢獲得支持，因為許多標本都可看出明顯跡象，也就是看起來很像是直接被壓碎和肢解的「殘骸」。這些破壞狀態下的石頭，跟上帝以無所不能的力量「創造」給人類的東西，似乎無法聯想在一起。

在又發現屬於科學上「未知生物」的花紋石後，創造論者面臨到另一個問題。1811年，業餘花紋石收藏家瑪麗安寧（Mary Anning）[8]，發現多塞特懸崖上突出一根十七英尺長的石化海洋生物骨架。上帝創造石化魚龍時，心裡到底打算創造什麼？在海峽對岸的法國動物學家居維葉（Georges Cuvier，1769-1832），也挖掘出一些顯然是未知陸地動物化石的骨頭，例如乳齒象、猛獁象、巨型地懶和翼手龍等，並認為牠們是已滅絕生物的遺骸。到了19世紀初，大多數博物學家都相信虎克的觀點是對的。在1830年出版的一本極具影響力的《地質學原理》書中，偉大的英國地質學家，也是達爾文的朋友萊爾，接受了化石是「已滅絕植物和動物遺骸」的論點。

「滅絕」對於以人為中心的上帝創造故事，提出了重大挑戰：為什麼上帝創造動物，並讓人類擁有動物的「統治權」，但後來又將這些動物消滅了呢？一些創造論者認為這些石頭化石的有血有肉版本，應該還存活在偏遠和無人地區。然而，就算諸如魚龍這樣的海洋生物可能還存活著，可當成薄弱的案例證據，但因為沒人看過任何翼手龍飛越天空，因此這種說法難以讓人信服。一切正如年輕的華萊士在閱讀一篇根據聖經創造論對動物和化石進行分類的論文時所觀察到的：「科學界試圖將科學與聖經加以

調和,將會把科學引向何等荒謬的理論⋯⋯」。[9]

隨著化石性質引起辯論後,人們也開始懷疑創造論的另一個核心原則,亦即「物種不變性」。法國貴族兼解剖學家布豐伯爵勒克萊爾(George-Louis Leclerc, Comte de Buffon, 1707-88),注意到某些動物身上有退化的器官,例如豬身上無用的側腳趾骨。布豐的疑問是:為何上帝會為動物裝上無用的身體部位?他認為具退化肢的動物,比較可能是從一個相關物種的後代演化而來,而這個物種現在可能已經滅絕,後代所留下的退化殘肢過去曾經具有功能。

布豐後來被聘為巴黎皇家植物園園長,雇用並指導了法國博物學家拉馬克(Jean-Baptiste Lamarck,1744-1829)。拉馬克在 1809 年,即華萊士那封信抵達達爾文家之前五十年,出版了他的著作《動物學哲學》(*Philosophie Zoologique*),認為所有物種都是透過繼承獲得的特徵而演化。他所提最出名的例子便是羚羊為了食用樹上最高處的樹葉而伸展脖子,然後把伸展脖子的後天特徵遺傳給後代,後代又繼續努力吃那些難以搆及的葉子,如此不斷地把這項特徵傳給後代,直到最後長頸鹿誕生。

大多數科學家對此抱持懷疑態度,因為後天特徵似乎不太可能遺傳,例如「鐵匠的錘臂」就是一個反例。鐵匠的手臂往往不對稱,負責用力的那隻錘臂,會比非錘臂的肌肉更發達。然而鐵匠的孩子並不會繼承這種雙臂的不對稱,除非他們長大後也成為鐵匠。然而儘管如此,直到 19 世紀中葉,都沒有人能提出更好的物種起源理論。1836 年,當英國天文學家和哲學家赫歇爾(John Herschel)寫信給達爾文的朋友萊爾,詢問他對「神奇的奧祕,亦即其他物種取代已滅絕物種」的看法時,萊爾回答說上帝創造的每個物種,都在地質時期不斷創造的過程中,努力適應地所在的環境。[10]換言之,萊爾提出的是一種漸進主義式的創造。

物種起源問題是相當熱門的話題,即使是華萊士所處的科學貧乏區萊

斯特郡亦是如此。1840年代，當華萊士和貝茲在木板釘上甲蟲標本之餘，他們也經常討論布豐、拉馬克、洪堡德、萊爾或達爾文的發現和想法。兩人逐漸形成一種共識，打算共同尋求物種起源問題的解決方案。

亞馬遜的一場惡作劇

1845年，華萊士接到哥哥威廉死於肺炎的消息，不得不先將自己的雄心壯志暫時擱置一旁。由於他的五個兄弟姐妹皆已過世，華萊士被迫擔當起一家之主和養家糊口重責大任。他辭去教學工作，再次為了高薪回頭擔任測量師。

在接下來兩年裡，華萊士與一群工程師和鐵路工人一起工作，勘察各地鄉村，尋找適合興建鐵路的土地。他也繼續與貝茲通信，討論自然史中的最新發現，以及他們打算成為博物學家的決心。1847年，華萊士存到一百英鎊，他認為這是一筆不小的財富（巧合的是就在同一年，達爾文繼承了四萬英鎊，這是他從家族財產中分到的份額）。於是1847年秋，華萊士寫信給貝茲，提出一個計畫。他們將追隨洪堡德或達爾文的足跡環遊世界，並以野外生物學家，即「飛人」的身分來謀生。華萊士明確表達了自己的雄心壯志，要對「某個或某些植物或動物家族進行徹底研究，以此得出物種起源的理論」。[11]

為了做好準備，他倆先在倫敦會面。與洪堡德不同的是，他們不夠富有到可以資助自己的探險，也不像達爾文擁有廣大人脈，可免費搭乘皇家海軍艦艇。在兩人參觀大英博物館並與蝴蝶館館長杜布勒戴（Edward Doubleday）見面後，杜布勒戴建議他們去到巴西北部人跡稀少的地區，認為那裡比較可能找到稀有珍貴的標本。後來他們來到邱園，見到虎克爵士，虎克幫他們寫了一封介紹信，並將一份稀有棕櫚樹的願望清單交給他們。他們甚至找到代理動植物交易、同樣也是自然史愛好者的史蒂文斯

（Samuel Stevens），他才剛成立了一家自然史機構。最後，兩人把剩下的錢拿出來購買船票，追隨心目中的英雄洪堡德的腳步，啟航前往南美洲。

當他們航行到巴西沙利納斯時，華萊士難忘他對熱帶地區的第一印象，也就是開往亞馬遜盆地入口的帕拉港船隻引航站，他描述自己看到「一條長長的森林，就像從水裡升起一樣」。他們在1848年5月26日下船，走進一個「有各種膚色人的小鎮……從白色到黃色、棕色和黑色的黑人、印度人、巴西人和歐洲人，以及混血的人……」他們在吵雜的猴叫聲旁吃早餐，然後走出小鎮，進入森林。「細長的木質藤本植物在樹上掛成花環，或是懸吊成繩索或絲帶狀。頭頂上繁茂的爬藤植物沿著樹枝、樹幹、屋頂和牆壁攀爬，倒吊在茂密的樹葉上。」進入森林後，他們遇到了鱷魚、吸血蝙蝠、大黃蜂和許多會咬人的昆蟲，迫使他們必須在寬邊帽掛上網罩來保護頭部。在第一次進入叢林的探險中，他們成功射下、網羅與收集到三千六百三十五種昆蟲、鳥類和植物標本，其中許多都是科學上定義的新標本。他們把標本保存好，包裝並運回英格蘭的史蒂文斯。

在一起工作九個月後，華萊士和貝茲想說若兩人分頭進行，一定會更有效率。於是華萊士搭船前往亞馬遜的支流里約內格羅河，甚至抵達洪堡德在委內瑞拉旅行的最南端；貝茲則探索了蘇里摩希河流域。華萊士持續收集標本，並運用他過去測量員的訓練，繪製了亞馬遜河流域大部分未開發地區的地圖。華萊士乘獨木舟逆流而上時，遇到了亞馬遜當地部落的人，他們向他講述美洲豹、美洲獅、凶猛野豬、有尾巴的野人，以及可怕的森林惡魔庫魯普里（curupuri，巴西民間傳說中的神話生物）的森林故事。與當地人的接觸，讓他後來對當地文化和習俗生出迷戀和尊重，甚至發展出他「對文明生活的強烈憎惡」。

1849年，華萊士寫信給家人，建議弟弟赫伯特加入他的行列。赫伯特與另一位年輕探險家、植物學家斯普魯斯（Richard Spruce）一起抵達了該

圖 29：《亞馬遜河上的博物學家》（1863 年）的卷首畫，貝茲與「捲毛巨嘴鳥的冒險」。

地。在接下來兩年裡，三人對亞馬遜的動植物進行了大量採集。1851年，赫伯特在帕拉感染黃熱病意外過去。華萊士也經歷一連串的發燒與疼痛症狀，很可能是感染了瘧疾。最後雖然康復，華萊士卻覺得身體虛弱、心情沮喪。儘管貝茲打算在亞馬遜繼續待上六年，華萊士卻認為自己該返回英國了。

1852年7月，華萊士回到帕爾，把最後一個標本裝入箱內，連同一群活著的鳥、猴和一隻野犬，裝上開往英國的海倫號帆船。兩天後，就在早餐用畢時，船長衝進華萊士的艙房，緊張地說：「船好像失火了，你打算怎麼辦？」華萊士只來得及在他和其他船員被迫棄船搭乘救生艇逃走之前，帶走日記和幾張亞馬遜魚類的鉛筆素描稿。接著華萊士驚恐地看著所有的珍貴標本在大火中化為灰燼。受到驚嚇的動物不是在火中被燒死，就是隨船一起沉沒淹死，只剩下一隻鸚鵡落入海中，被救生艇救起。

經過十天的漂流，華萊士的臉和手都被太陽曬出水泡，救生艇上的食物和水的供應量逐漸變少（我們不知道鸚鵡有沒有活下來）。幸運的是，他們被一艘緩慢駛向英格蘭的重型雙桅船喬德森號的船員發現。這艘老船的平均航速只有兩三節，因此在海上航行了八十天後，他們才在肯特郡的迪爾下船。華萊士在當地與兩位船長因獲救而愉快地共進晚餐，當他聽說他的交易代理人史蒂文斯為他的貨物投保兩百英鎊時，他簡直高興得快要死掉。這位可靠的代理人還安排出版華萊士幾封描述觀察結果的信件，並公開展示出售華萊士先前運到英國的許多標本。因此當華萊士抵達倫敦時，已從默默無聞變成一位具有中等知名度的收藏家，也算是個受人尊敬的博物學家。

由於口袋裡有兩百英鎊，華萊士立即制定新的探險計畫，這次他選擇向東走。1854年3月，華萊士啟程前往馬來群島，並於該年4月抵達新加坡。四年後他才把那封著名的信寄給達爾文。

生命受到限制的歷史：砂勞越定律

在旅程的前三個月，華萊士把全部時間都花在探索和收集新加坡的動植物標本。接著他在 1854 年 11 月 1 日抵達婆羅洲砂勞越省的古晉港，並在該地建立自己的基地。他在當地雇了一位名叫阿里的十五歲馬來男孩幫他煮飯，並協助他學習馬來語。阿里也是鳥類射擊專家和剝皮專家，因此在華萊士穿越群島的八年中，阿里一直伴隨華萊士身邊。

他們會從華萊士的基地出發，划著獨木舟沿砂勞越河和山都望河往上游走。上岸後，他和阿里會花上一整天的時間，射擊鳥類、捕捉蜥蜴並用捕蟲網抓昆蟲，然後再回到附近的達雅（Dyak）村落休息。他通常睡在茅草長屋裡，這種屋子的屋簷上裝飾著「縮頭」（縮小的人頭）。儘管有令人毛骨悚然的裝飾品，華萊士還是喜歡達雅長屋帶來的公共生活方式，他經常與兩百多位村民共享這種生活。最重要的是，達雅村周圍環繞著森林，看起來極似亞馬遜森林，卻充滿與亞馬遜物種完全不同、具有驚人多樣性的鳥類和昆蟲。華萊士逐漸看出一種模式，一個簡單的想法也開始在他腦中萌芽。1855 年，他在一篇題為「控制新物種出現的定律」的科學論文中寫下他的想法。他把論文寄給他的代理人，代理人又轉寄給科普雜誌《年鑑》和《自然歷史雜誌》，後者於當年稍晚刊出了這篇論文。

華萊士在這篇論文中（我認為應該被更廣泛認知為是「天擇」理論發展的關鍵），首先主張「在一個長久但未知的時期裡，地球表面經歷了連續的變化」。華萊士在此大致重申萊爾的《地質學原理》結論，以便為故事的其餘部分提供所需的長時間跨度。接下來，他利用化石紀錄的證據，宣稱「有機世界的現狀，顯然是由物種逐漸滅絕與創造的自然過程中得到的……」。請注意，儘管他使用了「創造」一詞，但他將「滅絕與創造」的過程稱為「自然過程」。華萊士顯然將他的論述落實在物種的創造機制上。接著，他整理了自然史上的九個「主要事實」，認為任何物種起源理

論,都必須能解釋這些事實。

華萊士的九個事實中有四個是屬於地理範疇的。前兩個地理事實指出,較廣泛分類群,如蝴蝶或哺乳動物,比起較狹窄的分類群,如某科或某屬的動物,有更廣泛的分布範圍。例如,**蝴蝶雖然遍布全球,但美麗的長翅蝶或釉蛺蝶屬家族,分布範圍僅限於北美和南美洲**;而且特定種類的釉蛺蝶屬往往還局限在某些森林地區。華萊士的第三個地理事實是:密切相關的物種或群體,往往會棲息在相近的土地上。最後一個地理事實則是:當相似的氣候「被廣闊的海洋或高山分隔」時,在山的這一側發現的科、屬和種,與山另一側物種的科、屬和種密切相關。他用自己對馬六甲、爪哇、蘇門答臘和婆羅洲等島嶼的觀察,說明了這個事實——達爾文也注意到這一點,因為阻隔這些島嶼的只有狹窄的淺海。

華萊士之後又提供另外四個類似的事實,其中最引人注目的是,這些事實都是全新的,而且內容指涉的是「時間」上的距離而非「空間」上的距離。亦即根據化石紀錄,他認為較小的分類群如菊石,與較大的分類群如軟體動物相較起來,在化石紀錄中的時間分布範圍更為狹窄。此外,「在同一地質時期出現的同一屬單一或多個物種,會比在時間上有明顯區隔的物種更加緊密關聯」。例如在地質紀錄中,更密切相關的菊石物種會聚集在相鄰的地層中,而關係較遠的物種則會分得更開。第九個也是最後一個事實,是在地質紀錄中沒有任何物種或群體曾出現超過一次。換言之,「沒有一個群體或物種,會在地質紀錄中出現兩次」。

而對生物學來說更具革命性的,是華萊士設法將這九個事實彙整成一個簡單的提案或說「定律」,這是現代生物學的第一個定律,也是我們現在所知、華萊士在他的「砂勞越定律」中提出的「每個物種在空間和時間上都與密切相關的物種重合」。這個定律對今天的我們來說可能理所當然,因此很難理解它在 19 世紀時空下的獨創性。例如我們都知道人類和

黑猩猩是在非洲出現的「近緣物種」，人類和蝴蝶則是親緣關係較遠的物種，因為牠們在更久遠的時間與地點便從我們的共同祖先分開了。然而在 1855 年，華萊士的「砂勞越定律」讓大多數博物學家感到震驚，因為他們在不久前都還認為黑猩猩、蝴蝶和所有居住在地球上的生物，都是在大約六千年前的同一週，由上帝在同一個地點創造出來的。

　　我們已經討論過定律的重要性，從布里丹定律到克卜勒定律、波以耳定律或牛頓定律，都是對廣泛現象的最簡約描述，並且可以充當預測的基礎。華萊士的「砂勞越定律」也不例外。首先，它簡單方便，本質上將華萊士的九個事實與對自然史的大量觀察濃縮為一個句子。就像早期日心說之所以簡約，就是把過往的任意觀察變成定律使然。華萊士認為：

> 「砂勞越定律」優於過往的假設，理由是它不僅可以解釋，也讓已存在的東西成為必然的存在。儘管自然界中有許多最重要的事實可能來自其他原因，但一切都必須從它開始推論，就像從萬有引力定律得出行星的橢圓形軌道一樣。

　　有了華萊士的「砂勞越定律」，奧坎的剃刀在生物學也找到用武之地，自然世界瞬間簡單了好幾個層次。
　　然而幾乎沒有人注意到以下這件事。

中看卻不中用

　　在華萊士把砂勞越論文寄給他的代理人後，他還計畫跟進一個更重要的項目。在寫給貝茲的信中，他透露「那篇論文只是宣布理論，而非完整內容。我已經準備一項範圍更廣的書面工作計畫，涵蓋這項主題的所有方向，致力於證明我在論文中指出的內容」。[12]

出於顯而易見的原因，華萊士規劃的「大量工作」並未完成；總結來說，因為他的砂勞越論文被「忽視」了。他的代理人史蒂文斯甚至告訴他，很多客戶都認為他應該忠實當位飛人就好，理論則留給專業人士吧。不過，英格蘭最著名的地質學家萊爾確實讀完了華萊士的砂勞越論文，並且看出該論文反駁了他所偏愛的連續創造論。他在回應中爭辯說「有無數原因與過去、現在和未來有關，所以才導致新物種類似於那些已存在或最近才存在的物種」。[13] 萊爾所說的無數原因，等於憑空增加了「複雜性」。他還說，當上帝創造一個新物種時，已為牠的未來製訂計畫，這些計畫當然包括例如一個島嶼以後會一分為二。

然而，無論萊爾是否同意這些結論，他顯然對華萊士的論文印象深刻，並推薦給他的朋友達爾文。但達爾文似乎不感興趣，因為他在拿到的副本空白處寫了「一切都是祂創造出來的」，完全誤解了華萊士這篇論文的目的，亦即「物種逐漸滅絕與創造的自然過程」。達爾文的結論是這項工作「沒什麼新意」；然而這種不屑一顧的結論，卻與達爾文的另一條筆記相互矛盾。他在華萊士所寫「發生在同一地質時期的化石物種，比不同時期的化石物種更相似」的頁面上寫了「這是真的嗎？」[14]

一年後，也就是1856年4月，萊爾和他的妻子去到達爾文家，一起討論了華萊士的砂勞越論文。達爾文向萊爾說，華萊士曾寫信給他（該信已遺失）詢問他對砂勞越論文的看法，並向他抱怨自己對隨之而來的「沉默」感到失望。由於擔心達爾文的想法會被超前一步，萊爾敦促達爾文盡快發表他的理論。他後來說，當天他「與達爾文討論到關於天擇物種的形成，以及華萊士所說親緣物種的時期接近，還有每個地質時期的新物種相似……」。[15]

由於萊爾對華萊士的觀點大感興趣，讓達爾文決定要給華萊士回信，並向華萊士保證他的論文確實得到包括萊爾在內重要人士的閱讀與讚賞。

至於達爾文自己呢?他寫的是「我同意你論文中幾乎每個字的真實性」,他還說:

> 今夏,是我打開我第一本筆記的第二十個年頭了!這些筆記是關於物種和異種如何以及以何種方式彼此產生差異的紀錄——我正準備出版我的作品,但我認為這主題範圍過於龐大。雖然我寫好很多章節,但我不認為兩年內能順利出版。

達爾文的回信,是否是禮貌性地對華萊士說「請離我的想法遠一點」的通知呢?倘若果真是這樣,華萊士應該是忽略了或更可能是錯過了這些話。達爾文在信件結尾處,還要求華萊士為他取得任何可能「撞見」的家禽標本。

讓我們再回到馬來群島。華萊士從婆羅洲向南航行到峇里島,再向東航行到龍目島,穿過以強大水流和突然出現的漩渦聞名、危險的龍目海峽。華萊士乘坐一艘由爪哇船員駕駛的雙桅縱帆船,船員說「這座海峽相當飢渴,會大口吃掉任何可以捕獲的東西」。幸好當天的龍目海峽並不那麼飢渴,經過一段驚心動魄的旅程後,華萊士登上了龍目島海灘,開始四處探索。他很驚訝地發現,雖然龍目島位於峇里島以東二十英里,站在海岸邊甚至可以清楚看見對岸的人。不過,這兩座島卻有完全不同的生態系統。例如吸蜜鳥(honey-suckers)以及聲音刺耳的白鳳頭鸚鵡、食蜂鳥(bee-eaters)和笑翠鳥(kookaburras)等鳥類在澳洲很常見,但華萊士在群島西部並未發現。他在龍目島各地看到的物種,都與他所知的澳洲及其鄰近島嶼的特有物種相同或相關。因此,華萊士在無意之間發現了今日所謂的「華萊士線」(Wallace Line)。這條不連續的線直接穿過馬來西亞群島,從植物群和動物群(更明顯)的比較來看,群島北部和西部是亞洲物

種,東部和南部則是澳洲物種。這無疑是他所提出的自然史第四個事實最令人吃驚的證據,亦即「被大海或高山隔開」的地區,會發展出自己獨特的動植物群。

華萊士從龍目島展開冒險的航程,大約經過一千五百英里的海上航程後,抵達靠近巴布亞新幾內亞的阿魯群島。他搭的是當地人說的「普勞」（prau）,亦即一種有點像中國古代帆船的戎克船,一路上伴隨著飛魚和跳躍的海豚前進。抵達目的地後,波里尼西亞人精心雕刻的獨木舟以及飾有食火雞羽毛的頭飾等,都讓華萊士留下了深刻的印象。他很快就帶著槍和網子出發,並取得出航到現在為止最好的戰利品,亦即一隻壯麗的天堂鳥標本。這種色彩艷麗的稀有動物,只能在遠離人類的森林深處找到。因此他宣稱,這些證據「很肯定地告訴我們,所有生物都不是為了讓人類控制而誕生的」。

離開前,他先發表了一篇關於阿魯群島自然史的科學論文（好幾篇相關論文的第一篇）,接著航行到印尼蘇拉威西島的望加錫（Makassar）,然後向北進入摩鹿加（Moluccas）群島（傳說中的「香料群島」）。1858年1月,他在特爾納特島（Ternate）下船,並在靠近海灘和冒煙的火山陰影下租了間房子。這裡將是他未來三年的家和工作基地。

華萊士很快就出發探索附近地區。他雇了小船和船員,在將莫魯庫島分隔成南北兩半的多丁加灣登陸。他在那裡租了間小屋,經過幾次短暫而相當成功的步行探索後,他捉到幾隻不知名的昆蟲。不過此時他生病了,很可能感染了瘧疾,因而被迫回到他的小屋,休養了好幾個星期。當華萊士關在自己小屋裡休息時,他開始思考自他與貝茲收集甲蟲以來一直困擾著他的物種問題:奇妙的「物種多樣性」到底是如何產生的?他的砂勞越定律提供了一條線索,即相關物種會在相近的時空出現,但這種說法無法提供任何相關的預測機制。因此從意義上來看,這個定律比較接近克卜勒

的運動學定律，而非牛頓的因果定律。這塊遺失的拼圖便是「親緣相近的物種為何以及如何在同一地點、同一時間出現」？

由於華萊士的弟弟七年前死於類似的熱帶疾病，華萊士此時也考慮自己病死的可能性，轉而想起以前讀過的馬爾薩斯《人口原理論文》。從人口原理的論文及嚴謹的自然觀察中，他發現繁殖總會「超過」可用資源的份量，因而導致物種成長會不可避免地出現自然淘汰。他把這種概念與從所有已知物種中發現的廣泛變異結合起來，接著極重要的，他從在森林中看到的非凡自然實驗裡，理解到物種內部的自然變異是可以遺傳的。現在，謎底終於解開了。親緣相近的物種之所以同時出現在同一地方，是因為透過我們今天所知的「天擇」過程，也就是它們來自「同一祖先」。這成功解釋了砂勞越定律。這一次，華萊士真的發現了跟牛頓運動定律價值相當的「生物學」因果定律。

華萊士一退燒，就回到在特爾納特的家，三天內就以「論物種形成變種的趨勢，以及透過天擇使品種和物種永存」為題的論文，記下自己的想法。但是要把這篇論文寄給誰呢？他的第一個念頭是寄給他的代理人史蒂文斯，史蒂文斯一定會交給合適的期刊發表。不過達爾文告訴過他，萊爾覺得他的砂勞越論文非常有趣，這種認同讓華萊士打算投向更高的目標，因而把這篇「特爾納特論文」寄給了達爾文，希望達爾文能將信傳遞給英國科學界的大人物萊爾。華萊士的信寄出後（這封信在 1858 年 6 月 18 日抵達達爾文家），又再度啟程前往巴布亞新幾內亞收集更多標本。

就在華萊士抵達新幾內亞的同時，達爾文正驚訝地發現這位鮮為人知的馬來地區飛人，獨立得出達爾文本人至少已存在十年的相同想法。同樣在 1858 年 6 月，當達爾文寫信給萊爾，附上華萊士的特爾納特手稿時，他也答應要寫信給華萊士，告訴他會把論文轉交給科學期刊。但事實上達爾文並沒有寫信給華萊士，而是在當週稍晚寫了另一封信給萊爾，堅持他

自己先前提過的天擇理論,並懇求萊爾:

> 如果此時能發表我的想法草稿,大約十多頁,我會相當感激。但我無法說服自己這樣做很光榮……這件瑣事相當麻煩你,但你可能無法體會我將會有多感激你。

關於達爾文故事的其餘部分,大家可能已聽過很多次,[16] 在此就不必贅述。後來在 1858 年 7 月 1 日,萊爾與虎克以及著名的生物學家兼解剖學家赫胥黎,一起安排在林奈學會的會議上閱讀華萊士關於天擇的特爾納特論文。不過,次序是先讀達爾文優先考慮的兩個「證明」後,才接到天擇理論。第一個證明是達爾文之前不曾發表,關於他大約在十年前撰寫的理論「草稿」;第二個證明則是達爾文在 1857 年寫信給美國植物學家阿薩格雷的副本,他在信中概述了自己的一些想法。

同年 9 月,這三篇論文按被閱讀的順序,發表在林奈學會的會議紀錄中。此時的華萊士仍以飛人身分繼續工作,完全沒意識到他的信所引發的知識風暴。達爾文放棄了寫「大書」的想法,把他的理論「摘要」後,寫成他的偉大傑作《物種源始》(*On the Origin of Species*),於次年 11 月出版。當華萊士在達爾文的《物種源始》出版後,得知發表上的「微妙安排」,他很自然就放棄了撰寫關於物種起源的「大量著作」計畫。

華萊士後來又花了四年時間在群島間收集標本,包括他整個旅程中的最大獎,一種過去從未有人發表過的天堂鳥,也就是今日所謂的「華萊士的標準翼」(Wallace's standardwing,幡羽風鳥)。事實上,是他的助手阿里先發現了這隻動物,他驚呼「看哪,先生,一隻多麼奇怪的鳥」。華萊士於 1862 年 4 月返回英國,行李中包括一對活的天堂鳥。當論文發表一事在《倫敦新聞畫報》報導後,華萊士立即被選為動物學會會員,並收到

了達爾文、赫胥黎和萊爾的正式邀請。華萊士也與他的收藏夥伴貝茲重拾友誼。1862年夏，華萊士參觀了達爾文在肯特郡的住所「唐屋」。兩位博物學家也持續通信，兩人餘生都保持良好關係。

華萊士在1869年出版了自己的傑作《馬來群島》（The Malay Archipelago）。除了描述該地區的自然史外，還頌揚傳統文化的美德，並與西方文明進行比較，認為「少數人的財富、知識與文化並不構成文明……道德架構仍處於野蠻狀態」。華萊士終其一生都是社會主義者，也是土地國有化和婦女權利的堅定擁護者。而且他跟同時期的許多博物學家同事的想法不同，強烈反對「優生學」。

達爾文在1882年去世，安葬於西敏寺教堂，華萊士是扶柩好友之一。在華萊士七十歲時終於當選為皇家學會會員時，比達爾文獲得相同榮譽的年紀整整大了四十歲。華萊士遺憾地表示，如果他仍有能力參加會議時就取得會員資格，他將更能享受這份榮耀。1908年，在林奈學會舉行的「華萊士—達爾文論文閱讀五十週年」慶典上，華萊士描述了天擇理論是如何「在乍現的靈光中」進入他的腦海中。虎克繼續華萊士的研究，並為這項理論的發表提供另一個「謎」。他指出，達爾文在特爾納特論文通信期間收到的論文和信件，都已經找不到任何「文件證據」。雖然達爾文有保留所有信件的習慣，但包括華萊士、虎克、赫胥黎或萊爾在1858年那個關鍵一年裡寫給達爾文的所有信件，甚至包括華萊士的特爾納特論文原稿均已「遺失」。

華萊士繼續撰寫各種科學和社會主題的相關論文。在1903年出版的《人類在宇宙中的位置》（Man's Place in the Universe）中，他透過回顧陸地生態系統有機生命所需的物理條件，引入「天文生物學」（astrobiology）的概念，認為地球是太陽系中唯一宜居的行星。1906年，他發表一篇題為「火星宜居嗎？」（'Is Mars Habitable?'）的論文。在論文中，他以

有力論點駁斥天文學家羅威爾（Percival Lowell）的說法，因為後者說火星上「存在著高度智慧生物」。[17]

華萊士於1913年11月7日安詳離世，埋葬在多塞特郡的布羅德斯通公墓，他的人生最後幾年是在這裡度過的。華萊士的墓碑上被放置了一塊在多塞特海灘上發現的樹幹化石。然而，對於這位世界最偉大的博物學家，哲學家丹尼特（Daniel Dennett）說：「對於共同發現人類所能構思最偉大想法的這一位，[18]我們能做的最高致敬與緬懷，或許就如美國生物學家巴伯（Thomas Barbour）在特爾納特與華萊士的一次短暫邂逅……」他說的是1907年巴伯在該地蒐集標本時，偶遇一位「頭戴褪色土耳其藍菲斯帽的乾癟馬來老人。老人用標準英語對巴伯打招呼說：我是阿里・華萊士。」[19]

圖30：在多塞特郡布羅德斯通的華萊士墓碑。

無論起源為何，「天擇」是將大量任意事實「簡化」為簡約定律的最佳奧坎主義印證。這一切取決於最簡單的機制：結合了無限的遺傳變異來源，以及物種差異下的生存競爭與生命的複製。而且達爾文和華萊士都掌握了大量證據，證明物種不同的生存和複製機制。但在《物種源始》出版後不到十年，政治家、科學家兼作家坎貝爾（George John Douglas Campbell，1823-1900），也是第八代阿蓋爾公爵，發現了一個理論上的問題，亦即關於「無限遺傳變異來源」的問題。坎貝爾在1867年出版的《定

律的支配》（*Reign of Law*）中指出，儘管《物種源始》書名很響亮，但「達爾文先生的理論根本不是物種起源理論，而是關於導致可能誕生的新形式之所以成功或失敗的『原因』理論」。坎貝爾正確地指出，達爾文的代表作描述了天擇作用於預先存在的變異，如雀類喙的形狀或是蝴蝶翅膀顏色的差異，然而這個過程並沒有創造性，而只是選擇群體中「已存在」的變體。就其本身而言，並不能製造新「變種」，也不能創造出新「物種」。

　　因此，解開生物學最大祕密的下一步驟，便是要發現所有「新變異」的簡單來源。

15

關於豌豆、月見草、果蠅和盲鼴鼠

最能說服人的理論證明，就是尋找新事實並為新事實找到理論位置的能力。
——華萊士，1867 年[1]

大約就在坎貝爾強調天擇理論缺乏「產生變異」方法之同時，愛丁堡大學的雷吉烏斯工程學教授，也是纜車發明者詹金（Fleeming Jenkin）發現了另一個更嚴重的問題。在對達爾文的《物種源始》的評論裡，詹金指出遺傳會傾向於「混合性狀」，例如高大的母親和矮小的父親通常會生出中等身高的孩子，因此這種傾向均值的偏移會消除天擇所依賴的變異。不僅如此，他還認為「任何稀有變異的優勢，都將被數量上的劣勢抵消」。為了證明他的觀點，並結合 19 世紀下半葉典型的一般種族主義看法，他舉了個例子：「一個備受喜愛的白人，再怎樣都無法讓一個黑人國家變白。」[2]

坎貝爾和詹金兩人所強調的問題根源，就在於 19 世紀時，沒有任何理論有辦法回答一個兒童經常提出的問題。

為什麼我長得像爸爸？

舉例來說，達爾文和華萊士各自的孩子加起來共十個，雖然我們找不到華萊士年輕時的照片，但卻找得到達爾文與孩子的很多合照，因此很容易就看出這些孩子跟達爾文和他妻子艾瑪的家族相似性狀的特徵。

在我們理解這世界所面臨的眾多挑戰中，「遺傳」無疑是最大的挑戰。就像生孩子一樣，橡子長成橡樹，雞蛋長成雞。橡子和雞蛋看起來都不像橡樹或母雞，但不知何故，兩者的祕密都包含在果實和雞蛋中。然而，它們的祕密到底如何編碼在雞蛋或種子中？成長訊息又將如何展開，讓它們可以變成橡樹或雞呢？19 世紀的大多數科學家，都會回歸「上帝」介入干預的習慣做法，讓遺傳成為「活力論」的最後避難所。達爾文在無奈之下，求助被他稱為「泛生學」（pangenesis）的後天遺傳學說（拉馬克所提出）。在達爾文 1868 年出版的《馴化動植物的變異》（*The Variation of Animals and Plants under Domestication*）中，他提出動物在生命過程中獲得的性狀，是透過他稱為「寶石」（gemmules）的粒子，從母體傳遞給配子（卵子和精子細胞）。這項理論並未說服他的批評者，而是受到跟拉馬克相同的批評（還記得「鐵匠負責鎚擊的較粗手臂並不會遺傳」的反例嗎），甚至最後連華萊士也反對這種說法。因此在 19 世紀的最後幾十年，天擇理論就像被它描述的許多生物的命運一樣走向滅絕。

然而，在詹金發表他對天擇理論的挑戰之前兩年，一位鮮為人知的奧古斯丁修士發現了遺傳混合問題的解答。

豌豆莢裡的訊息

孟德爾（Johann Mendel，1822-84）出生於海因斯（如今捷克共和國的一個西里西亞小村莊）一個農民家庭。當時大多數農民的小孩也會成為農民，如果當地校長沒有發現孟德爾的才華並勸說他的家人用他們辛苦掙

來的錢，將孟德爾送到附近特羅波（Troppau，奧帕瓦）當地高中就學，這也將是孟德爾長大後的命運。儘管過程艱辛，孟德爾一生都飽受今日所說臨床抑鬱症的折磨，但他還是順利在六年後畢業。[3]

接著孟德爾進入摩拉維亞的奧洛穆茨大學，學習哲學和物理學。他的學費來自妹妹特雷西亞（Theresia）的嫁妝，所以孟德爾也必須輔導年幼學生，以賺取食宿費用。孟德爾可能就是在奧洛穆茨學習期間對遺傳產生興趣，因為當時自然科學系主任內斯特勒（Johann Nestler）正在進行動植物的育種實驗。不過，妹妹的嫁妝並非取之不盡，為了繼續學業，孟德爾只好在1843年進入布爾諾的聖湯馬斯修道院，成為一名修士。他在修道院裡使用格雷戈爾（Gregor）這名字，正如他後來所說「環境決定了我的職業選擇」。

孟德爾最初受訓成為一位牧師，也被授予了自己的教區。但在1849年寫給當地主教的信中，院長納普（Abbot Cyril Napp）說孟德爾「非常勤奮研究科學，但似乎不太適合擔任教區牧師……」於是納普將這位具科學頭腦的修士送到維也納大學。孟德爾在以發現「都卜勒效應」而聞名的都卜勒（Christian Doppler）指導下學習物理，也接受昂格（Franz Unger）的植物學教育，這位顯微鏡學者顯然正努力對達爾文的演化論進行補充。1853年，孟德爾回到布爾諾。

我們不知道孟德爾為何決定研究豌豆，不過這個選擇跟伽利略、波以耳和其他人建立的實驗科學原則一致，都盡可能維持「簡單」的實驗系統。豌豆生長容易、世代間隔短，並有多種易於識別和遺傳的品種特色，可用來區別它們的果實是圓形或皺皮、綠色或黃色、植株高矮，以及花朵顏色是白色或紫色。就像伽利略將鐵球銼磨為完美球形，以便順利滾動來減少磨擦一樣；孟德爾先將每個品種近親繁殖幾代，直到外觀表現穩定，得以進一步完成豌豆實驗為止。為了消除其他變異來源，他以手動方

式為豌豆植株雜交，並確實記錄每個雜交植株的親代植株。一切如孟德爾所寫：「種子特性的實驗，是以最簡單、最確定的方式得到結果。」[4] 在這種情況下，孟德爾並不需要引用亞里斯多德或奧坎來證明他對簡約的偏好，因為它已是科學家的第二天性，以至於大多數科學家並未意識到自己正在以這種方式工作。

孟德爾在 1865 年左右撰寫的論文裡，描述了他打算說明「以人工配種方式，觀賞植物獲得新顏色品種」的過程。[5] 他在奧洛穆茨和維也納的研究，讓他瞭解到 19 世紀自然史中演化論的爭論過程。他擁有達爾文《物種源始》的德文譯本，也仔細閱讀過其中內容。因此孟德爾在他的革命性論文中寫下研究遺傳的實驗是「最終能解決問題爭端的唯一正確方法⋯⋯與有機形式的演化史有關，其重要性不言而喻」。

為了找出豌豆的性狀如皺皮或紫花究竟如何遺傳，孟德爾雜交了具有不同性狀的植物，例如開白花與開紫花的豌豆。他期望看到由母系植株雜交出的第一代豌豆會出現淡紫色，結果卻大不相同：白花的性狀消失，所有豌豆植物都開出紫花。接下來，孟德爾讓第一代的紫花豌豆雜交受精，並把種子留下來以培育第二代。結果在檢查第二代豌豆開出的花朵時，他驚訝地發現白花又出現了，這次有四分之一的豆莢開出白花。這點與孟德爾預期的混合顏色有所不同，他得到了大約整數比「3:1」的紫花和白花豌豆。

孟德爾在八年的時間裡，進行了約一萬五千次不同成對性狀的雜交，並仔細測量記錄了幾代後代的性狀。值得注意的是，他檢查的任何成對互補性狀，都在後代中對該性狀有近似的整數比。例如圓形豌豆與皺皮豌豆的數量（3:1）或相等數量（1:1）或只有圓形豌豆(1:0)。他還指出，對於每個成對性狀（圓形或皺皮、紫花或白花）來說，一個變體（顯性）如豌豆的圓形性狀，在雜交後第一代往往佔主導地位；而另一種隱性變體（皺

皮）性狀會被隱藏起來，直到第二代才出現。

從演化論的角度看，孟德爾透過實驗得到的最重要結果，就是生物的性狀並未像 19 世紀遺傳教條所說的會相互「融合」。取而代之的是，無論顯性或隱性，豌豆性狀都完美無缺地代代相傳。1863 年一顆來自豆莢的皺皮豌豆，雖然經過多次與圓形豌豆植株交配的過程，仍與 1855 年它雜交的第一個後代一樣是皺巴巴的。遺傳可能會排序，但不會融合。孟德爾將世代相傳不變性狀的決定因素稱為「元素」（elementens），我們現在則把它們稱為「基因」。

孟德爾與克卜勒的不同，在於孟德爾從未表明他在試圖理解如此龐大且與教條相互矛盾的數據時，可能面對的精神折磨。他的第一個結論是，在遺傳模式中觀察到的整數比規律，一定反映了某種驚人的事實，亦即遺傳是離散而非連續性的。用今天的話來說，其差異就像是數位的而非類比的。憑藉孟德爾在物理學方面的背景，這個發現一定讓他大感驚訝，因為他知道這種特性已把「遺傳」與所有其他物理參數分隔開來，例如速度、質量、動量、壓力、溫度或加速度，因為上述參數都是連續變化的。然而基因似乎只知道幾個整數：1、2、3。

孟德爾於 1865 年 2 月 8 日，在布爾諾自然歷史學會的一次會議上宣讀了他的遺傳論文，並於次年發表。此時距達爾文的《物種源始》出版僅過七年，當時天擇的支持者和反對者之間仍在激烈辯論。孟德爾的論文發表後，至少可以回答批評者的一些問題。然而在傑克森（Benjamin Daydon Jackson）所著的《植物學文獻指南》（*Guide to the Literature of Botany*）中，雖然曾提到孟德爾的論文，而且這部指南就放在林奈學會圖書館的書架上，當年天擇理論也是在此首度亮相，然而捲入這場紛爭的正反方似乎沒人讀過孟德爾的論文。

1867 年修道院院長納普去世，孟德爾被選為繼任院長。他自此放棄了

溫室，投身行政工作，最終於 1884 年 1 月 6 日去世，享年六十一歲。死時完全不知道他很快就會成為「遺傳學之父」。在他的溫室被拆除後，所有文件也都在修道院的花園裡被銷毀。

孟德爾的實驗雖然可以回答詹金對天擇理論所用的「遺傳混合」說，卻無法回答坎貝爾的反對意見，即「產生自然變異」的原因，因此新物種的起源仍然是謎。

月見草和蒼蠅

德弗里斯（Hugo de Vries，1848-1935）1848 年出生於荷蘭哈倫。他成長在植物豐富的地區，可能因此在長大後於 1866 年進入萊頓大學從事植物學研究。他閱讀了達爾文關於物種起源的著作，但由於前面提過的各種原因，學界一般認為說服力不夠。1886 年，也就是孟德爾去世四年後，某天德弗里斯走過希爾佛桑附近一片休耕地，注意到地上散落著一些月見草，其中包括以前沒記載過的異常品種。於是他將種子帶回實驗室，並且證明了異常性狀不僅可以遺傳，而且在後代中還會顯示出「顯性／隱性」性狀的整數比。德弗里斯稱這種新變異為「突變」（mutation），並宣稱它們提供了建立新物種所需的變異。當他在過往文獻中尋找類似研究時，發現了孟德爾的作品。1901 年，他提出自己的理論，也就是「突變」可以提供創造新物種的變異來源。

幾年後，也就是 1907 年，美國科學家摩根（Thomas Hunt Morgan，1866-1945）開始進行一項培育普通果蠅的計畫。他在培育幾千隻紅眼果蠅後，注意到出現一些白眼果蠅。同時也證明白眼性狀這種突變是以整數比的模式遺傳。換言之，他發現了跟孟德爾實驗相同的結果，而且他還繼續證明「突變」會導致動物超出物種的正常變異範圍。天擇與孟德爾遺傳學相互結合後，被稱為現代綜合學說或新達爾文學說（neo-Darwinian）。

到目前為止，它仍是遺傳科學的基礎，實際上也是生物學的基礎。正如演化生物學家多布然斯基（Theodosius Dobzhansky，1900-75）所說：「生物學的任何事件，都比不上演化論出現所帶來的意義。」[6]

然而在 20 世紀的最初幾十年裡，雖然「基因」已被接受為遺傳單元和演化的驅動因素，卻沒人知道它們是由什麼構成，也不知道它們的運作方式。其中的奧祕又成了生機論者甚至上帝之手創造論的最後避難所。因此在 1911 年，法國哲學家柏格森（Henri Bergson，1859-1941）發表了他的「創造演化論」（Creative Evolution），認為遺傳和演化是由生命中特有的「生命力」所驅動。[7] 這種最後的科學神學遺痕，驅動現代科學的進一步探索，終於揭開了宇宙中最特殊分子的重大祕密。

密碼破譯者

在接下來的故事裡，我們會跳過許多重大發現的事物表象，專注於「簡約」的力量作用在生物學時最重要的一些發現。若要從基因裡去除「生命力」的影響，我們首先必須證明它們是由普通的化學物質所構成。事實上，大約在孟德爾發現基因之時，瑞士化學家米歇爾（Friedrich Miescher，1844-95）於 1868 年就已發現這個事實。在圖賓根大學（跟克卜勒同一所大學）工作的期間，米歇爾從白血球細胞中分離出一種他稱為「核酸」的生化物質，並說明這是由氫、氧、氮和磷所組成。米歇爾從未發現這種新生化物質的作用。但在 1944 年，加拿大裔美國科學家埃弗里（Oswald Avery，1877-1955）證明基因是由「去氧核糖核酸」所構成，亦即我們今日所知的 DNA。

然而，即使是埃弗里對基因的化學性質鑑定，也同樣無濟於事，因為沒人知道豌豆的形狀、果蠅的眼睛或眼睛的顏色……這所有的遺傳性狀，到底是如何由一種僅含碳、氧、氮、氫和磷原子的化學物質來決定。此

外,這些性狀還必須忠實地代代相傳,遵守孟德爾的規則,甚至偶爾還要產生新的突變體。要瞭解這種可從活細胞中純化、乾燥後看起來很像紙纖維的化學物質,似乎是項極艱鉅的任務。

1953年,劍橋科學家華生(James Watson)和克里克(Francis Cric),運用倫敦國王學院的同事富蘭克林(Rosalind Franklin)提供的X射線晶體數據,解決了這個結構難題。他們發現DNA的雙螺旋結構以及它們在基因中對生物訊息編碼的能力,這可能是科學史上最驚人的發現。由於這個故事大家應該已經聽過很多次,[8]所以我只強調一個事實,那就是儘管DNA分子非常簡單,但它確實能解決遺傳的深層難題。

DNA的簡單特徵主要是在化學結構方面,它是由四個被稱為DNA鹼基,標記為A、T、G和C的化學基團所組成。這些化學基團被固定在螺旋形的骨架上,就像繩子串上珠子一樣。螺旋中的每條鏈都與自身的「鏡像」化學基團相互配對,就像一條互補鏈,其簡單規則是A與T配對,G與C配對。華生和克里克理解到這些基因字母是製造蛋白質的代碼。而從DNA到蛋白質的編碼原理也相當簡單,其中三個DNA字母編碼為二十種氨基酸,例如GGC編碼氨基酸為甘氨酸,而CAA編碼為麩醯胺酸,接著再由這些氨基酸製造出各種蛋白質。接著蛋白質製造酶,「酶」則是製造出細胞內所有其他生物分子以及地球上所有活過的動植物和微生物的「分子工廠」。因此,整個生物圈等於都是用四個字母編碼而成,這比編寫本書所使用英文代碼還少了二十二個。對於能從簡約規則產生非凡複雜性的情況,肯定沒有比DNA更生動的例子了。事實上,根據量子力學原理,有人認為遺傳密碼是最精簡的存在。[9]

在華生和克里克發現後的幾十年裡,「突變」也被當成一種物質實體。因為正常的化學DNA鹼基可能會因熱、輻射、強光或老化而受損,這種損傷可能會修改遺傳字母,使得遺傳碼被複製時,錯誤編碼的字母被

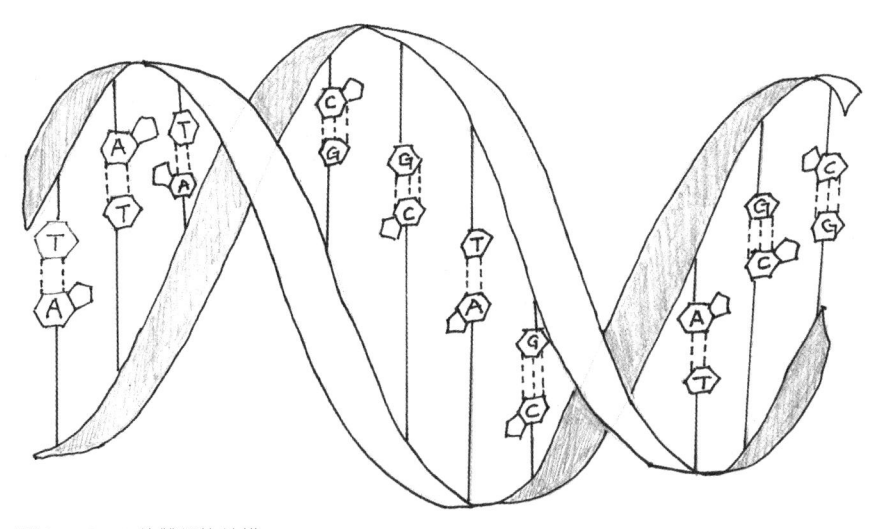

圖31：DNA的雙螺旋結構。

整合到突變基因中。在多數情況下，突變是良性的，但偶爾也會出現看得到的變異特徵，例如月見草中產生了白花而非黃花。如果這種突變提供了優勢，那麼天擇將確保攜帶這種較有利新變異的後代持續地大幅增加。而若這種情況發生在一個孤立種群時，就會產生一個新物種。然而，如果新變異不利於生物生存，那麼含有變異基因的個體數量就會減少，直到突變最終從種群中消失。當我們考慮到基因的本質和天擇的必然性，「演化」就像蘋果會從樹上掉下一樣無可避免。

同樣地，就跟所有科學一樣，遺傳機制也是一種模型。但它就像所有有用的模型一樣，雖然簡約，卻有驚人的預測能力。分子生物學利用簡單的基因模型，提供了許多健康上的好物，包括新藥物、新療法以及為快速增長的人口提供食物的新作物，甚至還包括我撰寫本書的同時，為保護全世界人類而推出的 Covid-19 疫苗等。然而，在我關於生命簡約性的論點中，基因也扮演了另一種「矛盾」角色。這次的故事涉及一隻相當醜陋的

囓齒動物，還包括一些蜜蜂。

廢棄基因的命運

真社會性昆蟲（包括蜜蜂和螞蟻在內的群體）的特徵是具有複雜的社會結構，包括各種分工、結構複雜的巢穴，以及通常有一個由許多不育工人型個體陪伴的單一繁殖「女王」；甚至還有複雜的交流形式，如蜜蜂的8字舞。乍看之下，不育的工蟻或工蜂似乎與天擇的「弱肉強食、適者生存」原則相互矛盾，因為天擇應該會讓個體偏向將自己的利益擺在優先順位。然而為何工蟻要放棄自己的選擇，轉而幫助牠的姐妹繁殖呢？這問題觸及到生物學難題的核心，尤其也是與我們自己的物種有關的難題：利他主義。這點與適者生存原則的預期完全相反，而且有許多動物也像真社會性昆蟲一樣會共享資源和防禦，那又是為什麼？

英國演化生物學家漢彌爾頓（William D. Hamilton，1936-2000）提出一個可能的解答：因為大多數真社會性昆蟲都有一種特殊的遺傳系統，稱為「單倍兩倍性」（haplodiploidy），其中雄性只帶有一個而非兩個完整基因拷貝，雌性則有正常的兩個拷貝。將孟德爾規則應用於這種遺傳模式時，可確保姐妹們共享75%的基因，而非豌豆、人類或其他動植物正常會有的50%。漢彌爾頓計算後發現，雌性透過幫助她的女王姐妹繁殖，而非生產自己的後代，傳遞自己基因的機會反而更大。根據這種理論，雖然工蟻或工蜂看起來大公無私，但實際上是牠們的基因在背後操控。也就是說，工蟻和她們的女王，都是自身基因的奴隸。

這個理論最引人注目的部分，就是只消對簡單的孟德爾繁殖和遺傳模式進行一次調整，就能產生出截然不同的生物。這當然是任何簡約系統的主要特徵。因為高度複雜的互連結構，往往容易擾動不安，而透過修改簡約系統的規則（如遺傳），便能在整個系統中造成迴響，最終產生巨大影

響。漢彌爾頓於1964年發表他的「親屬選擇」（kin selection theory）[*]理論，雖然剛開始遭到忽視，最終卻引發演化生物學上的革命，而在1970年代出現了「社會生物學」（socio-biology）這個新名詞，尤其是在道金斯（Richard Dawkins）於1976年出版了經典著作《自私的基因》[10]（*The Selfish Gene*）後，更加得到助長。

密西根大學動物學博物館館長亞歷山大（Dick Alexander，1929-2018）並不相信漢彌爾頓的理論。身為昆蟲學家和真社會性昆蟲專家，亞歷山大指出大多數具有單倍基因複製成蟲的物種，包括許多甲蟲、蟎類、粉蝨和其他節肢動物等，都不是真社會性昆蟲；而白蟻的成蟲和我們一樣，每個基因都有成對的拷貝。至於螞蟻、白蟻和蜜蜂等社會性昆蟲，都有建造堅固且具防禦性「公共巢穴」的習慣，因此在1976年於亞利桑那大學的一次演講中，他提出另一種理論，認為真社會性是由「環境因素」而非「遺傳因素」塑造而成。這也是一種簡約理論，就像所有簡約理論一樣，能做出嚴格的預測。該理論的預測是，即使在哺乳動物中，只要具有建造「安全、可防禦、持久、食物豐富的巢穴」習慣的群體，就可能出現真社會性。因此他建議將挖掘洞穴的囓齒動物當成可能的候選對象，並認為熱帶地區是可能的發現地點，因為洞穴會在經陽光烘烤的土壤下密封起來，防範入侵者。同時洞穴中有塊莖形式的食物可供食用；這些塊莖植物將養分儲存在地下，以便逃過叢林大火的毀滅。

演講結束後，亞歷山大驚訝地發現他甫講完的理論，竟已在不知不覺中得到驗證。當他從講台上走下來時，一位名叫沃恩（Terry Vaughan）的觀眾走向他說：「你所假設的真社會性哺乳動物，簡直就是對非洲裸鼴鼠

---

[*] 又稱為「漢彌爾頓規則」，亦即對於生物個體本身有害，但是對其他有血緣關係的親屬有利的「利他行為」，在基因中受到保留並增加頻率。

的完美描述。」[11] 身為昆蟲學者，亞歷山大從沒看過、甚至沒聽過「裸鼴鼠」（naked mole-rat）這種奇特動物，於是沃恩向他展示了在肯亞休假期間收集到的乾燥動物標本。儘管這種動物早在一世紀前就被發現，但幾乎沒有人研究過。據沃恩所知，當時唯一研究這種不起眼囓齒動物的人，便是開普敦大學的動物學家賈維斯（Jennifer Jarvis）。

裸鼴鼠並不是一種老鼠，而是屬於被稱為「濱鼠科」（blesmols）的非洲囓齒動物家族，其生態地位大約與北美的「囊鼠科」（gophers）相仿。賈維斯從 1976 年的論文項目開始，就一直在研究這種動物。1970 年代，她試圖在開普敦的實驗室中建立一個圈養群落，但整個裸鼴鼠群體裡只有一隻雌性可以進行繁殖。當她在 1976 年收到亞歷山大寄來的信，詢問關於這種動物的情況，並把自己的真社會性哺乳動物理論告訴她時，她終於恍然大悟。賈維斯證實裸鼴鼠群體，確實就是亞歷山大預測應該存在的那種真社會性哺乳動物。

裸鼴鼠在東非相當普遍，牠們在當地有時會被稱為小沙皮，體型與小型老鼠差不多，全身無毛，皮膚鬆垮，牙齒像象牙一樣，十分擅於挖洞。裸鼴鼠終其一生生活在地下，在黑暗洞穴中度日，所以雖然看起來有小眼睛，但幾乎失明。裸鼴鼠除了引起演化生物學家的興趣外，還引起醫學研究者的注意，因為鼴鼠不會罹患癌症，而且可以活上三十年或更久。這些生理特徵導致 2011 年裸鼴鼠基因組的發表。[12] 因為這些資料數據，可能可以為影響長壽和癌症

圖 32：裸鼴鼠。

的基因提供線索。但我們特別感興趣的部分,是某些「廢棄不用」的裸鼴鼠基因究竟發生了什麼事?

研究人員發現,鼴鼠大約有兩百五十個基因發生了突變,以至於這些基因已不再有作用。從某種意義上說,它們是被廢棄的基因。儘管沒有作用,仍然可以從以往功能的 DNA 序列中辨識出來。其中十九種與視覺有關,其中一種正式編碼為眼球水晶體蛋白,另一種則是視網膜色素,還有一種可以把光訊號傳輸到大腦。

令人驚訝的是,這種以「重複突變」形式出現的基因殘缺模式,正是新達爾文天擇和突變理論綜合預測的結果。就像德弗里斯和其他人所發現的,基因不可避免地會發生突變。然而天擇卻預測,與更健康的後代相比,具衰弱突變的後代往往留下的數量較少,所以有缺陷的基因往往會從一個群體中消失。例如一隻有缺陷視覺基因的老鼠,可能很快就會落入貓或貓頭鷹的肚腹中,因此無法把基因傳遞給任何後代。這個過程被稱為「淨化選擇」(purifying selection),亦即生命傾向於從種群中去除損害基因的突變。

然而突變是否具破壞性,必須取決於動物所處的環境。讓我們想像一下,假設滑坡土石流掩埋了囓齒動物家族的巢穴入口,但幸運的是,洞穴裡的食物供應充足,擁有取之不竭的塊莖,因此這些棲居地下的動物不僅生存了下來,還能茁壯成長。而在這些暗無天光的洞穴中,所有動物等於都是失明的,牠們的生活必須依靠其他感官,例如聽覺和嗅覺等。由於生活在黑暗中,天擇對那些會損害視力的突變通通視而不見,因此淨化選擇不再起作用。在淨化選擇未被執行下,原先有害的突變就會累積,直到與視覺有關的基因都變成無功能的偽基因(pseudogenes)。就這樣,原先具有視力的囓齒動物,演化成為裸鼴鼠,牠們現在已經完全失明,無法在地面上生存。

用進廢退：最簡單的生存

裸鼴鼠的演化軌跡，證明了天擇一個鮮為人知的後果：用進廢退。若某種功能（如視覺）變得無用，那麼突變將不可避免地在基因中累積這種突變，直到該功能完全喪失。其他許多演化軌跡也涉及類似的基因衰變。例如當鬚鯨成為濾食性動物後，便不再需要咬食，因此製造牙齒釉質所需的基因就成了「偽基因」[13]。當大熊貓從食肉動物轉變為咀嚼竹子，便失去了品嘗鮮味的能力，而鮮味為牠們的祖先（還有我們）提供喜歡吃肉的動機。當牠們的飲食轉變，編碼鮮味受體的基因便偽基因化。[14] 至於人類，也同樣失去了大量不再需要聞到某些氣味的嗅覺受體。還有你是否曾想過，為何貓不喜歡蛋糕？這是因為貓在成為食肉動物後，牠的甜味受體被偽基因化了。[15]

在沒有淨化選擇的情況下，突變積累的結果便是出現不必要的生物功能，例如裸鼴鼠的視力，就被演化的奧坎剃刀給去除了。從演化剃刀的推論來看，以功能而言，我們與今日活著的所有生物，在基因上都已非常接近最大可能的簡化。在此，「非常接近」這幾個字十分必要，因為演化可能尚未消除所有多餘的複雜性，例如人類的闌尾等。此外，有時演化也沒辦法將多餘的功能給去除掉，例如男性無用的乳頭就可能必須對發育途徑進行廣泛的重塑才辦得到。因此，生命確實很簡單，但不總是那麼簡單。

用進廢退，對於演化和身體健康來說都是好的，不過這個故事也可能有險惡的一面。

致命的簡單

正如我在 2020 年底寫過的，我和世界各地的幾十億人口一樣，因為一個一百奈米左右的球狀物出現，日常生活全遭到封鎖。這個球狀物比足球小一千萬倍，被命名為 Covid-19 病毒。這個在活細胞外便完全無生命跡

象的微小粒子,幾乎讓整個人類世界屈服了。

儘管學界對於病毒是否算是「活著」尚有爭議,因為它們雖不能自我複製,卻是最簡單的複製型生物。它們不自我複製,而是選擇放棄所有細胞機制,只執行一項具致命效率的任務:把基因組注入人類細胞,哄騙細胞機制製造出更多的病毒蛋白。然後,這些蛋白質會自發性地組裝成新的病毒顆粒,從我們的細胞中爆發出來,繼續感染其他細胞;接著再從我們的肺中咳出,從我們的胃腸道中排出,或從皮膚損傷中流出。事實上,任何暴露在外的體表,都會成為它們的新宿主。

1977年,生物學家珍‧梅達沃(Jean Medawar)和彼得‧梅達沃(Peter Medawar)將病毒描述為「包裹在蛋白質中的壞消息」。壞消息指的是,它們的基因組和蛋白質是病毒外殼的原料。它們的基因組僅由大約三萬個遺傳字母組成,以位元為單位的話,其編碼訊息大約與本書的一章一樣多。而這個訊息只做一件事,就是複製。然而,病毒以最簡單的呈現形式來驅動自我複製的能力,再經由宇宙最簡單的法則,亦即「天擇」的磨練,演化出能推翻我們所有的計畫、希望、愛、仇恨、思想、創造力、野心或恐懼的能力,並把人體當成單純的「病毒工廠」。透過天擇的簡單邏輯,只要確保病毒的動作比人類殺死它的速度更快,人類就無計可施。

沒人知道病毒如何出現。它們甚至跟最簡單的真正自我複製者「細菌」也有很大的差別,因此我們無法追蹤病毒的演化譜系。有種理論認為,它們是透過細胞內蛋白質和核酸結合的變異機會而產生。在我看來,更可能的情況是,它們是生物奧坎剃刀路徑的終點:先在基因中製造偽基因,然後消除所有多餘的遺傳訊息,只留下自我複製所需的最小單位,也就是病毒本身。因此無論病毒的起源為何,它們都是生命可以非常簡單的最明確證明。

| 第四部 |

宇宙的剃刀

16

所有可能世界中最好的一個？

海森堡：「大自然將我們引向極簡約和美麗的數學形式⋯⋯你一定也感受到這點：大自然突然在我們面前展開相關的簡單性和完整性，令人感到恐懼⋯⋯」

愛因斯坦：「⋯⋯這就是為什麼我對你關於簡約的評論如此感興趣的原因。儘管如此，我永遠不會宣稱真正理解自然法則的簡單性意味著什麼？」

——海森堡與愛因斯坦的對話，1926 年[1]

當我們在第十三章離開物理學、探索生物學時，19 世紀的科學家已在把簡約定律應用於地球和天體運動上取得重大的進展。事實上，物理學家宣稱整個物理學幾已完備。然而在 19 世紀末英國科學促進會的一次會議上，北愛爾蘭物理學家卡爾文勳爵（1824-1907）警告說，這種樂觀評估與地平線上的「兩朵烏雲」相互矛盾，指的就是物理學尚未解決的兩大問題。值得注意的是，這兩朵烏雲的化解引發了物理學的兩次重大革命，還

顛覆了19世紀物理學大部分的確定性。

　　卡爾文勳爵所說的兩朵烏雲，都與「光」的性質有關。在將近一個世紀前，湯馬斯・楊（Thomas Young，1773-1829）已證明光的行為類似於「波」，亦即在原理上類似水波或聲波。既然是波，便需要「介質」，也就是透過水或空氣才能傳播。但緊接著，楊提出了光也可以在「真空」中傳播，就像陽光或遙遠星光到達地球的情況一樣。那麼，到底光是靠什麼在真空中傳輸的呢？

　　沒人能回答這個問題。無奈之下，科學家喚回亞里斯多德的天空「以太」。各位可能還記得前面說過，為了讓亞里斯多德的運動理論（「任何會移動的東西都是被另一個東西所推動」）能夠起作用，他使用了天空是由「以太組成的『密實』空間，填滿物體之間所有空隙」的說法。儘管在波以耳證明「自然界並不憎惡真空」後，以太基本上已被物理學界放棄，楊的說法卻再次復興亞里斯多德的以太「密實」想法，讓它作為填補真空的實體，好為光波提供介質。此外，以太還有一個額外優勢，也就是提供了一個得以測量物體的速度或加速度的框架，填補了牛頓物理學在這方面解釋上的空白。牛頓原先一直滿足於讓「上帝之眼」來提供框架。不過到了19世紀後期，物理學家覺得有實體的以太，更方便於解釋。

　　卡爾文勳爵兩朵烏雲裡的第一個，便是關於以太的性質。如果以太是一種密實所有空間、讓光波得以傳播的某種無形介質，我們就應該能測量物體相對於以太的速度，就如測量船相對於海水的速度一樣。這項任務當然深具挑戰性，因為光波以每秒三億公尺的速度移動，比地球上的任何物體都快得多。1887年，美國科學家邁克遜（Albert Michelson）和莫雷（Edward Morley）提出一個聰明的想法，透過測量地球上相對最快的物體（相對於太陽，是地球本身的速度）來測量光速。因為地球以每秒約四百四十七公尺的速度繞地軸自轉，並以每秒約三萬公尺的速度繞太陽公

轉。邁克遜—莫雷團隊意識到，就像都卜勒效應一樣，如果在地球運動的方向上測量光的速度，亦即光通過以太（順向加速）與垂直於此方向（逆向減速）時，兩種光速應該不同（因為介質不同）。

然而測量到的速度並沒有差異。儘管盡了最大的努力，邁克遜和莫雷總是測到完全相同的速度，無論地球朝著或遠離光波的方向移動都是。這對光的以太理論難以解釋，因此卡爾文勳爵覺得這朵烏雲確實堪憂。

卡爾文的第二朵烏雲則是經典熱力學理論的一個問題。19 世紀初，馬克士威和玻茲曼將卡諾的傳熱理論與牛頓力學結合，推導出「現代熱力學」或稱「統計力學」理論。這個理論設想物質是由幾億個原子組成，而這些原子的隨機運動會產生熱量。當光與物質相互作用時，會增加這些原子的熱能（或說增加了運動的速度）；相反地，原子的運動也可能因為光能逐漸散失而變得緩慢。經典熱力學對於上述數據的差異解釋良好，但並不能解釋「黑體」（black body，可以吸收外來的全部電磁輻射，而且不會有任何反射與透射的理想物質）所發出的輻射光譜（亦即黑體輻射，黑體可以放出電磁波且只與溫度有關），因為黑體將所有落在其上的光能都給吸收了。原本可以用黑暗房間牆上的一個洞，提出類似的比喻，不過如果我們以更熟悉的「聲音」領域來舉例，會更容易理解這個問題。

想像一下你有一台三角平台鋼琴，接著想像你拿起一把木錘重重敲擊鋼琴（在這個假想實驗中，堅硬的鋼琴不會被敲破）。鋼琴內部佈滿了弦，撞擊使得琴弦以所有可能的頻率振動，因而產生雜音，然後才慢慢減弱為微弱的嗡嗡聲。相同的情況，當黑體被加熱時，相當於從大錘中吸收重擊的分子卻不會在所有可能頻率下發光，而只會在相當窄的頻段（取決於黑體溫度）發光。就好像敲擊三角平台鋼琴後，鋼琴只發出一個中音 C。如果你在溫暖房間裡進行敲擊實驗，它還會發出 D 或 E 的聲音（亦即發出的聲音跟黑體溫度有關）。卡爾文勳爵指出，這就像光速的某種「恆

定性」一樣，確實是非常奇怪的現象。

相對簡單性

卡爾文的這兩朵「烏雲」之後被物理學界給解決的精彩故事，許多書中都出現過，[2]所以我只打算強調「簡約」的作用。這兩個問題的解決，都涉及伯恩地區一位相當出色的專利審查員。

愛因斯坦1879年出生於德國烏爾姆，是推銷員和電氣工程師赫爾曼·愛因斯坦（Hermann Einstein）和寶琳·科赫（Pauline Koch）的兒子。經過一段艱辛的教育歷程後，他去到蘇黎世學習物理和數學，卻在畢業後連最基本的大學教職都找不到。還好在1902年，他父親的一位朋友為愛因斯坦介紹了伯恩瑞士專利局「技術專家」的職位。雖然每天工作都是例行公事，但愛因斯坦似乎對自己的工作非常滿意。他後來宣稱自己是在「那個世俗的修道院裡孕育出最美麗的想法」。愛因斯坦其中一個最美妙的想法，便是計算出卡爾文兩朵烏雲其中一個的以太下的光速。不過愛因斯坦對於這問題的興趣，並不是源於邁克遜—莫雷實驗。事實上，他並不知道這兩人的實驗。愛因斯坦反而是被另一個奇怪的事實所困擾，這事實是卡爾文並未注意到有關「電」的行為。

這個奇怪問題起源於蘇格蘭物理學家馬克士威的工作。馬克士威在1865年發現了一組簡單的方程式，可以描述電場和磁場的「場」的行為。在物理學中，「場」這項術語用於描述導致物體移動的「空間體積」。所以蘋果從樹上掉下來的運動是由地球磁場所引起、指南針對北極的吸引也是由地球磁場所引起，而棉線向琥珀的運動則是由電場所引起。馬克士威找到一組方程式來描述電和磁的「場」，證明這兩者其實是由單一的「電磁場」所引起。事實上，對於移動的觀察者而言，看起來是由電力所引起，但對靜止的觀察者來說，更像是由磁力所引起。因此在編寫方程式

時，馬克士威整合磁石的磁力與琥珀的電力，實現了傳統物理學第一次的大統一，因而實現了簡化。

馬克士威方程式組可能實現了整個物理學中最重要的統一，使得世界變得更加簡約。這次的統一發生在愛因斯坦坐在專利局裡思考的幾十年前。令愛因斯坦感興趣的是潛伏在馬克士威方程式中驚人的簡約性。因為這個所謂「物理學的統一」，預測在空間中振盪的帶電物體周圍的場，將在周圍的電磁場中產生振盪，而該振盪將以每秒約三億公尺的速度從物體向外輻射。馬克士威理解到，這種速度便是真空中的光速，因此他得出驚人的結論：「光」是物質中振盪電荷產生電磁場時的「漣漪」。*馬克士威的統一不僅包括電和磁，還包含照亮宇宙的光，因為光是單一「電磁力」的一種呈現。

在伯恩辦公室檢查專利申請的工作空檔，愛因斯坦思考了光和電之間的關係。這兩者都極具話題性，因為此時工業革命已從蒸汽轉向電力。愛因斯坦的父親赫爾曼和他的兄弟雅各布，也創立了「Einstein & Cie.」這家在慕尼黑營業的電氣工程公司。在愛因斯坦的辦公室裡，照明設備全都改成電燈泡，因為愛迪生與斯旺早在二十年前就將電力照明商業化。許多提交給伯恩專利辦公室的發明申請，都是電機方面的發明。於是愛因斯坦在整理專利申請時仔細思考了一個問題：若要根據馬克士威方程式來設計一台電機產品，該用什麼數值來表示光速呢？

各位可能還記得，伽利略的船以及船艙裡的鳥、魚或水手，全都沒意識到它們正在移動。但倘若船上有台電機類機器，那麼在計算機器的電氣工作原理時，該用相對於艙壁的光速，還是用相對於船遠離海岸的光速呢？如果光速就像其他速度一樣是「相對」的，那麼對於不同觀察者來

---

* 我們現在知道產生光的這種「振盪電荷」，就是在原子軌道之間跳躍的電子。

說，物理定律便會依據他們的運動方式而有所不同。因此，愛因斯坦對於這個想法感到不安。

由下往上重建物理學

奧坎的威廉將中世紀的學院哲學及其神學，抽離到最簡單的「上帝無所不能」前提，然後檢驗其結果。幾世紀後，笛卡爾從他的簡單信念中，拆解並重建了西方哲學，得出我們只能確定知道「我思故我在」的結論。而愛因斯坦對物理學也採取了類似方法；他深信馬克士威定律普遍有效，並推斷若要使它具普遍性，對於所影等速運動的觀察者而言，光速必須相同。＊他認為，「光」與宇宙任何其他物體不同，並不服膺伽利略的相對觀點。

這點看起來似乎是項簡單的陳述，含義卻令人震驚。為了理解這個概念有多古怪，我們要想像光波的行為就像海浪一樣，才能執行愛因斯坦所謂的「思想實驗」或稱「樂想」（gedanken）。各位可以想像自己即將登上一艘停泊在威尼斯聖馬可港西端碼頭的快艇（這座碼頭距伽利略的帕多瓦大學城不遠），該地由於亞得里亞海的異常洋流，使得海浪從東向西、從船尾沿著船身直到船頭，平行於海岸流動。

此時你與一位名叫愛麗絲的朋友站在聖馬可港碼頭上，你觀察到海浪在船邊波動著，浪頭從船尾（後部）到船頭需兩秒的時間。你知道船身長十公尺，因此可以輕鬆算出海浪的速度為每秒五公尺。這個速度將用來代表光速，而且對所有觀察者來說都必須相同。接著你登上船，像伽利略一樣爬進一個鳥籠，裡面有幾隻飛舞的虎皮鸚鵡，還有一個好幾條金魚正悠游的魚缸，以及小狗派德（Pad），小狗名是以伽利略最喜歡的大學命名。

＊ 愛因斯坦的相對論一開始便排除了加速的物體，這就是它「特殊」的原因。

第16章 所有可能世界中最好的一個？

　　派德喜歡在甲板上奔跑，並與海浪保持同步。牠是一隻聰明靈活的小狗，幾乎可以跟上快速流動的海浪，所以派德從船尾跑向船頭一樣只需兩秒鐘。愛麗絲在岸邊看著派德，測量派德的衝刺時間也是兩秒。接著你向愛麗絲揮手告別，啟動引擎並將船速設置為穩定的每秒兩公尺。船駛出港口時與海浪的方向完全相同。於是你聽著發動機的轟鳴聲，看著水花從船尾噴出。此時船以穩定速度前進，你開始檢查船上的小動物園，確認一切正如偉大的義大利科學家所預測的：鳥兒在飛，魚兒在游，完全不受船相對於海岸運動的影響。一切也正如伽利略所主張的：牠們相對於船的運動才是最重要的，因為速度是相對的。

　　以每秒兩公尺的船速朝向與波浪「相同方向」行進，我們會期望沿著船尾經過船身到船頭的「波浪」，其相對速度現在僅為每秒三公尺（五減二），然後在這個追著海浪的跑步遊戲中，派德的負擔應該會減少。然而當牠衝向船頭時，一樣得全速才能與海浪同時到達船尾。該不會是派德的速度變慢了？為了讓牠輕鬆一點，你把油門向前推到以每秒四公尺的速度前進。在此速度下，也就是當你幾乎趕上海浪時，我們預計海浪對船頭的相對速度僅為每秒一公尺，這次派德用走的就應該可以跟上海浪。然而，牠依舊全力以每秒五公尺的速度，追著那不斷從船尾移動到船頭的快速波浪。你迷惑不解地向岸邊望去，聖馬可的鐘樓正如預期地消失在遠處。然而從岸上看，在船上站著眺望遠方的你是完全靜止的（因為你站著沒動），就像站在碼頭上一樣靜止，然而聖馬可港正以每秒四公尺的速度遠離你。在不知所措當中，你把油門向前推進到全速的每秒五公尺，與海浪速度一樣。現在你應該可以跟上規則移動的波浪。然而當波浪持續頑固地以每秒五公尺的速度流過你的船頭時，派德仍然必須以牠的最高速度開跑，才能跟上海浪。一旦船出海、遠離任何可見的陸地，雖然你的油門可以開大關小，但這對「你」在海浪中的前進沒有影響。根據引擎的轟鳴聲

和船尾水花來看，你正在以極快的速度航行。然而從你與波浪的動作來看，你本人是完全「靜止」的，正被困在單調的滾滾大海中繼續前進。波浪依然以每秒五公尺的速度滾過船頭，它們就像光一樣「波動」，頑固地拒絕服膺伽利略的相對說。

岸上的情況就更奇怪了。愛麗絲帶來一座伽利略最大望遠鏡的複製品，這樣她就可以從碼頭上觀看你的進展。她看到派德在甲板上疾馳，但她注意到一些奇怪的現象：當你的船從零加速到每秒兩公尺，接著又加速到每秒四公尺時，派德沿甲板前進的速度似乎變慢了。牠從甲板上跑過去只需兩秒，現在則需要將近四秒，而且看起來似乎是慢動作在奔跑。當船達到每秒五公尺的全速時，你和派德似乎都靜止不動，瞬間凍結。這到底是怎麼回事？

答案是：在我們思想實驗中的水波，現在表現得像光波一樣，對所有觀察者來說都具有「相同」的速度。由於派德沿著甲板跑步、與波浪保持同步，所以在甲板上的你和站在碼頭上的愛麗絲，都可以用派德的運動來測量光速。而且你們兩人必須得到相同的答案，兩人的馬克士威方程式才會一樣。如果兩人都在岸上，這不會發生問題，然而一旦你們之間有了相對運動，一切都會改變。

請思考一下，當你以每秒四公尺的速度遠離愛麗絲，從你的角度來看（圖33中的A），船隻停泊在碼頭時的情況沒有任何改變。派德沿著甲板跑十公尺，像「假設光速」一樣以每秒五公尺的距離移動，需要花兩秒鐘才能抵達船頭。然而，從愛麗絲的角度（圖33中的B）看，派德走過的距離現在有兩個分量。首先，派德沿甲板跑十公尺。然而在那同時，船也離岸八公尺遠。因此從愛麗絲的角度看，派德一共走了十加上八，等於十八公尺。如果愛麗絲和你經過的時間相同，那麼派德就是在兩秒內以每秒九公尺的速度跑完十八公尺，因而比我們的「假設光速」更快。為了相

A. 從你的角度看

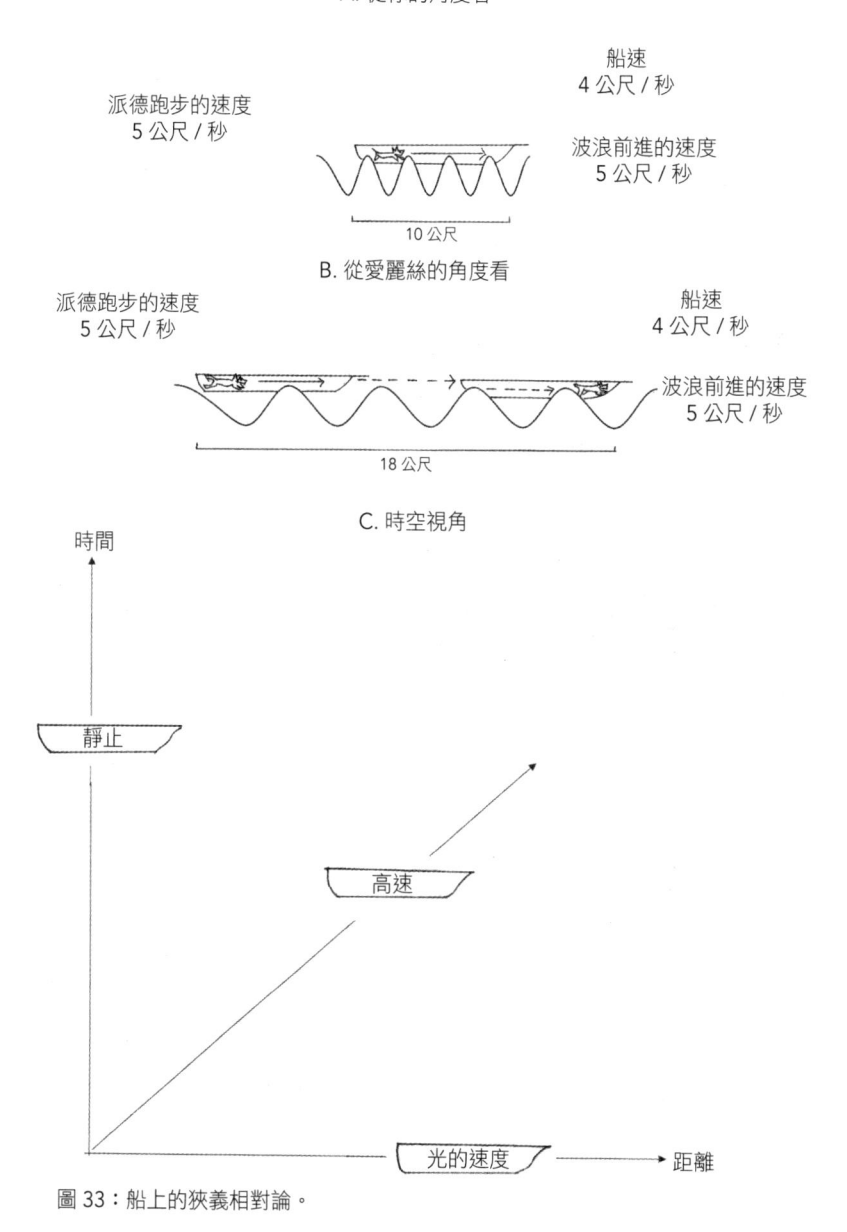

船速
4 公尺/秒

派德跑步的速度
5 公尺/秒

波浪前進的速度
5 公尺/秒

10公尺

B. 從愛麗絲的角度看

派德跑步的速度
5 公尺/秒

船速
4 公尺/秒

波浪前進的速度
5 公尺/秒

18公尺

C. 時空視角

時間

靜止

高速

光的速度　　距離

圖33：船上的狹義相對論。

信愛因斯坦堅持的光速對所有觀察者來說都是一樣的，就必須有什麼出來做點貢獻，而這就得靠「時間」出面解決。

　　由於派德與光速保持同步，從愛麗絲的角度看，牠必須花費三・六（十八除以五）秒，才能走完從船尾到船首的整個十八公尺距離。也就是說，對船上的你來說只需兩秒的事件，在愛麗絲的經驗中必須花上三・六秒。你雖然正在經歷相同的事，卻是來自不同的時間框架。當你把油門以全速（假設光速）加速離開，從愛麗絲的時間框架中，你的時間靜止了（分母變大，因此數值除完趨近於零）。

　　愛因斯坦在他的狹義相對論中解決了這個難題，他認為時間和空間彼此間存在著相互關係。就像電和磁一樣，時間和空間也變成單一實體的兩個組成部分，愛因斯坦稱之為「時空」（space-time）。看待這個問題的其中一個方法，是把空間的三個坐標折疊成一個單一水平坐標，並將時間作為垂直的時間坐標（圖33中的C）。當你和愛麗絲相對於彼此都是靜止時，那麼你們都以「光速」穿越了時間坐標，但以「零」的速度穿越空間坐標。隨著你的相對速度增加，你穿越時空的組合速度必須始終保持在光速（C圖中間箭頭的長度）。因此，如果要在太空中走得更快，就必須在時間中走得更慢。如果你能設法加速到光速，*從愛麗絲的角度看，你可以立刻環遊宇宙，因為你在時間坐標上的進度將為零。這種「時空」內時間和空間的「等價性」，便是狹義相對論的核心。兩個明顯不同的實體，變成一個實體的兩面。儘管看起來更難理解，但世界再次變得更加簡約。

　　我應該先強調，「光速」並沒有理由以這種特殊方式呈現，亦即對所有觀察者來說都「一樣」的情況，我們並沒有更高深的定律可以加以預測。相反地，它正是宇宙的基本原則，或說一個基本「常數」，我們只是

---

* 實際上並不可能發生，因為廣義相對論不會允許任何帶有質量的物體加速到光速。

觀察而非預測其數值。然而，如果光速確實遵循伽利略的相對說法，那麼就會如愛因斯坦意識到的，對於不同觀察者來說，物理定律會有所不同，並可藉此創造出一個比我們自己的宇宙還複雜得多的宇宙。所以這種非常奇怪的光速恆定性，就是我們的宇宙保持簡單的方式。

愛因斯坦的狹義相對論論文是在他的奇蹟年——1905年——發表的四篇論文之一。這幾篇論文讓他在他的時代裡贏得「最偉大的物理學家」聲譽，並為他贏得幾份工作機會，也讓他有機會離開伯恩專利局，接連在伯恩大學、蘇黎世大學、布拉格大學以及柏林洪堡大學任教。然而，在接下來二十年左右的時間裡，狹義相對論的兩個局限性一直困擾著他：當涉及加速物體或受重力影響的物體時，這理論便說不通。此外，和我們一樣（在第十一章），愛因斯坦也覺得好奇，當我們使用牛頓定律來計算落體所經歷的重力加速度時，為何必須先乘以物體的質量，然後再除以相同質量？

愛因斯坦的剃刀

> 自然是「最簡單易懂的數學思想」之實現。
> ——愛因斯坦，1933年[3]

愛因斯坦花了十年時間，努力將加速度和重力納入他的相對論中。於此同時，另一位德國物理學家亞伯拉罕（Max Abraham）也在尋找方法，不過愛因斯坦對亞伯拉罕的方法嗤之以鼻，因為後者想尋找簡約或優雅的解決方案。愛因斯坦說：「我完全被亞伯拉罕方程式的美麗和簡約給嚇到了。」愛因斯坦將亞伯拉罕的失敗，歸咎於「只試圖尋找優雅的數學解決方案，卻沒有實際思考到底會發生什麼事……」。

至於愛因斯坦自己，則是無論他所使用的方法有多複雜，都盡可能多方觀察並建構兼容並蓄的方程式。直到最後，他才停下來檢查所建構出的方程式在數學上是否合理。他持續一個接一個地研究複雜的方程式，然而每到**檢驗**是否具數學有效性階段時，他總是一次又一次地面臨失敗。

　　換言之，愛因斯坦在職涯的這個階段，正在躲避奧坎的剃刀，轉而支持所謂的「完整性」。也就是說，試圖將最大量的可用訊息整合到自己的模型中。你可能還記得，這也是我和韋斯特霍夫之間，關於奧坎剃刀在生物學中作用的爭論根源。漢斯與處於這個職涯階段的愛因斯坦一樣，都主張完整性。然而隨著模型越來越複雜，替代實體的數量開始呈指數成長。關於這部分，你或許可以想像一下，用六塊、六十塊或六百塊樂高積木，分別可以做出多少形狀？經過多年在可能模型的廣闊空間中探索卻一無所獲，愛因斯坦終於改變策略，採用他曾嚴厲譴責亞伯拉罕「尋找簡約的形式化運作而不實際思考」的方法。他接受了奧坎的剃刀，也就是只接受最簡約和最優雅的方程式，然後再根據物理事實對它們進行測試。這一次他終於成功了。1915 年，他提出「美的無與倫比的理論」，亦即「廣義相對論」。

　　廣義相對論的思考起源，來自愛因斯坦理解到重力和加速度是無法區分的。它們的等效性，現稱為「等效原理」（equivalence principle），是我們可以意識到的概念。例如在飛機起飛時，我們感受到身體的重量從腳底轉移到背部。愛因斯坦發現二者帶來的感受是一樣的，因為二者本來就一樣，所以應該用同一組方程式加以描述。這個見解將他帶到廣義相對論及其對大質量物體（如恆星和行星）時空扭曲的熟悉描述。重力變成一種明顯的加速度，在空間中以橢圓或拋物線運動，但在「時空」中是以直線運動。因此，作為與時空輪廓不同的東西時，重力成為一種不必要的實體，宇宙也因此變得更簡約。

愛因斯坦還說他對重力的新概念，可以解決為何質量會先進入牛頓方程式，但在計算重力加速度時被抵銷的問題。在愛因斯坦的廣義相對論中，重力是時空扭曲提供的「加速度」，而不是「力」本身。因此，墜落物體的質量並不計入墜落速率的計算中。因此在廣義相對論中，重力被稱為虛構的力，而非牛頓力。

　　廣義相對論的成功，促使愛因斯坦改變他對簡約優雅的看法，此後他始終認為追求「數學上的簡約」才是根本。他建議大家：「一個理論可以透過經驗來檢驗，但我們沒有辦法反其道而行，從經驗建構出一個理論。」就本質上來說，愛因斯坦是在說明「逆向」問題，也就是從一個簡約的系統（方程式），很容易計算出複雜的結果，但我們通常無法反道而行。他也繼續論證「如此複雜的方程式⋯⋯只有在發現完全或幾乎確定該方程式符合邏輯的簡約數學條件下，我們才能找到它。」[4] 經過這些經驗的磨鍊，他此後始終相信簡約之必要。

最終，托勒密是對的嗎？

　　離開相對論之前，我們先重訪住在亞歷山卓的朋友托勒密，再看一次他那有著本輪、偏心和等距線的非凡地心系統。正如我們已經說過的，儘管它具有拜占庭式的複雜性，但效果卻出奇的好。這點也讓我們回到在托勒密、哥白尼的模型或燃素理論中多次遇過的問題：錯誤的模型為什麼可以如此正確？

　　答案是托勒密並沒有錯，他只是讓模型過於複雜。在廣義相對論中，將宇宙中的任一點作為系統的中心來進行相應計算是完全合理的事，然而不可否認的是，有些觀點確實會比其他觀點來得更複雜。太陽作為目前太陽系中質量最大的天體，它的影響超過所有其他重力的影響。把它放在系統的中心，相當於從岸上跳到伽利略想像中的甲板上，可以簡化船上所有

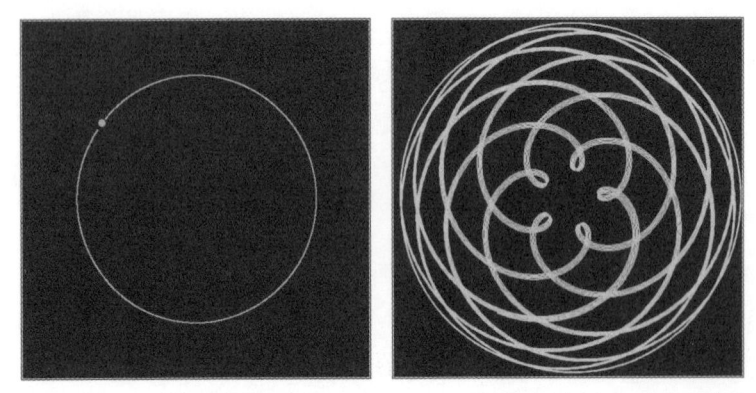

圖34：關於週期為六十年的金星軌道，在日心說（左）與地心說（右）下的移動情形。當太陽位於日心系統的中心時，金星的軌跡（左圖）；相對於地球是地心系統中心時，以右圖中的白色圓圈表示。來自 http://gerdbreitenbach.de/planet/planet.html

物體的觀察運動。雖然以地球作為系統的中心（可比喻為跳回岸上）完全合理，但你需要繪製更多的圓（見圖34）。所以嚴格來說托勒密並沒有錯，這是我們該對他的天才致上的敬意。托勒密創建了一個有用的系統，但他把事情複雜化了，要經由奧坎剃刀的應用，才能迎來更簡約的解決方案。

許多物理學（應該說許多科學）都涉及找到正確的「視角」，才讓這個世界變得更簡單。狹義相對論透過統一空間和時間來消除卡爾文勳爵的第一朵烏雲，解決了這個問題。而在接下來另一個正確的視角轉移上，吹散了他的第二朵烏雲，揭示出一個更簡約卻也更奇怪的宇宙。

17
簡約的量子世界

……人就是一種量子。
——奧坎的威廉，約 1320 年[1]

1874 年，一位名叫普朗克（Max Planck，1858-1947）的十七歲學生造訪慕尼黑大學，徵詢以物理學為職業的可能性。當時教授喬利（Philipp von Jolly，1809-84）建議他不必以物理為業，並聲稱這領域已不會有什麼新發現，叫他另選一門專業。幸好普朗克沒有被嚇倒，還是進入慕尼黑大學就讀，並於 1877 年移居柏林，在弗里德里希威廉大學攻讀博士學位，並且在那裡開始對熱力學產生興趣。普朗克在 1900 年被任命為柏林大學熱力學理論物理學教授，決定致力於解決卡爾文勳爵的另一朵烏雲，即熱力學理論未能解釋「黑體」內部原子發射光譜的問題。普朗克發現一個能正確預測觀察光譜的方程式，但其中的含義令人吃驚。基於原子以一定速度隨機移動的原理，熱力學提出當原子減速時，會以連續的頻譜範圍發光。然而普朗克方程式卻暗示，來自黑體的光能是以「離散頻率」微小能量包的形式釋放。普朗克將這些「光能量包」以拉丁文命名為「量子」

（*quanta*，原意為一部分或數量）。

　　我必須再次聲明，市面上已有許多關於「量子力學」的好書，因此本書只用幾頁篇幅，而不會完整介紹這個 20 世紀物理學的重大發現。我們將只關注量子力學能說明「簡約」作用的內容，亦即從奧坎剃刀的各種「異名同實」角度，研究這門奇怪的科學，我認為這個切入點非常正確。各位可能還記得，奧坎唯名論的核心原則來自抽象概念，例如「父性」在我們的大腦或想像中只是以名詞或想法的形式、而非作為世上真實事物而存在。基於這種理由，奧坎認為我們應該從哲學和科學中把這些抽象實體加以消除。

　　不過，在科學中到底什麼是真實、什麼是抽象，尚有討論空間。我們討論過諸如運動的概念如何「相對」，以至於在一個框架中移動的對象，在另一個框架中可能是靜止的。基於這些理由，奧坎認為運動或衝力不是一種「實體」。同樣地，在廣義相對論中，即使重力也只是一種「虛構力」。那到底什麼才是真實的呢？

　　請想像一下，你站在溜冰場邊緣，希望精確測量你朋友愛麗絲的位置。這位溜冰者正靜止不動地站在冰上。為了增加你任務的困難度，溜冰場的照明燈全數關閉，所以你看不到愛麗絲。幸好你帶了一袋會發光的彈力球。為了找到愛麗絲的所在位置，你隨機將發光球扔到黑暗中。大多數的球未受阻礙地飛越溜冰場，但有一些球反彈回來讓你接到，這些球應該是擊中愛麗絲才反彈回來的。只要你記下你每次投球和接球的位置與方向，然後應用三角測量原理，便可以在黑暗中找到愛麗絲的正確位置。

　　正如牛頓所說，每個動作都有一個相等但相反的反應。因此當球擊中愛麗絲時，一定量（量子）的動量，將會傳遞給她的身體，讓她被推向後。因此她現在的位置（測量後）應該不會跟測量前一樣。當然在宏觀的世界中，這個難題的答案顯而易見，我們只要打開溜冰場的照明燈，便能

精確定位愛麗絲的位置。

然而德國物理學家海森堡（Werner Heisenberg，1901-76）意識到，如果愛麗絲是一顆基本粒子（如電子），那麼即使是光或光粒子最柔和的接觸，也都會傳遞一些小動量改變它的位置。*這種理解促使海森堡制定了他著名的「測不準原理」（uncertainty principle）。該原理主張，粒子動量的不確定性與位置的不確定性相乘，將會大於或等於另一個基本常數值的一半，那個常數值被稱為「普朗克常數」（Planck's constant）。這個常數值非常小，†在宏觀物體（如溜冰者）上可忽略不計，但對於我們瞭解微觀世界的精度設下了基本限制。

儘管相關知識不足，我們還是可以想像這件事，因為電子的精確位置與愛麗絲在黑暗中的位置一樣真實。然而與宏觀世界不同的是，在量子世界中並沒有想像中可以「打開照明燈」的這種事，這是因為光是由光子所組成，會影響我們想要測量的任何東西。因此這點也引發一個與奧坎的威廉當初就柏拉圖的形式、亞里斯多德的共性或運動本身的現實性所提出的類似問題：如果永遠無法測量，那麼精確的位置或動量到底能有多真實？

真實的事物必須對世界產生「影響」，這點是我們對真實要求的最低標準。虛幻的東西如形式、共性、鬼魂或惡魔等，並不會對世界產生真實影響。這也是我們為何知道某些事物是精神性而非實體，或是像奧坎所描述的「偽」實體。倘若精確的粒子位置不會影響世界（若有影響，就是可測量的），那麼奧坎的威廉會堅持，它並不比柏拉圖三角形或是「父性」的本質、莫爾的「知靈」等等更真實。從奧坎唯名論的角度看，「精確位

---

* 該原理適用於「成對互補組合」的測量不確定度，例如在位置和動量的組合上，如果確定粒子的位置，便會讓它的動量不確定性增加；相反地，如果精確測量粒子的動量，則會使它的位置不確定性增加。

† 普朗克常數為 6.626×10^{-34} m² kg/s。

置」只是我們為大腦和模型中那件抽象事物取的一個名字，是與世界上任何事物都不對應的「虛構」。因此它是不必要的實體，應該從科學中排除。

量子力學正是如此。不同能量狀態間的差異太小，無法測量，因而被認為是不真實的，以致能量只能以可測量出明顯不同的「微小數據包」形式發射，也就是量子形式。同樣地，雖然熱力學允許粒子在連續的頻率範圍內振動，但量子力學堅持只允許「可測量」的頻率。正是這種量化，形成黑體輻射和普朗克方程式的特性。

然而，量子力學的奇異之處不僅限於「能量量子化」，還包括量子級的「不確定性」，其具體表現為「同時存在於多處」的粒子之反直覺特性。它們會穿過傳統上不可穿透的障礙，或是同時向兩個不同方向旋轉，而且只因為我們無法證明它們不是如此。相同的情況，粒子可能具有跨越時空、像幽靈一般的聯繫，純粹是因為海森堡的測不準原理告訴我們，你無法證明它們不具有這種聯繫。

與往常一樣，其證據就在於科學的應用。量子力學做出在整個科學史上最準確的一些預測，並提供從雷射到電腦晶片、GPS、MRI磁振造影或智慧型手機上的各項新技術。可能在不久的將來還會有更具改革性的技術，例如超高速量子電腦或量子隱形傳態（量子遙傳）。也許最令人驚訝的是，正如我在自己的書裡[2]以及我與艾爾─哈利利（Jim Al-Khalili）合著的另一本書中提到的[3]：生命似乎也相當擅長利用這個奇怪且反直覺的領域。

量子力學最大的成功便是揭開「亞原子粒子」[*]的奇特領域。然而在與它們的首次相遇中，揭開的並非一個更簡約的世界，而是闖入一片叢林。

---

[*] 比原子還小的粒子，例如電子、中子、質子、介子、夸克、膠子、光子……等。

用量子力學打開原子

原子的概念至少可以追溯到古希臘時期，然而一直到 20 世紀初，科學家仍在爭論它們是有用的想像還是真實的存在？愛因斯坦在 1905 年發表的四篇論文之一，證明粒子在流體中（如懸浮水中的微觀花粉粒）的不穩定運動（布朗運動），只可能是花粉粒與隱形的水原子碰撞才出現的現象。

古希臘時期的德謨克利特提出原子概念時，便認為它們是不可分割的微小物質粒子。19 世紀末到 20 世紀初，這個概念在古代、中世紀和現代世界的密實理論和原子論之間，以及在各種理論的往來爭辯中倖存下來。接著大約在愛因斯坦撰寫關於原子真實性的論文時，貝克勒（Henri Becquerel，1852-1908）與瑪麗·居禮（Marie Curie，即居禮夫人，1867-1934）和皮埃爾·居里（Pierre Curie，1859-1906），發現原子會放射性衰變成更小的組成部分。拉塞福（Ernest Rutherford，1871-1937）的進一步實驗也證明，原子是由一個帶正電的微小原子核組成，周圍環繞著一團帶負電的電子，彼此距離是原子核直徑的十萬倍。後來的實驗還證實，原子核是由帶正電的質子和中性的中子所組成，並提供我們熟悉且相對簡單的原子模型，也就是你經常在 T 恤上看到的那種電子圍繞原子的圖片。

不過這張簡單的圖片並未持續太久。幾位物理學家注意到放射性 β 衰變並未增加，也就是這個模型還缺少了某些東西。1930 年，量子物理學家包立（Wolfgang Pauli，1900-58）在寫給瑞士聯邦理工學院同事的一封「致親愛的放射性女士先生」的信中，預測另一種像中子一樣的零電荷基本粒子之存在，但其質量要小得多。他的義大利同事費米（Enrico Fermi，1901-54）將新粒子稱為微中子，意思是小中子，因此基本粒子數變成四個。1928 年，英國物理學家狄拉克（Paul Dirac，1902-84）設法將量子力學與狹義相對論融合在一起，但其方程式要求每個粒子都伴隨一個「反粒

子」，類似帶相反電荷的鏡像粒子。不久，電子的帶正電姐妹「正電子」果然在「雲室」（cloud chamber）＊的蒸氣軌跡中被發現了。

雲室立刻成為粒子物理學家最喜歡的工具，他們把它拖上山去捕捉宇宙射線，好避開山下宇宙射線被大氣層吸收的狀況。該實驗也發現了從太空射向地球的新粒子雨。1936年，科學家發現「緲子」（muon）的電荷與電子相同，但質量約為電子的一百倍。這項發現促使美國物理學家拉比（Isidor Isaac Rabi，1898-1988）打趣說：「這件事到底是誰設定的？」隨著各種新粒子不斷在雲室中留下蹤跡，基本粒子數很快飆升至二位數。當粒子加速器在1950年代投入使用後，情況變得更糟，大量有著奇特名稱的新粒子，如派介子（pions）、K介子（kaons）和重子（baryons），陸續從高能粒子碰撞中爆發出來。包立在目睹所謂的「基本粒子動物園」後，驚嘆地說：「我如果事先知道這件事，當初就會去唸植物學。」

對於包立這樣的物理學家來說，令人困惑的並非粒子的數量，而是沒有可以預測它們存在的理論。大多數粒子在恆星、行星或人類的形成過程中，似乎沒有發揮任何作用。因此這幾十種多餘的基本粒子，似乎在嘲笑奧坎的剃刀。

幸運的是，20世紀一位最有影響力但最不為人知的科學家，發現走出粒子動物園的簡單途徑。

可怕的對稱

艾美・諾特（Emmy Noether，1882-1935）1882年3月6日出生在德國埃蘭根，是數學家馬克斯・諾特（Max Noether）和阿瑪麗亞・考夫曼

＊ 雲室是個用來偵測游離輻射的粒子偵測器。最簡單的形式是一個充滿蒸汽的透明盒子，蒸汽會在粒子軌跡周圍凝結，使粒子可見。

（Ida Amalia Kaufmann）的女兒。她在家鄉上學，學習德語、英語、法語和數學，被期望成為一名語言教師，因為這對當時受過教育的女性而言，是為數不多可從事的職業。然而諾特本人對語言教學毫無興趣，她決心從事數學研究。她當然知道這會是重大的挑戰，因為女性根本無法就讀當地的埃蘭根大學。幸好她父親就在這所大學任教，她被允許以旁聽生的身分上課。後來她在 1903 年，也就是二十一歲時通過著名的哥廷哥大學入學考試。

1903 年，哥廷根大學已是當時數學世界的中心。諾特參加了由希爾伯特、閔可夫斯基和克萊因等數學巨擘開設的課程。但再一次，她不被允許正式入學。過了一學期，她因病返回埃蘭根，當時埃蘭根當地已放寬禁止女性入學的規定。

回到埃蘭根後，諾特在父親的同事兼好友戈爾丹（Paul Gordan）的指導下，成功完成學位並繼續修習博士學位，獲得最高榮譽，成為德國第二位得到數學博士學位的女性。後來她終於獲准在埃蘭根數學研究所任教，但只能成為無薪導師，而不能成為被正式認可的教職員。不過也正是在埃蘭根時期，她的興趣轉向 20 世紀早期數學中一些最緊迫的問題：抽象代數（abstract algebra）。這門學問關乎整體數學的運算，而不只是數字或符號運算。她發表了幾篇極具開創性的論文，引起她在哥廷根的前任老師注意。

當時正是哥廷根大學最蓬勃的時期。愛因斯坦才剛發表他的廣義相對論論文，許多數學教師都被新理論和能發揮其影響力的挑戰所吸引。在希爾伯特的邀請下，愛因斯坦於 1915 年 6 至 7 月到哥廷根演講。愛因斯坦的演講讓希爾伯特相信廣義相對論的真理，但他倆也發現這項理論似乎違反科學的一項基本原理：能量守恆，亦即能量既不能被創造也不能被消滅。此時，希爾伯特想到有個女人可以對這問題提供幫助。

圖 35：艾美・諾特。

1915 年，希爾伯特和克萊因邀請諾特回到哥廷根。她接受了，然而希爾伯特為她爭取職位的努力，雖然得到科學和數學學院的支持，卻遭到人文學科教授的阻撓，因為他們無法忍受大學裡有女性教授。希爾伯特對他們頑冥不靈感到憤怒，導致了一場著名的爭論。他大聲疾呼「我不認為候選人的性別是不錄取的理由……畢竟我們是所大學，不是澡堂！」儘管如此，19 世紀的性別偏見仍然盛行，因此諾特必須以希爾伯特的名義開課，並附注「由女博士埃米・諾特助講」，而她依然沒有薪酬。

諾特的教學風格相當「非傳統」，她的外表以蓬頭垢面著稱，經常被描述為像個「洗衣婦」。儘管她的亂髮經常從髮夾中掙脫出來，但她卻非常熱情地帶領學生深入數學理論。她採用亞里斯多德的遊走式[*]教學風格，經常帶大家邊走路邊上課。她的熱情、開朗和數學洞察力，使她被一群稱為「諾特男孩」的忠實學生追隨。她的數學家同事魏爾（Hermann Weyl，1885-1955）說諾特「溫暖的就像一條麵包」[4]。魏爾的頭銜是教授，諾特

---

[*] 我們無法確切知道亞里斯多德是否真的帶著他的學生散步？因為 peripatoi 這個詞指的是散步的地方或學校裡的演講廳，我相信亞里斯多德一定這樣做過。

則是無薪教師。魏爾說對自己「在艾美身邊佔到如此優渥的地位感到羞恥，我深切瞭解到諾特在專業領域上是我的上司」。

希爾伯特藉由諾特的能力，解開愛因斯坦廣義相對論中缺乏「能量守恆」這個令人不安的問題。除了能量之外，理論物理學還包括其他幾個基本守恆定律，例如動量守恆、角動量守恆和電荷守恆等，這些守恆都無法在傳統物理學中得到證明。它們被假設為真，只是因為沒發現例外。就像光速不變一樣，它們似乎也是宇宙基本組成的一環。而當諾特將她的數學觀念應用在廣義相對論的能量守恆問題上時，發現了守恆定律與物理基本定律之間有著更深更廣的關係。這種關係被描述為「物理學最美麗的想法」，一般稱作「諾特定理」（Noether's Theorem）。

基於「對稱性」的概念，諾特定理指出，只要物理定律存在對稱性，就會有相對應的守恆定律。

下頁左上、右上和右下三張圖[†]展示了不同類型的對稱性。左上的魷魚卵（大致上）是球形的，可在任何平面上以任何角度旋轉，看起來都幾乎相同。蝴蝶是兩側對稱，所以可以沿著一個平面分成兩半，彼此互為鏡像。海星表現出五重對稱性，右下圖中的珊瑚則沒有任何對稱性。對稱物體比非對稱物體更簡單，因為它們可以用更少的參數來描述。例如一旦你瞭解了一隻蝴蝶的一半，你也會瞭解牠的另一半。相較之下，我們無法從任何部分重建不對稱物體（如珊瑚）的整體。因此，對稱性的發現是對潛在簡單性的理解。

諾特說的對稱性則更細膩。我們可以透過想像在廣場上欣賞朋友愛麗絲的雜耍表演來瞭解這種對稱性如何運作。如果愛麗絲無論面向北、東、南或西方，她的雜耍表演都沒有差別，我們就說她具有「旋轉對稱性」。

---

† 全部來自蘇拉威西島（正好位在華萊士線上）及其周圍水域。

圖36：球形對稱（左上）、左右對稱（右上）、五重對稱（左下）和不對稱。

如果愛麗絲往任一方向走個一百公尺都沒有差別，那麼我們說她也具有「平移對稱性」。如果她在今天、明天或任何其他時間雜耍都沒有差別的話，那麼我們說愛麗絲具有「時間對稱性」。而如果她的雜耍球帶電，那麼「電荷對稱性」便意味著愛麗絲的雜耍在從帶正電的球切換到帶負電的球時，沒有什麼差別。

本質上來說，這些對稱性是愛因斯坦原理的延伸，亦即物理定律必

須對所有觀察者而言全都相同。諾特證明了只要存在對稱性，就適用相應的守恆定律。所以時間對稱性意味著能量守恆，平移對稱性意味著動量守恆；牛頓第三定律，亦即每個動作都有一個相等但相反的反應，則是旋轉對稱的結果。

諾特將她的新定理應用在困擾愛因斯坦和希爾伯特的問題上，表明如果把對稱性考慮進去，它就不再是問題。閱讀諾特的論文後，愛因斯坦寫信給希爾伯特說：「昨天我從諾特小姐那裡收到一篇關於不變量形式的有趣論文。令人印象深刻的是，她竟然可以從如此普遍的觀點來理解這些問題。」[5] 諾特突破性的定理，加上她在抽象代數方面的進展，使她從原本的默默無聞，邁向數學殿堂的貴族階級。她受邀在歐洲著名的會議上發表演講，並成為傑出學術團體的成員。儘管如此，她依然沒有相應的工作職銜。

1928 年，她應邀到莫斯科大學擔任客座教授。當她返回德國時恰逢納粹掌權。由於諾特同時具有猶太人與共產主義色彩者的身分，她於 1933 年遭哥廷根大學開除，不過她依然在自己家中教書，甚至還熱情地歡迎穿著棕色制服的納粹學生參加她的即興課程。

納粹主義的興起導致愛因斯坦和魏爾逃離德國，他們都接受了享有盛譽的美國普林斯頓高級研究所提供的教職。魏爾努力遊說普林斯頓也邀請諾特任教，但沒有成功。最後諾特在賓州附近的布林馬爾女子學院的邀請下接受教職，並於 1933 年底搬抵該地。

布林馬爾為諾特提供了避風港，讓她得以遠離歐洲正在發生的恐怖事件，做她熱愛的工作，並繼續教授和監督研究生。可惜她的幸福生活只是曇花一現。1935 年，她被發現骨盆腔中有腫瘤，並在手術後去世，享年五十三歲。1935 年 5 月 5 日星期日，《紐約時報》刊登了一封「致編輯的信」，信末署名愛因斯坦，題目為「愛因斯坦教授向一位數學家致謝」。

事實上，雖然愛因斯坦在信末簽名，但這封信是由**魏爾**所寫。他寫道：「據在世最有能力的數學家判斷，諾特女士是自有女性接受高等教育以來，最重要的開創性數學天才。」我們應該慶幸今日許多數學家和物理學家已丟棄性別上的成見。**魏爾**在諾特的葬禮上宣讀悼詞：「妳並非由上帝藝術之手和諧塑造的黏土，你是一塊原始人石，祂在當中注入了特別的創造性天才成分。」

馴服粒子動物園

諾特去世後，**魏爾**擴展她的見解，開發出革命性的粒子物理學方法，稱為「規範理論」（gauge theory）。該理論對所謂的「粒子動物園」進行了徹底的簡化，可說是整個現代粒子物理學的基礎。

魏爾堅持物理定律如諾特所說，不僅獨立於粒子在這裡或在那裡、旋轉或不旋轉，還須獨立於它們的標記或分類以外。這點讓我們再次想到唯名論者奧坎的威廉，他認為抽象概念的詞如「父性」，指的是精神上而非存在的實體，因此不該在科學中使用。「規範理論」對粒子物理學[6]採用了類似的唯名論方法，來尋找我們因執著於如何標記、描述粒子或力的方式而忽視的定律。具有這種對稱性的定律，被描述為「規範不變量」（gauge invariant）。

魏爾和他的同事在尋找帶電粒子的規範不變性規則時，找到了「馬克士威電磁定律」（Maxwell's laws of electromagnetism，馬克士威方程式組）。這項成果十分了不起，因為它證明這些極重要的定律，不僅激發愛因斯坦發現狹義相對論，也反映出更深層的對稱性，進一步展現了自然界的簡單性。規範理論還預測了在帶電粒子間傳遞力的「中性無質量粒子」的存在。各位可以想像一下，愛麗絲和鮑勃兩人各自穿著溜冰鞋站在溜冰場上，然後互丟籃球。先丟的愛麗絲向前拋球時，根據牛頓第三定律，她

會被自己拋球的力量推向後方。當鮑勃接住球時，撞擊力讓他遠離愛麗絲。其最終效果便是在彼此未接觸的情況下，溜冰者會產生偏轉。魏爾和他的同事意識到，這正是一個電子遇到另一個電子時會發生的情況。亦即「光子」就像他們手上的籃球一樣，會在彼此之間傳遞，並導致它們互相偏離，就像帶相同電荷的電子互相排斥的情況。

　　正如馬克士威方程式組統一了電和磁，規範理論也揭開先前被隱藏的對稱性，亦即將電磁與弱核力（把原子核結合在一起的兩種力）加以統一。因此原先被認知為不同的實體，被發現是相同的，讓這個世界再次變得更簡單了。而當規範理論應用於負責將原子核結合在一起的「強核力」時，便出現「量子電動力學」（quantum electrodynamics），繼而讓我們瞭解原子核中的質子和中子，事實上是由稱為「夸克」（quark）這個更基本粒子的三重樣態所組成。它們共有六種不同的「味」（flavor）：上、下、魅、奇、底及頂。例如質子是由兩個上夸克和一個下夸克所組成，中子則是由兩個下夸克和一個上夸克所組成。

　　最後，規範理論將所謂的粒子動物園，統整為粒子物理學的「標準模型」（The Standard Model）。這種方式設想出三代的物質粒子（圖37），第一、二和三代僅在質量上有所不同，如緲子和濤子（tau）是更大質量版本的電子。然後是一整代帶有「力」的玻色子（boson），包括光子和相當奇怪的希格斯玻色子（Higgs boson）。這種希格斯玻色子是種異常的基本粒子，但對描述這個世界的存在相當重要，因為它與其他粒子的相互作用，讓它們具有質量。事實上，正是這些粒子與希格斯玻色子不同程度的相互作用，讓第二代和第三代粒子比第一代粒子有更大的質量。如果希格斯玻色子不存在的話，它們都會是相同的粒子。

　　標準模型也是另一種優雅簡約的科學理論。然而大多數的物理學家相信一個更簡約的世界：大一統理論（GUTs，Grand Unified Theories）設想

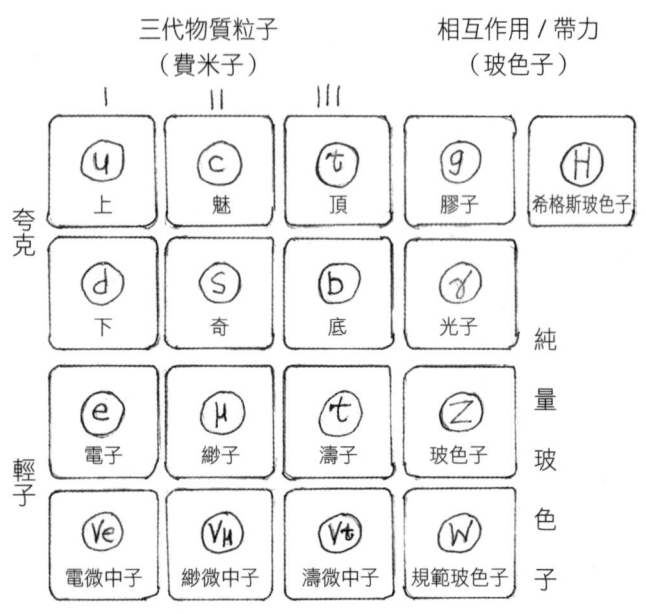

	三代物質粒子 （費米子）			相互作用／帶力 （玻色子）	
	I	II	III		
夸克	ⓤ 上	ⓒ 魅	ⓣ 頂	ⓖ 膠子	Ⓗ 希格斯玻色子
	ⓓ 下	ⓢ 奇	ⓑ 底	ⓨ 光子	純量玻色子
輕子	ⓔ 電子	ⓜ 緲子	ⓣ 濤子	Ⓩ 玻色子	
	Ⓥₑ 電微中子	Ⓥμ 緲微中子	Ⓥₜ 濤微中子	Ⓦ 規範玻色子	

圖 37：粒子物理學的標準模型。

在高能量下，電弱力和電強力是統一的，輕子（主要是電子和微中子）和夸克會被顯示為同一粒子的不同面向。

我們可以再次想像，溜冰場上的每個人都在冰凍的湖面上快速旋轉，而強烈的北風吹過湖面。當溜冰者高速旋轉時，相當於在高溫或高能量的狀況下，大家都是一樣的旋轉對稱。然而當溜冰者逐漸減速失去能量，北風開始椎心刺骨，溜冰者最終停了下來，他們的肩膀會對齊風向，因為這個方向最能減少空氣阻力。因此一旦靜止，溜冰者當中約有一半的人會面向東方，另一半則面向西方。這讓他們的旋轉對稱性被打破了。曾經屬於單一類型的溜冰者，現在是兩類溜冰者的混合體。GUTs 便提出在宇宙大霹靂冷卻後，發生了類似的「對稱破缺」（symmetry-breaking）事件，從單一的夸克—輕子粒子中凍結了輕子和夸克。這些粒子雖然看起來不同，

但它們透過「必須以非常高的能量才能復原」這種潛在的簡約性結合在一起。

到底能夠多簡單？

我們一路拿著奧坎的剃刀，沿著中世紀到現代世界的軌跡逐漸接近尾聲。目前為止，我們已完全「信任」剃刀的價值，而且這種信任並沒有讓我們失望。許多偉大的科學家如哥白尼、克卜勒、伽利略、波以耳、牛頓、達爾文、華萊士、孟德爾、愛因斯坦、諾特、魏爾和其他許多人，都相信「簡約」的能耐。這種信任也不斷以驚人的新見解、進步和比以前「更簡約」的宇宙來回報這些人。不過，剃刀並不能完完全全保證這一點。

正如我反覆強調的，雖然宇宙可以隨心所欲地複雜，但剃刀永遠有用，只要你不超出剃刀的職權範圍。奧坎那句「如無必要……」的附帶條件，便是允許你添加任何程度上「需要的」複雜性。儘管前提如此，但這些偉大的科學家找到的解決方案，總能發現一個更簡約的世界。天空的定律不必在地上一樣適用，電和磁可能是完全不同的力量，光則可能與它們全然無關。簡約並非注定，而是被人發現或揭露的。換言之，奧坎的剃刀並不能保證世界會很簡單，但它幾乎總是朝向簡單，為什麼呢？

1960年，出生於匈牙利的理論物理學家暨諾貝爾獎得主維格納（Eugene Wigner，1902-95），發表一篇深具影響力的論文，題目為「數學在自然科學中極不合理的有效性」[7]，認為數學在讓我們理解世界的非凡能力上就像一個謎。類似的說法，就像奧坎的剃刀在科學尋求簡約時所具有的「不合理的有效性」一樣。事實上，維格納在他的論文中也提出類似的觀點，他認為數學家總是尋找能「吸引我們審美意識，既能運算又具有普遍性和簡約性的定理」。維格納對數學「不合理的有效性」之困惑，

也是對簡化後「不合理的有效性」的反映,為什麼簡約的效果會這麼好?

雖然維格納無法解釋為何數學如此有效,但他得出結論:「數學的語言適用於制定物理定律,就像上天賜予的絕妙禮物,讓我們覺得難以理解也不配擁有。」正如我們在本書所見,數學也是我們發現簡約性的一種工具。所以我相信維格納所說的難以理解的「絕妙禮物」,其真正來源便是「簡約」。

因此,在本書最後一章,我們將探索一個非凡理論,它可能為奧坎剃刀「不合理的有效性」提供了原因。在看到完整的解釋之前,我們要先來仔細看看奧坎的剃刀如何對其運作。所以我們必須一路退回好幾個世紀之前,去見一位對遊戲相當感興趣的牧師。

18

展開剃刀

> 最能激發科學理性思考的格言……便是「奧坎的剃刀」：如無必要，勿增實體。
> ——羅素，1914年[1]

1761年4月，即牛頓去世三十四年、愛因斯坦出生前一百一十八年，不循規蹈矩的新教牧師、道德哲學家兼數學家普萊斯（Richard Price，1723-91），檢視了剛去世的朋友數學家貝葉斯（Thomas Bayes，1702-61）尚未發表的論文。貝葉斯是位成功的科學家。就在三十年前，愛爾蘭哲學家暨羅馬天主教主教伯克利（George Berkeley）在一篇寫給「異教徒數學家」的文章中，抨擊牛頓的機械科學破壞了宗教信仰，當時貝葉斯急忙為牛頓的微積分數學法辯護，後來又以1736年撰寫的《潮流導論》（*An Introduction to the Fluxions*）作為回應，內容不僅為牛頓辯護，還抨擊了伯克利的動機，認為「將宗教引入爭議的舉動完全錯誤」。儘管貝葉斯本身是長老會牧師，但他堅持「我將我的學術主題視為與宗教無關，只作為人類科學的問題」。可以說，四世紀前奧坎的威廉發起的物理科學與宗教的

分離,此刻已接近完成。

　　普萊斯在貝葉斯未發表的論文中,發現一篇既有趣又費解的論文。論文標題是「解決機會學說中某個問題的論文」。「機會」或「機率」在18世紀是熱門話題,因為當時英格蘭和蘇格蘭的保險業,都已因擁有為死亡、沉船、財物損壞、疾病、受傷或任何不幸風險定價的能力而發財。由於普萊斯的幾位家人都是精算師,因此在十年後他也撰寫了一本關於精算計算統計方法的書。不過在1761年時,他從未見過貝葉斯論文中描述的統計數據。

　　貝葉斯是本書故事中最難捉摸的英雄,我們對他的瞭解幾乎跟奧坎的威廉一樣少。他也有一幅廣泛流傳的肖像畫,上面畫的是一位身穿教士長袍和領子的嚴肅黑髮男子,一般宣稱這就是貝葉斯的肖像,不過其真實性有待商榷。[2] 他出生於1702年,地點可能是赫特福德郡,他是另一位不墨守成規的牧師約書亞・貝葉斯的兒子。在愛丁堡大學學習神學和邏輯學後,貝葉斯繼續在肯特郡坦布里奇韋爾斯的西恩山教堂擔任牧師。1663年,在國王查理二世和王后造訪該地「取水」後,這個溫泉小鎮在復辟時期成了廣受歡迎的度假勝地。然而羅切斯特伯爵威爾莫特(John Wilmot, Earl of Rochester)在他1685年出版的《風流債》[3] 一書中,將此地描述為「一群愚人、小丑、戴綠帽者、妓女、公民、他們的妻子和女兒的聚集地」,該鎮從此受到不雅聲譽的影響。

　　在「一群愚人⋯⋯」中,貝葉斯牧師並不是特別受歡迎的傳教士,但他確實樹立了學者的聲譽,甚至還受邀向1740年造訪的「東印度群島三個原住民」展示冰的融化過程。或許因為貝葉斯對牛頓微積分做出辯護,1742年他被選入皇家學會,但在1771年去世前並沒有進一步發表任何數學著作,因此貝葉斯這篇關於機率的論文,完全出乎他朋友普萊斯的意料之外。於是在貝葉斯去世兩年後,他安排在皇家學會的一次會議上閱讀這

篇論文並加以發表。

機率的剃刀

貝葉斯似乎是在閱讀蘇格蘭哲學家休謨（David Hume）的《人性論》（*A Treatise of Human Nature*）後，才對機率產生興趣。休謨提出著名的「歸納問題」，作為對啟蒙運動以來佔據主導地位的科學方法論之批評。誠如第十章所述，培根開創了歸納法，作為從多次觀察中得出科學有效結論的手段，例如從人類歷史中「每個早晨太陽都會升起」的觀察，我們便可用歸納法來斷定太陽總是會升起。然而休謨指出，這點並非基於任何可靠的推理，因為我們若去比較「太陽總是在早上升起，明天也將升起」的命題和「太陽總是在早上升起，明天不會升起」的命題，就會發現並沒有哪個提供了更多證明。兩者都可能與所有現存證據相容，卻無法根據邏輯或經驗加以區分。因此休謨認為這種歸納推理法，只能提供機率而非確定性。

貝葉斯接受了休謨的論點，認為歸納並不能提供確定性，但他確信歸納仍然提供了有用的「機率」，於是他開始在一個堅實的數學框架內貢獻他的個人直覺。貝葉斯身為教會牧師，很可能參與了許多募款活動，活動內容可能包括輪盤、彩券或抽獎等，因此他在論文中要求我們「想像有個人正在抽獎，但他對彩票計畫一無所知，也不清楚其中空白彩券與得獎彩券的比例」。關於這部分，我們用骰子來代替輪盤，會更容易理解奧坎剃刀在貝葉斯統計中的作用。各位可以想像貝葉斯的朋友普萊斯先生擁有兩枚骰子，第一枚是傳統的簡單六面骰子，第二枚則是奇特且複雜的六十面骰子。接著請進一步想像，普萊斯先生說服貝葉斯一起玩一個遊戲：他在屏風後面擲了兩個骰子中的一個，然後說出它的號碼，接著請貝葉斯猜猜他擲了兩個骰子中的哪一個？

貝葉斯的第一個直覺是，普萊斯先生投擲任一骰子的機會均等。根

圖 38：兩種骰子。

據貝葉斯死後才發表的論文所描述的統計數據來看，他會分配一個「事前機率」（prior probability），亦即普萊斯先生擲出六面骰子的機率為 0.5，六十面骰子的機率也同樣為 0.5（整體機率為 1）。現在假設普萊斯說出的第一個數字是 29。貝葉斯肯定會喊出「你擲的是六十面骰子」，普萊斯也當然會點頭表示答對。然而貝葉斯的數學思維，讓他會根據論文中所描述的原理進行簡單的計算。對於六十面骰子的假設，他會將 0.5 的先驗值乘上一個稱為「似然」（likelihood）的概率值，亦即六十面骰子擲出 29 的可能性。因為骰子可能出現的數字有六十個，那麼包括數字 29 在內，每個數字都有 1/60 或 0.016 的可能性。將此數值乘以 0.5 的先驗值後，對六十面骰子來說，貝葉斯將得到 0.008 的「事後機率」（posterior probability，完成此數字的機率）[*]。

貝葉斯同時也對六面骰子執行相同的計算，將其事前機率 0.5 乘以它拋出數字 29 的可能性，答案當然是 0，因為它的六個面都沒有 29 這個數字。將任何數字乘以 0 會得到 0，所以六面骰子擲出 29 的事後機率為 0。

---

[*] 用於計算事後機率的貝葉斯定理，更正確的寫法應該是「事前機率」乘以「似然」，再除以「觀察機率」。而與理論無關的是，我省略掉除法的步驟，因為它只是為了對事後機率的值進行歸一化，以便讓它們的總和為 1。由於我們假設投擲這兩個骰子的可能性相等，因此在此情況下並不需要除法步驟。

若要比較兩個事後機率，他將六十面骰子的事後機率 0.008 除以六面骰子的事後機率 0，而任何數字除以 0 會得到無限大，因此與六面骰子相比，六十面骰子擲出 29 的相對機率是無限大。因此，普萊斯先生擲出六十面骰子的可能性要大得多，貝葉斯得一分。

貝葉斯定理似乎是把簡單的直覺加以擴大，但當普萊斯再次祕密選擇兩個骰子中的一個來投擲時，第二輪的遊戲變有趣了。他擲出骰子並喊出數字 5。現在情況就很不確定了，因為任一骰子都可能擲出 5。兩者的可能性一樣嗎？貝葉斯牧師沒想到這個問題，或設計他的統計方法來精確處理這種歸納問題。因此面對兩個、幾個甚至無限多個假設骰子或模型來符合數據時，你該選哪個骰子呢？

貝葉斯統計中的關鍵因素是貝葉斯提出的「似然」，正如統計學家傑弗里斯（Harold Jeffreys）在 1989 年出版的機率教科書中所說的，[4] 後來也被許多貝氏統計學家進一步闡述，[5] 即透過偏好簡約理論並懲罰複雜理論的奧坎剃刀來加以處理。這點在對第二輪擲骰子遊戲，重複事前機率到事後機率的貝氏轉換後便可看出。貝葉斯將再次為兩個骰子分配 0.5 的事前機率。六十面骰子擲出 5 的可能性與擲出 29 的可能性相同，亦即 1/60 或 0.016。所以當這個值乘以事前機率時，貝葉斯再次獲得 0.008 的事後機率。

但對六面骰子重複此操作時，它擲出 5 的可能性要高出得多，亦即 1/6 或 0.16。這當然是因為六面骰子的結構更簡單，能擲出的數字較少。貝葉斯把六面骰子的事前機率 0.5 乘以 0.16，得到事後機率 0.08。這數字是更複雜的六十面骰子事後機率的十倍。因此由六面骰子而非六十面骰子擲出數字 5 的可能性多出十倍。基於他創新的統計數據，貝葉斯會喊出「這是六面骰子」。而在這種情況下，他將再次獲勝。

「似然」為貝氏統計提供了自己的內建剃刀，自動支持更簡單的假

設，因為它們生成數據的機率更高。另一種視覺化的方法是考慮「參數空間」（parameter space），這是每個模型或假設的「可能值範圍」，也可說是每個模型或假設可能生成的「觀察範圍」。請各位看一下圖 39 中螺旋分布的數字。六面骰子的參數空間可擲出的數字位於中心區域的較小泡泡內，而較大的泡泡範圍則代表六十面骰子的參數空間，周圍的空間則是這兩個個骰子都無法擲出的數字，它會一路延伸到無限大。請注意，六十面骰子的空間裡包含了簡單骰子可達到的較小參數空間。數字 5（被最小的泡泡包圍）同時包含在兩個空間內，因為它可以被任一骰子擲出。如果普萊斯先生擁有一個七十面或八十面骰子，或任何實際上可產生相同觀察結果、無限數量的骰子，它們也都能擲出數字 5。這就是我們在本書遇到的科學核心問題：選擇模型。當你擁有大量「可能模型」時，該如何在它

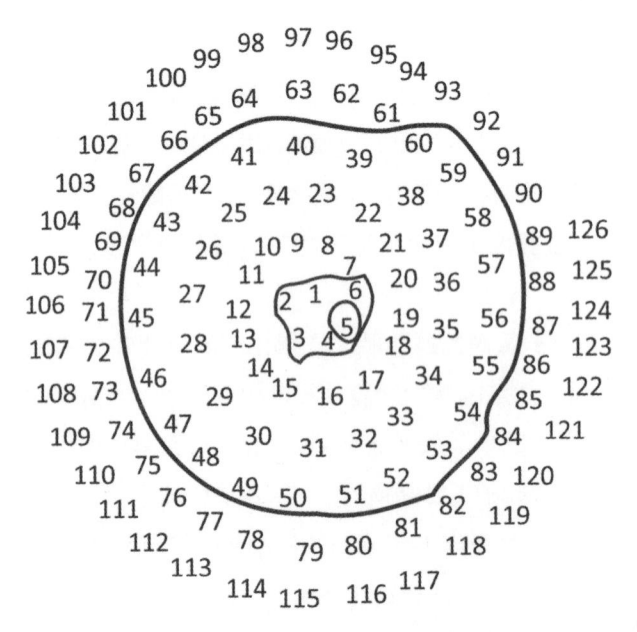

圖 39：六面骰子與六十面骰子以及更多模型的參數空間。

們之間進行選擇？貝葉斯自己的剃刀本質是選擇數據空間（上例中的數字5）佔模型參數空間（六面骰子）最大比例的理論、假設或模型，並因此確定最有可能生成該數字的骰子是誰。這當然就是對「最簡約模型」的取捨，亦即奧坎的剃刀。

貝葉斯的奧坎剃刀是處理「多種模型」的科學手段，而這些多餘的模型也都能符合數據。如果把它轉換成牛頓定律的情況，例如該定律指出「每個力都有一個相等而相反的反作用力」，那麼當你踢足球時，會有你的鞋子（動作）對球的作用力，以及球對你腳的作用力（反作用力）這兩種力，這個最簡單的定律也適用於每場足球比賽中的每一次踢球。然而在考慮「多種模型」的情況下，我們也可以找到另一條同樣適用於所有數據的定律，例如「對於每一個動作而言，都有一個相等而相反的作用力，外加一個看不見的小惡魔，牠也一起推了球，然後把球壓在你的鞋子上」。接著可能還有另一個「第三種假設」模型是有兩個看不見的惡魔，「第四種假設」是兩個惡魔加上一個天使……等等不同的組成部分，因為它們的數據都可以符合，因此被加諸在球對你鞋子的反作用力上。依此類推，直到包括無限數量的假設模型……。

這個例子可能微不足道，但不盡然如此。以太、托勒密的本輪、燃素、生機論、莫爾的「認知原則」、神聖創造者的概念、磁和電、空間和時間、重力和加速度、小到無法測量的能量……等等，全都是轉動世界齒輪的複雜方式，沒有一個可以只靠邏輯來消除。但是科學的本質是如果有一個更簡約的模型可用，就該採用它。貝氏統計提供了這種形式的統計基礎，從而支持了奧坎的剃刀。

哥白尼、牛頓、孟德爾、達爾文和其他人取得的所有革命性科學進步，被美國科學哲學家孔恩稱為「典範轉移」（paradigm shifts），全都涉及先分支出更複雜的模型，最後才得到一個最簡約的模型。他們對簡約模

型的偏好來自神祕的、神學的、美學上的原則,或甚至來自簡單的直覺。然而,儘管奧坎剃刀有許多不同的表現形式和理由,[6] 我相信貝葉斯所用的剃刀已表達出它應該運用在科學的本質上。這把剃刀偏愛簡約的理論,並非因為更漂亮(儘管經常如此),也不是因為更容易理解(通常也是如此),更不是因為所做的假設較少(是這樣沒錯),或是因為做出了更嚴格的預測(每次都是如此),而是因為這些簡約理論更可能成真!

然而,最重要的是我們必須記住,對於簡約解決方案的偏好,就是通往「現代」的發展過程。在奧坎的威廉之前,一般人對問題的標準反應是拋出額外的實體來解釋。而奧坎的威廉是第一個堅持深入研究最簡約解決方案的人,這項原則已成為科學的基礎和現代性的標誌。

簡單的事實?

貝葉斯形式的奧坎剃刀,也提供一種極具啟發性的「洞察」,解釋了為何從哥白尼到第谷、伽利略或牛頓等科學家,儘管手上沒有令人信服的證據,卻能如此確信地球圍繞太陽運行。儘管缺乏確鑿的證據,但作為早期現代科學的巨人依然相信日心說,這點也已被孔恩(Thomas Kuhn)[7] 或庫斯勒(Arthur Koestler)[8] 這些歷史學家和科學哲學家廣泛引用,以此證明實情與科學家的主張相反,科學並非只受到理性驅動,也受到非理性、個人或文化偏見的驅動。孔恩寫道:「純粹根據實際情況來看,哥白尼的新行星系統是失敗的;它既不比前輩托勒密的模型更準確,也不見得更簡約。」庫斯勒同樣也寫到,托勒密和哥白尼模型都包括大約三十到八十個週期或本輪(取決於它們的計算方式)。基於這些理由,孔恩和庫斯勒認為這些偉大科學家所依據的簡約標準是假的。

20世紀的後現代主義者和相對主義哲學家及歷史學家,急切抓住了這種主張來支持自己的說法,亦即科學對客觀真理的主張並不比其他思想

體系更強。例如科學哲學家費耶阿本德（Paul Feyerabend，1924-94）就認為：「對於那些關注科學史提供豐富材料的人來說……很明顯地，只有一項原則可以在所有情況下，或是人類發展的所有階段中值得捍衛，這原則就是：一切皆有可能。」[9]而根據後現代主義者的說法，科學不過是與其他信仰體系如宗教、神祕主義、巫術、民間信仰、占星術、順勢療法或超自然現象等，一起佔據了歷史上的一席之地。他們宣稱每個人都有自己的真理，沒有人可以宣稱對某項真理擁有壟斷。他還說在公共教育體系中，「科學」在學校課程中不應比神祕主義、魔法或宗教等方面佔據任何特權地位。

當然，奧坎的威廉肯定不同意這種說法。他認為科學和宗教之間存在明顯的區別，因為科學是基於理性，宗教則是基於信仰。然而後現代主義者不同意這觀點，他們有許多論點深受奧地利裔英國哲學家維根斯坦（Ludwig Wittgenstein，1889-1951）的影響。儘管維根斯坦曾接受工程師培訓，但他對數學以及後來在劍橋大學羅素（Bertrand Russell）領導下的哲學著迷。羅素在 1903 年撰寫了《數學原理》（*Principles of Mathematics*），書中主要論點在於證明數學和邏輯有類似的關聯。而在 1921 年，維根斯坦出版了極具影響力的《邏輯哲學論》（*Tractatus Logico-Philosophicus*），他在書中研究了語言與現實之間的關係。在他職涯的這個階段，似乎接受了科學能對世界做出「可驗證真實與否」的陳述（有許多哲學家仍在爭論維根斯坦大部分哲學陳述的含義）。三十年後，在維根斯坦的哲學調查中，似乎已放棄探索「語言如何代表世界」，而是認為語言只有「不同使用方式」或只是「語言遊戲」而已，其意義完全來自於語言的「使用」。這論點似乎類似「奧坎的威廉」這樣的唯名論者所堅持的，認為「語言」是我們腦中的想法，而非世界上存在的共性或本質有很多共同之處的事物。在七個世紀前，奧坎曾用客棧老闆在自己的門上方掛一個

桶箍（鐵環之類）來比喻裡面有賣酒。[10]桶箍與一杯酒之間並沒有直接關聯，只是用來代表一種慣例，讓其他用戶（如飲酒者）認知到這點，以協助他們在這世上的生活。奧坎認為，所有的語言，都類似這樣透過詞語在使用者的效用上獲得了意義。

然而，維根斯坦比奧坎更進一步，他認為每個語言遊戲在亞里斯多德意義上「圓與直線無法比較」的現象上都是不相稱的（incommensurate），因為它們屬於不同的存在類別（亦即語言使用的標準不同）。前面說過，奧坎在14世紀打破了這概念，他用解開繩索的比喻，證明繩索可以是圓或是直線。然而標準不同或類別錯誤的情況，在哲學界依舊頑固地存在。英國哲學家賴爾（Gilbert Ryle，1900-76）最喜歡的一個例子，是想像一位訪問牛津的人，在參觀許多圖書館和學院後詢問導覽員說：「牛津大學到底在哪裡？」這位訪客的錯誤是假設該大學屬於「物質對象」的類別，所以認為應該會有一個明確的「大學建築」，而非只是那些在學生、教職員和一般訪客心中彼此存在因果關係的機構。同樣地，孔恩認為「……從科學革命中產生的科學傳統，不僅與過往的傳統無法相容，實際上往往也不可比較」[11]。美國後現代主義哲學家羅蒂則說：「我認為沒有……任何獨立於語言之外的真理。」[12]

儘管他們似乎站在「反科學」立場上，但我確實同情後現代主義者和相對主義者（relativist）提出的許多觀點；例如他們反對「西方文化價值觀」的觀點，因為所謂西方文化價值觀，通常代表富有、白人、受過高等教育的西方人價值觀，卻以為舉世通用。後現代主義者正確地指出，若拿漫威的蜘蛛人或阿散蒂民間故事裡的蜘蛛阿南西做比較，我們並沒有任何客觀的理由，認為莎士比亞的《哈姆雷特》具有更高的價值。科學也是語言和文化的產物，正如量子力學創始人波耳（Niels Bohr）所觀察的：「我們被語言限制到如此的程度，以致每一次形成洞識的嘗試，都是一場文字

遊戲。」[13]然而，這正是我跟後現代主義者分道揚鑣之處。我認為他們的相對觀點無法轉移到科學之中，因為科學與文化並不相同，科學定律是用「數學的通用語言」所寫成的。幾千年來，無論語言和文化如何變遷，古代巴比倫人和埃及人以及世界各地的人們，都同樣知道斜邊平方與三角形另兩邊的平方之間的關係，這點不受任何事物影響。

這就是為何奧坎的威廉如此重要的原因。他把數學從「不同標準」和「禁止後設論點」的束縛中解放出來（見第五章）。經過好幾個世紀，最終讓伽利略和牛頓將地球和天體的運動確立為一組簡約的數學規則，而且這些簡約規則甚至能讓古代巴比倫的稅務員、馬雅的占星家或是非洲商人理解。數學以理性深入到最簡約的可能規則集合，而將科學從一種文字遊戲，提升為一種「通用語言」。

然而，還有另一種後現代主義的見解，儘管未能主導後現代主義者的途徑，但對奧坎剃刀的作用來說卻是真實又重要的——亦即這些人所說的「真理不可知」。這點甚至讓科學家感到震驚，因為他們普遍被教導成「科學」是向真理邁進，而且無法阻擋。

請想像一下，終於有一天科學達到「瞭解一切」的幸福狀態，亦即「真理」的世界，但我們又如何知道呢？終極真理的知識，一定預設了某種在我們感官或科學儀器所提供的證據「背後」可看到一切的「方法」，以便讓我們看到這個「真理」的世界，而非透過感官或科學儀器「直接」觀看這世界。它一定假設存在一個可知的、完整的、完美的世界，一個理想化的柏拉圖式世界，亦即奧坎在許多世紀前就「否定」的世界。如果我們想要像奧坎一樣拒絕這種理想的世界觀，就必須先依靠我們的感官經驗，並依靠符合觀察數據來解釋我們的存在所「必須假設」的無限多種宇宙模型。

然而，這並非如同後現代主義者所爭論，因「真理的不可知」而讓

「所有模型都是平等的」。例如在繪製星座時，今天的占星家不會再參考火星神的喜怒無常或木星的淫蕩等，而是會參考基於克卜勒太陽系簡約模型的星盤。現代的超自然現象信徒會透過電話和電子郵件來訂下會議時間，而非彼此透過心靈感應來相通；而且如果這些會議在海外舉辦，他們也會搭乘飛機，而非懸浮空中飛抵會場。科學可能是一種語言遊戲或模型，但科學與從煉金術、風水、順勢療法到無法解讀的後現代主義小冊裡的大多數模型不同，科學的模型在「實用」上有效，因為它們很「簡單」，而且可以提供準確的預測。

科學就是簡單

幾乎所有科學，事實上，幾乎整個世界的所有知識，都基於類似貝氏推理的歸納法。例如後現代主義者所說的，太陽升起的一千次觀測證據並不能為我們提供確定性，然而它確實可以為我們提供一個極可能的「可能性」，亦即一個最簡單的假設——明天太陽也會升起。雖然這是機率而非確定性，但對科學來說已經足夠，而且是現代科學的核心。然而不論是煉金術士的實驗、占星師的計算，也不管其他一千個神祕主義者、哲學家或牧師等都不會只因為最具「可能性」而接受最「簡約」的解決方案。

當然科學不只是簡約。實驗、邏輯、數學、可重複性、可驗證和可否證性，都起了重要的作用。最後一個「可否證性」（falsifiability），由哲學家波普爾（Karl Popper，1902-94）倡導，很可能是區分科學與偽科學理論中最多人引用的標準。然而它並不能保證科學性，因為證明一個理論是錯的與證明它是正確的一樣不可能。任何實驗者都知道，當實驗結果與他們的預測相反時，他們並不會急於宣布自己最喜歡的理論已被「證偽」。相反地，他們會透過增加額外的複雜性，來假設相反數據存在的原因。我們已在第十二章看到這種過程，亦即燃素或熱量的擁護者發明了新的實體

如「負權重」，而非直接放棄他們的理論。創造論者也是發明「荒謬但不可證偽」的複雜性專家，例如先前提過他們對化石紀錄的說法。

數據無法反駁理論的情況，在觀察「已死理論」時也很明顯。這些被遺棄的理論也可能被確切證據加以反駁，而偶爾「起死回生」。例如拉馬克的遺傳理論本已被觀察和實驗證據給反駁，因為該理論被後天特徵的「遺傳」所反對，之前舉的反駁案例是鐵匠負責鎚擊的較粗手臂並不會遺傳。然而在 1990 年代，出現少數得到特徵的遺傳證據（如飲食偏好）又讓拉馬克遺傳形式再度復活，也就是我們今日所稱的「表觀遺傳學」。[14] 又如 20 世紀初，愛因斯坦發明了稱為「宇宙常數」（cosmological constant）的因子，使他的廣義相對論能與靜態宇宙一致，而當他看到宇宙正在膨脹的現象時，便放棄這種說法。然而在 21 世紀，宇宙常數又重新出現，用來解釋太空本身的「暗能量」。* 同樣地，正如我們在上一章討論過的，沒有人反駁地心說，因為它並沒有錯，只是不像後來的替代方案那麼有用。歸根結底，後現代主義者說的沒錯，沒有任何理論可以被證明是對還是錯。然而，這種說法並不能阻止我們選擇正確預測事實的最簡約方法。因為科學的核心是簡約，而非可否證性。

袖珍剃刀

當然，我們不需搬出貝葉斯，請他幫忙證明「日心模型」比起「地心模型」的混亂輪子，對行星穿越天空的路徑能提供更簡約的解釋。因為這種現象十分明顯，我們的大腦似乎對「簡約」有一種自發性的偏好，正如認知心理學家查特（Nick Chater）[15] 所主張：我們會自動將「更高的機

---

* 暗能量是指增加宇宙膨脹速度的一種難以察覺的能量形式，是目前對宇宙加速膨脹的觀測結果解釋中，最流行的一種說法。

率分配給更簡約的模型」。然而，我們如何辨識什麼東西更簡約呢？一項較容易判別的特徵便是「解釋理論的長度」。莎士比亞體會到「簡潔是智慧的靈魂」，然而簡潔也正是簡約的特徵，荒誕不經的故事往往是長篇大論。哲學家古德曼（Nelson Goodman）設計了一個十分複雜的「文本簡單性」[16]測試，這種簡單但效果很好的經驗法則，我稱為可隨身攜帶的奧坎「袖珍剃刀」。它的做法是計算「相反的」解釋或模型所需的重要詞語（不包括冠詞、連詞等）數量，並將每個重要的額外詞語之機率減半，以懲罰它們使用了較長的詞語。

舉例來說，如果我們將這把口袋剃刀，應用於行星路徑的兩種模型上。我們發現，將太陽置於中心來解釋行星路徑的模型，大約需要五十個字；至於將地球置於中心並在天空中建立一個又一個額外本輪來解釋相同行星路徑的模型，保守估計最少需要用一百個字。因此，根據我口袋裡的計算機，得出這把袖珍剃刀證明日心模型正確的可能機率，大約是地心模型的 2^{70}（或約一百萬）倍。

我們還可以將這把奧坎的「袖珍剃刀」應用於本書提過的其他爭議上，例如創造論者與天擇論者對於化石或「有花紋的石頭」的描述。或是測試它在面對坊間的順勢療法或水晶治療等偽科學療法上的優勢，應該也很有啟發性。袖珍剃刀可以說明它們如何與競爭對手的解釋相反，因為它們根本就無法解釋。此外，全球暖化及其可能的原因，也提供另一種有趣的「磨刀石式」說法，因為你可能想要拿起這把袖珍剃刀，在這種說法上磨鍊一番。

最後我想提醒各位，奧坎的剃刀本身並未宣稱宇宙的簡單性或複雜性。相反地，它是在敦促我們選擇可以「預測數據」的最簡約模型。我們將這種形式的簡約原則稱為「弱奧坎剃刀」（weak Occam's razor）。當然許多科學家，尤其是物理學家，接受的是所謂的「強奧坎剃刀」（strong

Occam's razor）理論——亦即這個宇宙就人類的存在而言，是「最簡約」的模型。

19
所有可能世界中最簡單的一個？

> 自然界所做的每一個動作，都是以最短路徑完成的。
> ——達文西筆記[1]

1753年夏，柏林一群士兵正按照腓特烈大帝的命令焚書。印在這些燃燒書頁上的文字，是法國啟蒙運動的巨人、也是當時的柏林居民伏爾泰（Voltaire，1694-1778）所寫的小書《責罵阿卡基亞博士》（*Diatribe du Docteur Akakia*）。這本書是針對當時另一位法國人，即柏林居民和柏林學院院長莫佩爾蒂（Pierre Louis Moreau de Maupertuis，1698-1759）的生活與工作所做的惡毒諷刺。

莫佩爾蒂生於1698年，比貝葉斯早四年出生在法國布列塔尼海岸的聖馬洛港。他在巴黎學習數學，1723年被科學院錄取，並成為在英吉利海峽對岸發現多種定律的牛頓之擁護者。1830年代，莫佩爾蒂對於地球到底是在赤道（扁圓形）還是兩極（高長圓形）較長做了推論。他利用牛頓力學預測地球為扁圓形，這與法國著名天文學卡西尼（Jacques Cassini，1677-1756）的觀點恰好相反。1736年，法國路易

十五任命莫佩爾蒂率領一支探險隊前往芬蘭的拉普蘭省進行研究，以解決這場爭端。莫佩爾蒂對地球最北端曲率進行測量，證明我們的星球在兩極附近確實較為扁平。後來他也將測量方法與結果寫成一本書。這書讓剛剛創立柏林學院的腓特烈大帝留下深刻印象，因此將學院院長的職位賦予莫佩爾蒂。1745 年，這位法國人接受了職位。

大約就在此時，莫佩爾蒂心中誕生了一個更崇高的計畫，他認為自己有辦法證明阿奎納在五百年前的嘗試，亦即證實「上帝的存在」。中世紀神學家格羅塞泰斯特（Robert Grosseteste）認為「光」是上帝放射出來的，這點可提供線索。而在一世紀前，法國數學家費馬（Pierre de Fermat，1607-65）曾對光線從一種介質傳播到另一介質時會出現「彎曲」的現象感到困惑。這種我們現在稱為「折射」的現象，便是導致棍子或鉛筆浸入水中的部分，看起來會由筆直變成彎曲的原因。乍看之下，這種現象與我們所說的簡約原則相互矛盾，因為「彎曲」的折線比「斜線」更複雜。然而費馬提出，光的前進並非盡量減少路徑中的「彎曲數量」，而是盡可能減少抵達目的地所需的「時間」。他將這種說法與他的猜想相互結合，以此解釋這種彎曲現象，也就是為何光在水中的傳播更慢。他提出光透過速度較慢的介質時會採用最短路徑，以盡可能減少總傳播時間（圖 40）。1744 年，莫佩爾蒂展示了適用於折射和反射、更廣義的「最小作用量」（least action principle）原理。他提出這兩種現象想要最小化的對象並非時間，而是時間乘以能量，也就是他所謂的「作用」。

為了掌握該項原則，我們可以回到「箭離開弓箭手後，會有怎樣的飛行路線」這個古老問題。這問題曾讓亞里斯多德感到棘手，也促使讓布里丹發明了「衝力」的概念（參考第五章），作為一種類似為箭提供動力飛行的燃料。任何弓箭手都知道，要擊中遠處的目標，箭必須瞄高一點，這樣落下時便可命中目標。由弓提供的每條飛行軌

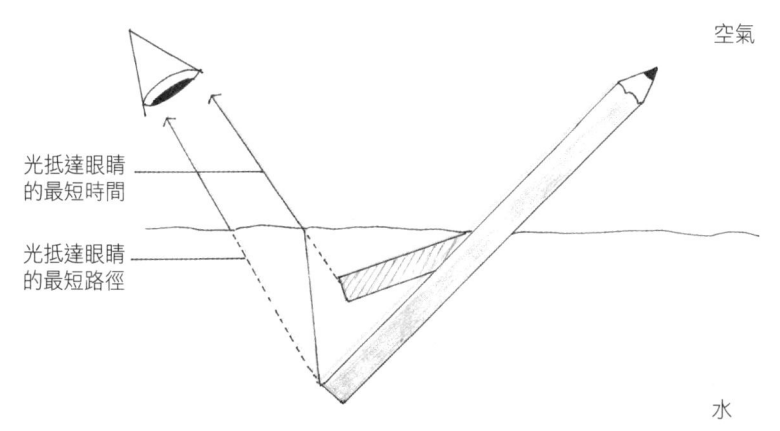

圖40：最小作用量原理，解釋了棍子浸入水中部分的明顯彎曲。

跡，都是由角度和速度所決定。有經驗的弓箭手會知道正確路徑，但箭本身要如何知道在許多可能的選擇中，亦即離開弓箭後，必須走哪一條路徑？（圖41）。答案之一是牛頓定律預測了從弓到目標獨一無二的正確拋物線軌跡。然而在這種計算中，包含「力」這個循環概念的值。而莫佩爾蒂發現，在不使用力的情況下也可以獲得相同的軌跡。他用的是假設，亦即在整個旅程中，箭頭的運動是讓「作用」最小化。

讓我們想像一下，我們將弓箭手的弓替換為安裝在箭桿上的燃料動力引擎，用來為箭從弓箭手弓上飛到目標的過程提供動力。接著，請進一步想像箭頭的引擎速度和方向，是由其上一個微型電腦加以控制，該電腦將其速度和軌跡調整為一條路徑，以便盡可能減少整個行程的燃料消耗。值得注意的是，電腦化箭頭所走的路徑，將會跟真正抵達目標的箭頭相同，因為兩者都將動作最小化。

「最小作用量」原則是指任何物體的運動（如飛行中的箭頭），都會採取使其總作用量最小的路徑。亦即整個行程中每個點的能量總和，會因為運動需要動能而耗費，而這是因為在能量場（如地球重力場）中的位

⋯ 其他替代路徑
− 命中路徑

目標

弓箭手的弓和箭

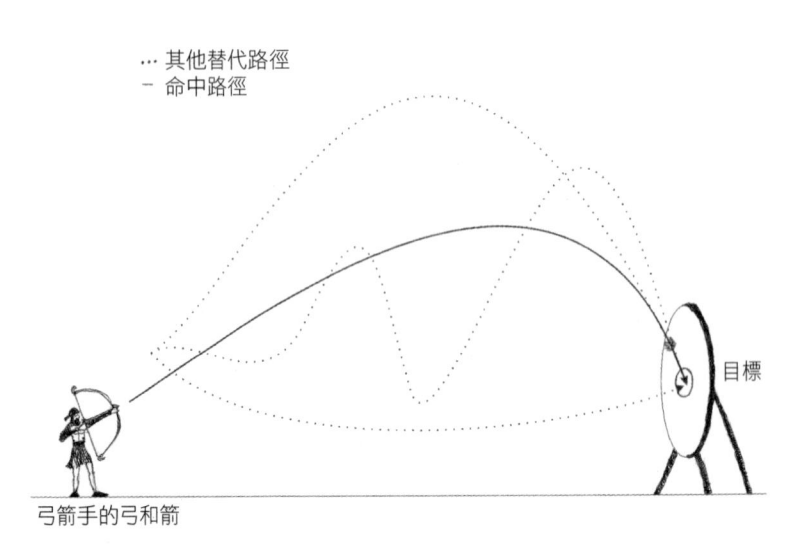

圖 41：最小作用量原理解釋了拋體（例如弓箭）的拋物線軌跡。

置變化所造成。就動力運動而言，該作用將大致對應於運動行程中消耗的「燃料」能量數量。因此，「最小作用量」原則對於自然運動而言，便是其動作會被最小化。這種理論控制著弓箭箭頭、火箭、行星、電子、光子或任何種類的粒子，甚至包含波的路徑。

此外，最引人注目的是，科學家後來發現有許多最基本的物理學定律，都可以從最小作用量原理推導出來。例如考慮箭頭或砲彈等古典物體的運動，最小作用量可以精確提供牛頓運動三大定律預測的軌跡。而當應用於能量、動量或角動量時，它還可以證實古典守恆定律、諾特定理和粒子物理學的規範理論。而對於光子這類量子物理下的粒子，最小作用量也讓費曼有了計算粒子運動路徑的積分方法。* 當光線在浸入水中的棍子和你

---

* 在費曼的物理講座（1964）第二冊第十九章裡告訴我們，當他的高中老師告訴他這個原理後，他發現這個原理相當「迷人」，後來他在普林斯頓大學撰寫關於「最小作用量原理在量子力學中的應用」的博士論文。

的眼睛之間彎曲時，它們會沿著最小作用量的路徑曲折。相同原理也確保恆星、行星甚至黑洞在重力場中遵循其作用力最小的路徑，這也跟愛因斯坦「廣義相對論」預測的結果相同。

最小作用量原理的非凡共通性，以及能提供如此多「基本」定律的能力，足以證明它是一個非常深刻的原理。根據南非出生的物理學家科波史密斯（Jennifer Coppersmith）的說法，它代表我們生活在一個「懶惰的」宇宙中。早在 18 世紀，莫佩爾蒂就宣稱他發現「自然界的一切行為都是簡約的」，這就證明了上帝的存在。[2] 他在 1748 年出版的《由形上學原理而推導出的運動和靜止定律》（Derivation of the Laws of Motion and Rest as a result of a Metaphysical Principle）中說：「這些定律如此美麗、簡約，也許就是事物的創造者和組織者在物質中建立的唯一法則，而這影響了可見世界的所有現象。」

歐洲各地的知識份子並沒有讓他得到期望中的讚譽，反而是嘲笑他的想法。更糟糕的是，他說自己是最早發現最小作用量原理的人，這點遭到幾位科學家的質疑，其中最著名的是德國數學家柯尼希（Johann Samuel König，1712-57）。柯尼希的意見得到伏爾泰的支持，但因為莫佩爾蒂的影響力，年輕的柯尼希被迫離開柏林學院，於是伏爾泰在盛怒下寫了《責罵阿卡基亞博士》這本小書。腓特烈大帝下令焚燬此書，以表支持學院院長。儘管如此，莫佩爾蒂還是覺得受到侮辱，因此他從柏林學院辭職，回到巴黎；不過在巴黎幾乎沒有任何人支持他，於是他又搬到了瑞士的巴塞爾，並於 1759 年在當地去世。

歷史對莫佩爾蒂較為友善，後來的學者普遍認為是他發現了科學中最深刻的原理，也就是「最小作用量」原理。正如對所有觀察者而言光速都是一樣的，莫佩爾蒂的原理並非由任何更基本定律所預測形成，而更像宇宙的基本原理。這是一種更強大的奧坎剃刀，因為它堅持對於宇宙而言，

不應該在不必要的情況下大幅增加動作量。

儘管我們的宇宙存在這樣的原理，但宇宙的內容依然非常複雜，我們也可以看到許多似乎不必要的東西。舉例來說微中子就是其中之一，亦即費米在1931年預測的那些粒子。微中子不僅數量驚人，也奇特地幾乎不與任何粒子相互作用，甚至每秒有幾兆個微中子無害地穿過你的身體。如果沒有這些似乎無作用的粒子，宇宙會不會更簡約一些？此外，雖然標準模型相對簡約，列表中只有十七種粒子，但事實上還可以更簡約。規範群二和三中的大多數夸克和輕子，對普通物質沒有貢獻，所以它們的存在到底有什麼意義？你可能還聽說另外兩個明顯超出必要性的實體，亦即構成宇宙絕大部分的「暗物質」和「暗能量」。如果宇宙在最小作用量原理的影響下，為什麼沒將所有暗物質都最小化？

為了證明關於「宇宙盡可能簡約」的說法正確，我們必須先找到許多似乎是不必要的「實體」，因此我們將在一個古老的災難現場，開始我們對於「多餘實體」的搜索。

冬日降臨

六千六百萬年前，也就是我們所說的白堊紀晚期（一億到六千六百萬年前），陸地氣候和海洋都比現在溫暖，在陸地和海洋中孕育了多樣豐富的動物群。海洋中以光合作用微生物和藻類為食的尖刺有孔蟲（像變形蟲但有殼）生存、死亡，死後屍體變成化石，化為薩里地區北丘陵起伏的白堊山坡，奧坎的威廉在他的孩童時期也可能走過這樣的地區。節肢動物、軟體動物、蠕蟲、海葵、海綿、水母、棘皮動物和類似魷魚的箭石，以及牠們的頭足近親螺旋殼菊石，都會捕食這些有孔蟲，直到牠們死後硬殼沉入海底，過了幾百萬年後，變成讓18世紀思考物種起源的博物學家感到困惑的「有花紋的石頭」。在海洋食物鏈頂端的是魚類和海洋爬行動物，

例如蛇頸龍和巨大的滄龍，牠們的骨骼化石被瑪麗安寧從多塞特懸崖挖掘出來；而在陸地上有鴨嘴龍和三角龍等食草恐龍，牠們在針葉林漫遊覓食，或者跋涉過沼澤。空中的昆蟲嗡嗡作響，這些昆蟲會為大量開花植物授粉。還有霸王龍等大型陸地食肉動物的咆哮聲不斷從遠處傳來，而包括翼龍在內的幾隻飛行的爬蟲類正以空中優勢進行獵食。

然而，上述這些生物即將面臨滅絕，因為有一塊直徑十公里的小行星已在太陽系邊緣無害地移動幾十億年，但它可能由於地球質量的吸引而逐漸偏離軌道。造成這個彎曲的原因，我們稱為重力。重力將這塊大岩石的軌跡轉成伽利略欣賞的拋物線路徑，這條路徑與我們星球薄薄的地表剛好交會。在撞擊地球前最後幾秒，這塊岩石被加速到每秒十公里的速度，大約是子彈飛行速度的二十倍。

任何在這個關鍵時刻碰巧朝天空看了一眼的恐龍，都會看到一個比太陽更亮的火球劃過天空。當這顆小行星撞擊墨西哥灣時，緊隨在後的是強烈的閃光瞬間融化周圍約一千立方英里範圍內的岩石，並液化了地殼的廣闊區域。最後出現一個一百八十公里寬、兩公里深的隕石坑。撞擊射出的碎片形成濃密的塵埃雲，擋住陽光，開啟一個持續幾十年的致命冬天。

地球上約 80% 的物種，包括所有恐龍（除了牠們的近親鳥類），都在所謂的「世界歷史上的最糟時刻」中滅絕。然而這還不算最糟的，因為地球史上已發生過五次大滅絕和許多較小的滅絕事件。大約兩億五千萬年前的二疊紀至三疊紀交界那場滅絕事件的破壞性，比這場還要大上許多，因為它幾乎消滅了地球上所有已知物種的 96%。事實上，一系列的大規模滅絕，經常打斷地球上天擇的悠閒步調。

芝加哥大學的古生物學家勞普（David M. Raup）和塞考斯基（J. John Sepkoski）發現，地球大約每隔兩千六百萬年就會發生一次大規模滅絕的證據。由於地球上並沒有如此長的特定週期變動，因此這項發現促使人們

開始在天空中尋找答案。其中最具「爭議」的理論，便是麻州哈佛大學的理論物理學家藍道爾（Lisa Randall）和里斯（Matthew Reece）提出的理論，也就是「暗物質」殺死了恐龍。[3] 這兩位科學家認為，太陽系圍繞銀河系的週期性自轉，會讓太陽系靠近銀河系平面中的薄盤狀暗物質，因此擾亂彗星和小行星的軌道，引發大量陣雨般的毀滅隕石投向地球。

如果你剛好是一隻恐龍，乍看之下，微中子和暗物質對你而言，似乎都是宇宙中不必要的實體。然而就是因為這些似乎不必要的實體，可能會導致我們和恐龍都滅絕，所以我們必須進一步探索物質的起源，尤其是生物種類的起源。

需要一整個星系才能培養出一個星球

1915 年，愛因斯坦將廣義相對論應用在整個宇宙上，然而令他驚訝的是，他發現自己預測的宇宙並不穩定，不是收縮，就是膨脹。為了對抗這種不穩定性以產生「靜態宇宙」（static universe），愛因斯坦加入一個宇宙常數，這是一種空間能量，可提供對抗收縮的壓力。然而在 1929 年，天文學家哈伯（Edwin Hubble，1889-1953）測量星系速度時驚訝地發現，隨著宇宙膨脹，這些星星幾乎都在遠離我們。於是愛因斯坦放棄他的宇宙常數，宣稱這是他一生中「最大的錯誤」。

如果宇宙在未來會逐漸膨脹，那麼它在過去一定要小得多。因此，我們把現在的宇宙時間回推，就可以推測大約在一百三十八億年前，當我們的宇宙歷史只有大約一秒時，所有物質被壓成一個蘋果大小的超熱球體，而且是一種充滿基本粒子的氣體團。這個蘋果大小的宇宙在大霹靂中膨脹，產生大量輻射。接著在一百三十八億年後，彭齊亞斯和威爾遜運用設在紐澤西山頂的喇叭狀天線，探測到這種輻射的頻率。若沒有微中子的話，彭齊亞斯和威爾遜便不會出現在那個山頂上，甚至可能也不會有這座

山或紐澤西州了。

　　微中子在人類生存上扮演的第一個角色，是協助「點燃恆星」。當宇宙在大霹靂後繼續膨脹時，氫和少量氦開始在重力影響下聚集，形成了「原恆星」（proto-stars）。這些原恆星最初是「暗物體」（dark objects），但隨著密度增加，氫質子融合形成氦核，點燃恆星的核反應並釋放出宇宙第一次「星爆」（形成恆星），微中子在這個反應裡不可或缺。它們需要滿足諾特的守恆定律，亦即在這種情況下的「輕子守恆」定律：輕子（包括電子、渺子、濤子和微中子）的總數保持不變。這種要求只能透過在「星爆」中釋放大量微中子而形成恆星的核融合中發生。因此微中子絕非多餘的實體，如果沒有微中子，宇宙將會是黑暗、沒有生命的存在。

　　微中子也在「將生命必需元素分配到可能出現生命的區域」方面，發揮了重要作用。大霹靂產生了氫和氦，但並未產生碳、氮、磷或硫，而這些生命不可缺少的較重元素，是在恆星超熱內部透過核融合的合成製造出來的。若是它們被鎖在宇宙中最熱的物體內部，就無法讓後來的生命得到它們。這也就是看似微不足道的微中子的另一個巨大作用。

　　恆星的命運取決於其大小和組成成分。如果是像我們的太陽一樣小的恆星，當它耗盡作為燃料的氫時，便會膨脹而形成紅巨星，然後再收縮成惰性的白矮星，而白矮星將再次鎖住所有對生命來說不可缺少的重元素。如果是比我們的太陽大十倍以上的大質量恆星，則會發出更多轟隆聲浪，而非垂死的嗚咽聲。這些大恆星的重力使得它們具掠奪性，會在重力正反饋循環中吞噬附近較小的恆星，直到坍縮成中子星。而一顆大質量中子星的中心，可能會進一步坍縮成「黑洞」，再次鎖住那些生命不可缺少的元素。然而中子星坍縮時會引發衝擊波，使得恆星外殼膨脹。這種膨脹剛開始像是搖搖欲墜，但在微中子從核心飛出時會被重新點燃。這種微中子

「點火」的情況創造出宇宙中能量最高的事件，即「超新星」爆炸——就像第谷在 1572 年觀察到的一樣。

超新星爆炸可以將生命必需的重元素（如碳、氧、磷），噴射到生命可以充分利用的涼爽地帶，例如我們所在的地球上。這種說法是陳腔濫調嗎？現在聽起來可能很像，但正如瓊妮·密契爾（Joni Mitchell）在 1970 年的歌詞裡所說的，*我們確實是由「星塵」構成的，其中分布著大量微小的微中子。如果沒有這些幾乎沒有質量的中性粒子，別說超過需要的實體，宇宙充其量只是一個非常單調無聊的地方。

暗生態

剛剛說了，「暗物質」可能是導致恐龍滅絕的物質，它大約佔宇宙的 27%。而有高達 68% 的宇宙是由另一種被稱為「暗能量」的神祕實體所構成，我們可以看見的太陽、恆星和行星只佔宇宙物質能量的 5% 而已。為何宇宙浪費這麼多資源去製造大量的黑暗和看似多餘的東西呢？

事實上，「暗物質」並非不必要的實體，它在宇宙的存在中至少發揮了兩個關鍵作用。第一個是協助「製造星系」；這可能有點令人困惑，因為正如圖羅克所說（見本書引言），宇宙微波背景（CMB）非常均勻，代表宇宙在誕生時非常簡單、均勻而沉悶。如果一直這樣下去，根本不可能形成星系和恆星。然而如果我們仔細檢查 CMB（圖 2），並放大其不規則性，便可辨識出某些密度稍大的物質團塊、物質叢集和物質串。此時「暗物質」發揮一種類似「凝血劑」的關鍵作用，將擴散的氣體凝聚成塊狀雲團，最後形成星系、恆星、行星，以及成為你我的存在。

---

* 加拿大音樂家，作詞者，畫家，在她的一首靈感來自「伍茲塔克音樂藝術節」而寫的「Woodstock」這首歌裡，歌詞有一句「我們都是星塵」（We are stardust）。

暗物質的另一用途是可以用來觀察古老星系。例如我們所在的銀河系，正持續以每年大約一個恆星的速度製造出新的恆星，這些新恆星的誕生位置在銀河系邊緣。當然這點看起來又像一個新謎團，因為人們認為恆星的原始材料是在大霹靂中形成，現在應該早已耗盡。然而超新星在回收恆星物質方面，發揮了重要作用。當超新星爆炸時，其噴射物質會以每秒約一千公里的速度射入太空中。請記住，太空中充滿了「空無一物」的空間，所以幾乎沒有什麼障礙可阻擋超新星的殘餘物質及生命所需的重元素從我們的銀河系爆衝出去，並在廣闊的星際空間中消失。然而倘若這就是大多數超新星噴射物的命運，那麼每個現有星系一定會被衝散成氣體和塵埃，導致製造恆星的引擎停止運轉。

幸好透過美國天文學家魯賓（Vera Rubin）的觀察，找到了這情況「並未發生」的原因。魯賓出生於 1928 年，大約從十歲起就對天文學著迷。十四歲那年，她建造了自己的望遠鏡，並在畢業後立志成為專業天文學家。但這是 1940 年代，美國對科學界女性的態度並不比諾特在德國的情況好多少。當魯賓申請進入賓州斯沃斯莫爾學院，打算修習科學專業時，面試官問她想從事什麼職業，她回答自己的抱負是成為天文學家。面試官一臉疑惑，問她有沒有其他興趣？魯賓回答她也喜歡畫畫，面試官接著說：「那你是否考慮當繪製天文物體的畫家？」[4] 這句話成為魯賓家人最喜歡的笑話。每當家裡有人犯錯時，都會有人打趣說：「你是否考慮當繪製天文物體的畫家？」

魯賓當然不會被這個早期的職業建議給嚇倒，她甚至還成為當代最傑出的天文學家。1965 年，她在著名的華盛頓卡內基研究所任職，並與同事福特（Kent Ford）進行一項計畫，透過測量星系的自轉速度，來測量星系內的質量分布（一般稱星系自轉問題）。由於牛頓定律指出重力與質量成正比，而且由於星系的大部分質量集中在中央凸起處，因此預估在靠近螺

旋星系（例如銀河系的盤狀螺旋外觀，宇宙中大約 60% 的星系是螺旋星系）內部的旋轉較快，而外部的旋轉較慢。情況就像外部行星繞太陽運行的速度，會比內部行星慢上許多一樣。

然而，當魯賓和福特觀察離我們較近的仙女座星系之自轉時，發現與星系中心的距離並不會影響旋轉的速度。取而代之的是，星系外部的自轉速度與靠近中心的速度完全一樣。魯賓一開始不相信這些測量數據，但是她和福特對越來越多的星系進行重複測量後，仍得到完全相同的結果。最後他們得到結論：螺旋星系所包含的物質大約是可見恆星的六倍，這些幾乎看不到的暗物質調節了星系的自轉速度，也是仙女座星系外部自轉比想像中快的原因。[5] 魯賓和福特的這項觀察結論，隨後得到更多對其他遙遠星系觀察結果的證實。每個星系似乎都被一團看不見的暗物質量環包圍著一起旋轉。

恆星之所以能持續形成，也歸結於這團不可見的暗物質量環。這種量環就像一種重力屏障，可將大部分超新星噴射物偏轉回銀河系，並凝結形成像太陽這樣的新恆星，當然也可以形成像地球這樣的岩石行星。所以我們確實來自恆星爆炸的噴射物，但還需要暗物質來引導重元素，抵達適合出現生命的地方。

儘管已找到暗物質對我們存在的作用，但「暗能量」呢？我們目前還沒找到它的作用，它依然保持神祕。暗能量存在的唯一跡象是宇宙的膨脹似乎正在加速。由於我們對暗能量的本質一無所知，因此還無法推測它對我們的存在扮演了什麼角色，但如果我的猜測正確，它一定具備了某種作用。

此外，在我們的宇宙中，似乎還有其他的候選實體看起來像是不必要的實體。例如標準模型中的第二代、第三代物質粒子，它們與第一代粒子只在質量上有所不同，而且看起來似乎是不必要的，因為它們不存在於常

規物質中。它們的作用還有待發現，也許是在恆星內部或超新星中合成重元素，或是從我們的宇宙中消除致命的「反物質」。[6]此外，為了讓宇宙成為現在的樣子，物理定律必須區分粒子和反粒子，以及時間前進和倒溯的區隔。擁有三代的粒子，似乎是宇宙為了做出這些區隔所需的最簡約規則。

因此，儘管有一些未解謎題，但我們仍然可以活在一個趨近盡可能簡約、同時也保持適居狀態的宇宙。但為何如此呢？要解答這個問題，我們必須先解決一些為宇宙進行「微調」的問題。

令人難以置信的存在

粒子物理學的標準模型不僅包括夸克、電子或光子等粒子，以及作用在它們之間的力，還包括一些非常不可能的「數字」，包括所有基本粒子的質量，以及作用在它們之間的力的強度。這些數值並非由任何理論所預測，而是來自粒子對撞機得到的數據。這種做法與托勒密在兩千多年前，將本輪擬合到天文數據中的方式幾乎沒什麼兩樣。根據我們在前面所討論過的，這代表這些數值都是隨意的。

還記得前面說過，坦布里治威爾斯當地的統計學家普萊斯和貝葉斯兩人所玩的假想骰子遊戲嗎？想像一下，貝葉斯牧師將他所有重要文件保存在一個由十個轉輪組合鎖鎖住的保險箱中，每個轉輪都必須在保險箱門打開前，轉動為 0 到 60 間的特定數字，可是牧師忘記了密碼而無法打開保險箱。就在貝葉斯牧師對取出重要文件的機會感到絕望時，普萊斯先生來訪。他剛好隨身攜帶了六十面骰子，為了讓貝葉斯的懊惱稍微緩解，他提議擲骰子，看看是否有機會發現鎖的密碼。貝葉斯當然持高度懷疑，但在沒有其他選擇下，他同意一試。於是普萊斯擲出了數字組合 55、23、48、5、76、22、35、59、41、8。貝葉斯將鎖的十個轉輪轉到這個數字組合

時，驚訝地發現鎖竟然開了！

貝葉斯當然會感到驚訝，因為普萊斯隨機得到正確數字的機率是 $1/60^{10}$。換言之，普萊斯擲出這個特定數字組合的貝葉斯「似然」數值是六億比一。當然，普萊斯可能純粹靠運氣解開了鎖，然而貝葉斯牧師一定會尋找一個更簡單的解釋，例如普萊斯使用了魔術手法之類的。

粒子的基本常數值，同樣是極罕見且不太可能的數字，但其精確值對我們的存在而言十分重要，例如考慮到構成原子的電子、質子和中子質量時。如果我們將質子的質量指定為 1，那麼電子的質量僅為質子質量的 0.0543%，而中子質量與質子質量一樣也是 1。我們不知道這些質量為何如此，但只要改變其中一小部分，人類可能就不會存在。

例如中子質量與質子質量並非完全相同，如果我們把質子的相對質量更精確地定為 1.000 時，中子的質量便是 1.001，亦即只比質子重 0.1%。這點是不是很奇怪？就好像某個上帝或物理定律要求它們的質量相同，但有人把它們的數字寫錯了一點點。差不多的話也許沒關係？事實上，差的這一點點確實有必要，因為這 0.1% 的差異，便是造成中子奇異的「哲基爾與海德」[*]特徵的原因，對於這世界的存在而言十分重要。

首先是討人厭的「海德先生」。自由中子具有高度放射性，並會迅速衰變成質子、電子和反微中子，其壽命約為十五分鐘。這是一種非常快的衰變，比鈾等高放射性元素快了一千六百倍左右。中子的不穩定正是來自這點小小的額外質量，適足以讓它衰變成質子、電子和幾乎沒有質量的微中子。這項反應在恆星核融合反應中起了關鍵作用，亦即負責生命必需的重元素之「核合成」（nucleosynthesis）[†]。然而，中子也佔我們身體質量的

---

[*] 譯注：原文 Jekyll and Hyde，二者為《化身博士》小說內的人物「哲基爾與海德」，哲基爾是發明藥水的醫生（善），海德則是喝下藥水後的他（惡），引申為雙重性格。

[†] 從已經存在的核子（質子和中子）創造新原子核的過程。

約20%。如果我們體內原子中的中子具有這種放射性,那麼我們的肉體在幾分鐘內便會分解。

不過你我身上的肉並沒有從骨頭上掉下來,這得歸功中子被鎖定在原子中,採用的是比較和善乖巧的「哲基爾先生」特性。在原子中,原先足以讓中子在「原子外」衰變的微小額外質量,不足以讓相同事件在「原子內」發生。這是因為要使衰變繼續進行,必須要有足夠的能量克服「核結合力」(binding forces)。與 0.1% 的額外質量所能提供的能量相比,剛好還需要再多一點能量才辦得到,所以中子只好在原子內部表現得良好穩定。然而,如果中子再重個 0.1%,亦即比質子重 0.2% 的話,中子就會在原子和物質內部衰變。但正如我們所見到的,事實並非如此。

要是中子再輕一點,事情也沒那麼好過。如果中子的質量比質子小個幾分之一,那麼自由中子將是穩定的,因此將取代質子而成為大霹靂的主要產物。中子不帶電,所以與質子不同,無法吸引帶負電的電子形成穩定的氫原子,來進一步形成恆星。因此,一個由穩定中子主導的假設宇宙,將會沒有原子、物質、恆星、行星或我們。所以這一點點額外的質量不僅必需,而且也需要朝著正確的方向發展才行。

物理學充滿這些「巧合」和奇怪的數值,它們似乎已根據「對生命友好」的需求對宇宙進行了各種微調。這點是由包括英美物理學家巴羅(John Barrow)和迪普勒(Frank Tipler)在內的幾位科學家最先發現,他們在 1986 年共同撰寫了《人類宇宙學原理》[7](*The Anthropic Cosmological Principle*)一書,強調物理學中有許多數值和巧合。這些數值和巧合雖然難以解釋,卻對人類的存在不可或缺。如果我們回到剛剛的貝葉斯保險箱鎖的比喻,這就好像一個對生命友好的宇宙(如我們居住的這個宇宙),依賴擲出大量落在正確數字上的多邊形骰子,以提供幾百個保險箱的密碼組合。瞭解宇宙如何獲得這些數值的學問,便被稱為「微調問題」(fine-tuning problem）。

巴羅和迪普勒認為這些極不可能的數值，只能由「我們活在的這個人類宇宙」之事實來解釋，亦即如果基本常數具有不同數值，我們就沒機會在這裡哀嘆人類的存在與否。因為如果一切是靠「人擇」，就絕不可能考慮到「不太可能出現」的數值，因此我們只能接受它們存在的必要性。「人類宇宙學原理」並沒有解釋宇宙如何達到這種基本常數的精密組合，當然也無法解釋是誰或什麼物體擲出了骰子。

一切似乎只有「有限」的可能性。創造論者抓住這些宇宙的巧合，認為這是「神之手」故意將轉輪轉動到精確數字的證據。正如威廉佩利所提出的，神聖的製錶師一定早已塑造了生物複雜的結構，例如眼睛等。這種說法只是再次回到之前提過的「間隙之神」（製錶匠的例子）的論證，事實上卻沒有解決任何問題，只是把已知宇宙的解釋性推卸給一個假設的上帝。

另一種解決方案是「多元宇宙」理論，也被稱為「多世界」或「平行宇宙」理論。一般科幻愛好者應該對此很熟悉。這種理論大致說的是存在一個巨大的、可能是無限多的平行宇宙，每個平行宇宙的基本常數值都不同。大多數都是無法成長的世界，只有很小一部分宇宙正好將它們的基本常數調整為與生命相容的機率，但這機率是低到非常不可能出現的數值。我們正好就生活在這樣一個幸運的宇宙中，在其他絕大多數的不幸宇宙中，「沒有人」會為原子、恆星、重元素、行星或智慧生命不存在而感到遺憾。

不斷演化的宇宙

施莫林（Lee Smolin）出生於紐約市，最早在哈佛大學學習理論物理，然後才開始從事研究工作。他先在普林斯頓高等研究院進行研究，也就是

愛因斯坦和**魏爾**在戰爭期間避難美國接受教職之處。在施莫林成為加拿大安大略省享譽世界的「圓周理論物理研究所」創始成員之前，他曾擔任多個著名職位。在施莫林的整個職涯中，一直致力於尋找統一的理論，期盼可以把物理學中所有力和粒子結合起來。他也是弦理論和超弦理論（string and superstring theory）的創建者，這是一種嘗試將引力與標準模型的粒子和力統一起來的創新理論。

弦理論（不只一種）提出，粒子、夸克、電子、質子等物質都是非常微小的「弦振動」（並非空間中固定的點）之表達。然而要使這項理論發揮作用，弦必須在二十六度或十度空間的宇宙中振動。不幸的是，在如此多度的空間下，可能的弦理論數量將會激增至天文數字，甚至可能無限多。就像托勒密的太陽系模型一樣，過度的複雜性允許我們對弦理論進行微調，以適應現實的狀況。因此，目前該理論還無法做出任何可檢驗的預測。

施莫林對弦理論未能與現實相互聯繫感到失望，他想尋找一種替代方案來解釋微調問題。施莫林在 1999 年出版的《宇宙的生命》（*The Life of the Cosmos*）[8] 和 2013 年出版的《重生時間》（*Time Reborn*）[9] 中，提出「天擇」或許可以用來解釋宇宙的可能性。他說「我們的宇宙」是宇宙「演化」過程的產物，大體上類似於天擇，他稱之為「宇宙天擇」（cosmological natural selection，CNS）。

宇宙生態

若要讓天擇能與宇宙並存，需要對宇宙本身進行一定程度的微調。施莫林必須為宇宙提供天擇的三個重要成分：自我複製、遺傳和突變，而「黑洞」對每個成分都有相當重要的作用。讓我們先從自我複製談起，各位應該還記得前面說過黑洞是大質量恆星坍縮的終點，由於它們的引力如

此之大，以致連光都無法逃脫黑洞的引力。一般認為黑洞位於大多數星系（也包括我們自己的銀河系）的中心，會逐漸吞噬周圍的恆星，釋放出大量能量。

所謂「宇宙末日」的一個可能情景，便是所有物質最後在被稱為「大崩墜」（Big Crunch）的情景中，被一個超大質量的黑洞吞噬。現在請大家想像一下，如果有人拍攝下這個無情的吞噬場景，然後倒放影片，那麼這部影片第一幀影格記錄到的，會是剛剛吞噬我們宇宙最後殘餘物的大崩墜黑洞。由於宇宙中沒有其他東西，沒有量尺可以測量任何東西，因此大崩墜黑洞將是「無因次量」空間中的「無因次點」。*然而影片倒帶再繼續片刻，這個看不見的超大質量黑洞便會噴發出基本粒子和能量（本來是吸入，倒帶變成噴發）。這些粒子和能量會在幾百萬年中凝聚成原子、恆星甚至有人居住的行星。這種倒帶回放的「大崩墜」場景，看起來很像我們自己的宇宙在「大霹靂」（Big Bang）中的起源方式。

由於物理定律在時間上是對稱的，因此這個倒轉時間的大崩墜，在物理上與大霹靂一樣可行。而這兩個事件的對稱性，導致許多宇宙學家辯稱：我們宇宙似乎一邊是渴望吞噬恆星的黑洞，另一邊則是誕生另一個宇宙的大霹靂。故此施莫林認為，開啟我們宇宙大爆炸的另一面，可能是其「母宇宙」的大崩墜。依照施莫林（以及許多其他宇宙學家）的說法，時間並非從大霹靂開始，而是透過我們宇宙的大霹靂繼續向後，直到其母宇宙的大崩墜死亡，新的宇宙從黑洞中誕生。這種時間倒流，可能會進入無限循環。不僅如此，由於我們的宇宙充滿據估計至少一億個黑洞，因此他提出，每個黑洞都是從上個宇宙之一的祖先衍生而來的後代。

施莫林的模型以黑洞充當宇宙的生殖細胞或配子，就像一種自我複製

---

* 無法測量或無法以物理定律表示。

的過程。他的下一個重要理論成分則是關於「遺傳」。施莫林用每個後代宇宙繼承了母宇宙的參數、基本常數值、粒子質量等，來說明這一點。各位可以把它們想像成用來編碼出宇宙特性的宇宙「基因」，[†]如同生物的基因是用編碼方式加入生物的特性一樣。

最後，施莫林還必須解決困擾達爾文和華萊士的問題：找到天擇第一次新變異的來源。施莫林再次受到生物學的啟發，提出宇宙及其宇宙基因，在透過黑洞的喧囂通道時，有時可能會導致其精確值被類似於「突變」的東西改變了。

這種「物理定律可能會變化」的想法並不新穎。施莫林指出，深受達爾文主義影響的 19 世紀美國哲學家皮爾斯（Charles Sanders Peirce，1839-1914），便曾提出物理定律可能會像生物一樣演化。英國數學家兼哲學家克利福德（William Kingdon Clifford，1845-79）也提出類似的主張。即使是中世紀神學家如奧坎的威廉，也認為上帝可能創造了與我們全然不同的世界。物理學家惠勒（John Archibald Wheeler）、費曼（Richard Feynman）和洛依德（Seth Lloyd），都曾說過物理定律可能會在空間和時間上發生變化。[10]然而在我們自己的宇宙中，定律改變的情況並不明顯，因為據我們所知，在我們宇宙的最早時刻和最遠的邊緣，目前都是以完全相同的定律在運作。儘管如此，正如施莫林所說，這點並不能阻止物理定律在不同的宇宙中發生變化。

施莫林理論的出發點，相當於生物學起源場景在宇宙學上的等價物，也就是跟生物學一樣，在遙遠過去的某個時間裡完全「沒有任何東西」。然而量子力學最奇怪的一個特徵，就是我們甚至不能確定「沒有任何東

[†] 我已經意識到，把標準模型的「參數」與「基因」劃上等號，可能超出我們所能容忍的範圍。但事實上，這種說法也等於提出一些有趣的問題。舉例來說，如果人類基因中的遺傳訊息被寫入 DNA 中，那麼宇宙基因要寫在什麼地方呢？

西」。這是海森堡「測不準原理」的另一個特殊結果，亦即我們「無法確定」就算是絕對真空也沒有質量或能量。因此，量子力學等於為虛擬粒子留下了存在空間，即使在真空中也是如此。1982年，出生於俄國的宇宙學家維連金（Alexander Vilenkin）提出了更驚人的說法：宇宙以最簡約的方式出現，亦即從無到有的「量子漲落」[11]（quantum fluctuation）*。

目前，宇宙起源最被接受的說法，便是宇宙起始於隨機的量子漲落。這個小宇宙可能並不有趣，因為其基本常數的隨機選擇值，甚至與物質的存在不相容。然而一旦它突然出現，這個物質不可行的宇宙，其正負能量就會重新結合，消失在虛無之中。而更進一步的量子漲落，會繼續從宇宙學的虛無中誕生宇宙，直到在參數空間中進行了幾兆次探索後，一個「突變的新宇宙」誕生，其參數值促進了物質、恆星、行星的形成，而且還伴隨著一些黑洞。

在施莫林的設想中，黑洞是生命起源的宇宙學等價物，因為它可以讓宇宙自我複製。早期的原始宇宙產生的黑洞可能很少，因此只有少數的後代。但只要數量大於1，宇宙的數量就會慢慢增加。此外，因為基本常數會透過黑洞改變數值，所以後裔的多元宇宙會逐漸「多樣化」成為一種完整的宇宙生態系統，具有不同種類的物質、恆星、行星和可變數量的黑洞。

然而，並非所有宇宙都生而平等。有些宇宙比其他宇宙更具生產力。坍縮成黑洞的恆星內部物質，會讓繼承到最大物質濃度的宇宙，留下許多後代宇宙。相反地，任何未能產生恆星或黑洞的宇宙，最終都將消失滅絕。在這樣的逐漸演化下，在許多宇宙世代中，整個多元宇宙將會被最適

---

* 在量子力學中，量子漲落是指在空間任意位置對於能量的「暫時變化」，我們可以從海森堡的「測不準原理」推導出這項結論。

者和最豐饒的宇宙所主導，這些居主導地位的宇宙，以能產生最大黑洞數量的「罕見值」基本常數為基礎。正如天擇引導整個地球生命向恐龍、大象或人類等「罕見機率」的生物演化一樣，類似的演化過程，亦即宇宙學的天擇，將物理學的基本常數微調到能製造出恆星、行星、黑洞和我們所需的極不可能「罕見值」。

這當然是非常了不起的理論，同樣也很難證明。儘管如此，施莫林在宇宙演化的電腦模擬中進行研究，並以這項理論做出一些預測。例如預測我們的宇宙是以前成功宇宙的後代，應該會進行微調而產生大量黑洞，因此這些參數值的任何變化，都會導致較少的黑洞產生。他透過建構我們的宇宙及其基本常數的電腦模型來測試這項預測，然後再調整它們的數值。施莫林發現，即使是標準模型參數的一點點變化，都會減少黑洞的預測數量，或者導致完全沒有變化。沒有一個電腦模型宇宙的突變，被預測會產生更多的黑洞。因此，他的研究證明一切正如宇宙天擇預測的，我們的宇宙在製造黑洞方面確實接近最佳程度。

宇宙學剃刀？

儘管施莫林的宇宙天擇理論，可能解釋了基本常數的「微調」觀點，卻無法解釋為何會如圖羅克所說的「宇宙變得非常簡約」。不過，當我們拿出奧坎的剃刀來對照時，當然非常可能。

首先，我要強調以下論點並不是施莫林宇宙天擇理論的一部分。事實上，施莫林本人對世界是否接近於盡可能簡約，抱持著懷疑態度。他指出的是我們在前面討論過的特性，例如三代物質粒子當中的兩代似乎是多餘的。我在前面已為這些額外的粒子提供了一些可能的作用。而另一個可能是它們在「對稱性」的基礎上是必需的，就像男性乳頭在宇宙的等價物一樣：雖然不需要但很難消失。此外，由於第二代和第三代粒子非常罕見，

通常只能在粒子加速器或宇宙射線中發現，因此不可能對黑洞的形成有所幫助（或阻礙）。這些粒子可能無法對宇宙天擇產生作用，就像裸鼴鼠的「偽基因」無法對生物天擇產生作用一樣。

為了瞭解宇宙學的剃刀如何演化出最簡約的宇宙，讓我們先假設我們的宇宙包含兩個黑洞的情況，把它當成是有兩個嬰兒宇宙的驕傲父母。當基本常數穿過第一個黑洞時，它們毫髮無損地出現，因此編碼出完全相同的值，所以它的後代也將繼承與我們自己的宇宙相同的常數，並以標準模型的十七個粒子建構出小至原子、大至恆星，一個非常像我們的宇宙，我們稱之為「17P」宇宙，用來代表它的十七個基本粒子。

接著請再想像下去，當這些相同的基本常數穿過另一個黑洞，它們發生了宇宙學上的「突變」，除了產生標準模型的十七個粒子之外，還產生額外的殘留物（大致類似於鯨魚的退化後肢或是人類的闌尾），亦即在這個「18P」嬰兒宇宙中的第十八種粒子。這個額外的粒子並沒有做任何有用的事，只是在周圍徘徊，也許飄在星雲中。因此，第十八種粒子是 18P 宇宙中不必要的實體。

雖然第十八種粒子在恆星、黑洞或人類的形成中沒有任何作用，但第十八種粒子仍會佔掉某部分質量，影響到它們的形成。讓我們假設這個粒子具有基本粒子的平均質量和「豐度」（abundance）[*]，所以它會擁有 18P 宇宙總質量的十八分之一。星際粒子雲中的部分質量被這第十八個粒子鎖定後，將會減少可用於黑洞形成的「物質／能量」數，因而讓黑洞數量減少了十八分之一，或者說大約 5%。由於黑洞是宇宙之母，因此 18P 宇宙所產生的後代，將比其兄弟 17P 宇宙約少 5%。如果沒有其他的變化，這種繁殖力的差異將延續到後代，直到大約第二十代時，18P 宇宙的後代數

---

[*] 宇宙豐度是指該宇宙中各種元素的相對含量。

量將會是更簡約的 17P 宇宙後代數量的三分之一。在自然界中，導致適應度降低 1% 的突變，便足以使突變體滅絕，因此適應度降低 5% 的話，相對於更簡約的 17P 宇宙而言，18P 宇宙很可能會直接滅絕或大幅減少豐度。

目前我們並不清楚施莫林理論所設想的多元宇宙，到底是有限或是無限多的。如果是無限的話，那麼能形成黑洞的「最簡約」宇宙，其豐度將會比「次簡約」宇宙來得更高。而在這些無窮無盡的宇宙中，我們可以自問一個問題，人類可能居住在哪個宇宙呢？答案是：我們絕對有無限可能是居住在與生命相容的「最簡約」宇宙中。

反過來看，如果多元宇宙的供應是有限的，我們的情況就與地球上的生物演化類似。所有宇宙將爭奪可用資源，也就是物質和能量，以致能將更多質量轉化為黑洞的最簡約宇宙將留下最多的後代。因此再一次地，如果我們自問人類最可能居住在哪個宇宙中，答案也會是「最簡約」的宇宙。當這個最簡約宇宙裡的居民，例如本書一開始說的威爾遜和彭齊亞斯，兩人面對天空並發現他們的宇宙微波背景，感知其令人難以置信的均勻波形時，他們將和圖羅克一樣，會對「宇宙非常簡約」感到訝異，到底宇宙如何從「非常簡約」開始的呢？簡而言之，這幾個住在最最簡約宇宙的人，將居住在一個跟我們的宇宙幾乎完全一樣的宇宙中。

不管施莫林的理論是否經過奧坎主義的微調，都為我們帶來一個最終的驚人含義。它說明的是，宇宙的基本定律不是量子力學，也不是廣義相對論，甚至不是數學定律，而是達爾文和華萊士發現的「天擇」定律。正如哲學家丹尼特所說的，它是「人類所能構思出的最偉大想法」[12]，它也可能是任何宇宙曾經擁有的最簡約的想法。

尾聲

奧坎的威廉自1329年左右抵達慕尼黑開始，都是在慕尼黑及周邊地區受到神聖羅馬帝國皇帝路易的保護，直到去世為止，享年約六十歲。在此期間，這些方濟會分離主義者持續握有方濟會公章，並維持流亡政府的形式。他們也繼續撰寫譴責教皇約翰二十二世和歷任教皇的政治論文，並評論各種政治問題，尤其是限制教皇和君主權力的相關問題。有些富同情心的學者，造訪了被流放的會徒，當然也包括渴望能抄寫他們著作的抄寫員。維佩斯謄寫奧坎的《邏輯大全》（*Summa Logica*）及其繪製的威廉肖像插圖，便可追溯到此一時期。這本書目前在劍橋大學凱厄斯學院的圖書館中，放在關於「方濟會對英國藝術影響」的目錄中，還被不知道哪個時代的教授或學生在上面批注了「沒有參考價值」。

就當時的一種「政治力量」而言，威廉和他的方濟會修士發起的反叛運動宣布失敗。教皇約翰二十二世為方濟會提供新規章，並任命一位順從的新部長，他被授命繼續在發布的命令中消除異端思想。然而正如我們發現的，儘管受到各種譴責和禁令，威廉的思想依舊在中世紀世界不斷傳播，並在黑死病流傳中倖存下來，甚至還在文藝復興、宗教改革和啟蒙運動中重新浮出水面，不過這點通常不會被特別強調。

可悲的是，我們對威廉的晚年生活知之甚少，儘管我們確實知道他有

時會前往歐洲城市講學，但仍受到幾位教皇派人士的追捕。其中一位教皇甚至威脅要燒燬目前在比利時地區的圖爾奈鎮，只為了抓住這幾位逃亡學者。[1]

當切塞納的邁克爾於 1342 年去世時，威廉成了方濟會公章的看守者，一直守護到他在 1347 年 4 月 10 日去世為止，而那年瘟疫正席捲歐洲。威廉被安葬在慕尼黑的聖法蘭西斯教堂，墓中可能伴隨著那枚方濟會公章。在 1803 年教堂遭到拆除改建、墓碑被搗毀之前，他的墓誌銘還一直留在現場。目前該地為一座歌劇院，繁忙的奧坎大街（Occamstrasse）就在附近，街上有家「奧坎旅館」和一家名為「奧坎熟食店」的熱鬧餐廳兼酒吧。

這家餐廳位於奧坎大街和費利茨街的轉角處。沿著費利茨街步行幾分鐘，左轉進入利奧波德街約十分鐘後，就會找到慕尼黑路德維希馬克西米利安大學的校門，1874 至 1877 年間普朗克在這裡學習物理。你可能還記得量子力學的誕生日是 1900 年 10 月 19 日，因為普朗克在這天提出他的方程式，吹散卡爾文勳爵的兩朵烏雲之一。如同所有重大的科學進步一樣，量子力學也涉及了「簡化」。瑞利—金斯（Rayleigh-Jeans）定律在低頻下正確預測了黑體輻射，而維恩（Wien）定律必須在高頻下預測頻譜。* 普朗克並沒有反駁這兩條定律，但他證明了自己革命性的方程式適用於整個頻率範圍。正如諾貝爾獎得主化學家羅爾德・霍夫曼（Roald Hoffmann）[†] 所說：「普朗克遵循邏輯，把奧坎剃刀的邏輯運用到量子假設上。」[2]

普朗克當然沒有在他這篇革命性的論文裡引用奧坎的威廉所說的話，

---

* 「瑞利—金斯定律」是物理學上用來描述黑體輻射在低頻區域的近似解，「維恩定律」則是物理學上描述黑體輻射光譜峰值波長與自身溫度呈反比關係的定律。

[†] 1981 年諾貝爾化學獎得主。

或提出這把剃刀的妙用。他不需要這麼做，因為在那時刻，所有科學家都已經認為他們對「最簡約」解決方案的偏好完全理所當然。不過事實上，大多數人很難證明這一點，然而對任何現代科學家來說，當一個更簡約的理論可以完成工作時，還去選擇一個複雜的理論是完全不科學的。正如我們在本書所見，科學界這種對「簡約」的偏好，在歷史上來說是一項「後來的創新」，而這一切都歸功於奧坎的威廉，他吹走了中世紀教義裡那些塵土飛揚的複雜蜘蛛網，為更精簡、更敏銳的科學提供了思考空間。使用奧坎的剃刀後，科學便能證明其價值，不僅可以解釋這個令人困惑的宇宙，還為我們提供比大多數祖先享受過或容忍過的生活，擁有更快樂、更長壽、更健康也更充實的生活。

當我在倫敦西南的溫布登公園晨跑時經常想起奧坎的威廉。

這裡離我住的地方很近，我通常會沿著貝弗利溪穿過魚塘森林，往小路上走。路上會經過幾個小池塘，這些池塘過去是奧古斯丁修士在1117年建立的默頓修道院的魚塘。14世紀初，當時奧坎的威廉正在倫敦的灰衣修士教會，也就是距此步行約三小時或乘車一小時的地方生活和學習時，這裡已蓬勃發展。我想知道威廉在灰衣修士度過的五年時間裡，是否偶爾會來南方參觀這所著名的修道院，甚至可能參與一場關於科學、神學或上帝全能影響的激烈辯論。如果當時天氣晴朗，他也可能會逗留一段時間，在田野、小溪、池塘和樹林中漫步，暫時脫離繁忙的狹窄街道和灰衣修士教會周圍的屠宰場惡臭。

也許就像我自己在晨跑時一樣，他也會在這座樹林裡走錯路，迷失了方向。因為八個世紀後，我發現自己正好處於這種情況（下頁左圖）。如果不知道離開茂密的灌木叢後應走的方向，就不可能走出困境。但如果他像我一樣往前走幾步，然後向右轉，就會發現自己已在一條清楚明顯的樹林道路上（下頁右圖）。只要「改變視角」，就足以讓我們擺脫複雜的叢

林，進入一個更簡約、更合理的世界。

　　奧坎的剃刀無所不在。它在錯誤觀念、教條、偏執、偏見、信條、謬誤信念和純粹胡說八道的理論叢林中披荊斬棘，開闢出道路，因為這些多餘的實體在大多數時間和地點都阻礙了進步。雖然我並不是在說「簡約」已被納入現代科學的教義中，但簡約確實屬於現代科學，而且形塑了現代世界。更進一步的簡單性，有待科學家的進一步發現，尤其是那些來自更廣泛性別、種族或性取向的科學家們，他們努力擺脫各種限制下明顯偏見、教條和劣勢的影響。即使已經位於奧坎剃刀中心地帶的物理學，在原子結構、量子力學等方面也都還有很多工作亟需完成。正如 20 世紀最偉大的物理學家惠勒所說：「這一切的背後肯定是個非常簡約、美麗的想法，當我們經過十年、百年或千年的努力而掌握到的時候，我們將會對彼

此說：怎麼可能會是別的呢？」³
　　生命真的很簡單。

致謝

我要感謝所有友善閱讀並評論本書局部或全部草稿的人，名單包括（排名不分先後）Sharon Kaye、Michael Brooks、John Gribbin、Bernard V. Lightman、Jim Al-Khalili、Jenny Pelletier、Rondo Keele、Mark Pallen、Philip Pullman、Michelle Collins、Tom McLeish、Patricia Fara、Jennifer Deane、Seb Falk、Robin Headlam-Wells、Sara L. Uckelman、Greg Knowles、Tanya Baron、Philip Kim、Axel Theorell 等人。

我也要特別感謝我的經紀人 Patrick Walsh 和他出色的團隊，他們在這段非常艱難的時期，仍然相信奧坎的威廉和他的剃刀故事。最後，我要感謝幾位出色的編輯 Jamie Colman、Sarah Caro、Caroline Westmore 和 Martin Bryant，同時我也願意對任何遺漏錯誤之處擔起應負的責任。

圖片來源

圖 1: Gado Images/Alamy Stock Photo.

圖 2: NASA/WMAP Science Team WMAP # 121238.

圖 4: Mars motion 2018.png/Tomruen/Creative Commons Attribution-ShareAlike 4.0 International (CC BY-SA 4.0).

圖 6, 11 和 21: Granger Historical Picture Archive/Alamy Stock Photo. Figure 10: Classic Image/Alamy Stock Photo.

圖 13（下）和圖 26: Interfoto/Alamy Stock Image.

圖 22: Louis Fibuler, *Ocean World: Being a Descriptive History of the Sea and its Living Inhabitants*, 1868, Plate XXVII. Image courtesy of Freshwater and Marine Image Bank/University of Washington Libraries.

圖 23: Paulo Oliveira/Alamy Stock Photo.

圖 24: Jacob van Maerlant, *Der Naturen Bloeme*, c.1350, photo Darling Archive/Alamy Stock Photo.

圖 27: The Natural History Museum/Alamy Stock Photo.

圖 28: Various ammonite fossils illustrating Hooke's discourse on Earthquakes. Wellcome Collection/Q5QW2R83. Creative Commons Attribution licence 4.0 International (CC BY 4.0).

圖 29: Henry Walter Bates, *The Naturalist on the River Amazon*, vol. 1, 1863, Frontispiece.

圖 30: Andrew Wood/Alamy Stock Photos.

圖 32: Naked mole rat-National Museum of Nature and Science.jpg Momotarou2012/Creative Commons Attribution-ShareAlike 3.0 Unported (CC BY-SA 3.0).

圖 34: courtesy Dr G. Breitenbach.

圖 35: Ian Dagnall Computing/Alamy Stock Photo.

圖 36 和圖 42: Author's collection. Figure 38: Shutterstock.com (six-sided dice); D60 60men-saikoro.jpg/Saharasav/Creative Commons Attribution-ShareAlike 4.0 International (CC BY-SA 4.0) (sixty-sided dice).

圖3、5、7、8、9、12、13（上）、14、15、16、17、18、19、20、25、31、33、37、39、40和圖41由Penny Amerena繪製。

注釋

前言

1. Wilkinson, D. T. & Peebles, P., in *Particle Physics and the Universe*, 136–41 (World Scientific, 2001).
2. Neil Turok, 'The Astonishing Simplicity of Everything', public lecture at the Perimeter Institute for Theoretical Physics, Ontario, Canada, 7 October 2015, https://www.youtube.com/watch?v=f1x9lgX8GaE.
3. Sober, E., *Ockham's Razors* (Cambridge University Press, 2015).
4. Doyle, A. C., *The Sign of Four* (Broadview Press, 2010).
5. Barnett, L. & Einstein, A., *The Universe and Dr. Einstein* (Courier Corporation, 2005).
6. Wootton, D., *The Invention of Science: A New History of the Scientific Revolution* (Penguin UK, 2015). Gribbin, J., *Science: A History* (Penguin UK, 2003). Ignotofsky, R., *Women in Science: 50 Fearless Pioneers Who Changed the World* (Ten Speed Press, 2016). Kuhn, T. S., *The Structure of Scientific Revolutions* (University of Chicago Press, 2012).

第 1 章　學者與異端

1. de Ockham, G., and Ockham, W., *William of Ockham: 'A Letter to the Friars Minor' and Other Writings* (Cambridge University Press, 1995).
2. Knysh, G., 'Biographical Rectifications Concerning Ockham's Avignon Period', *Franciscan Studies*, 46, 61–91 (1986).
3. Villehardouin, G., and De Joinville, J., *Chronicles of the Crusades* (Courier Corporation, 2012).
4.
5. Evans, J., *Life in Medieval France*, 3. utg. (Phaidon Paperback, 1957).
6. Sparavigna, A. C., 'The Light Linking Dante Alighieri to Robert Grosseteste', PHILICA, Article

(2016).

7 Gill, M. J., *Angels and the Order of Heaven in Medieval and Renaissance Italy* (Cambridge University Press, 2014).

8 Jowett, B., and Campbell, L., *Plato's Republic*, vol. 3, 518c (Clarendon Press, 1894).

9 Smith, A. M., 'Saving the Appearances of the Appearances: The Foundations of Classical Geometrical Optics', *Archive for History of Exact Sciences*, 73–99 (1981).

10 Deakin, M. A., 'Hypatia and Her Mathematics', *American Mathematical Monthly*, 101, 234–43 (1994).

11 Charles, R. H., *The Chronicle of John, Bishop of Nikiu: Translated from Zotenberg's Ethiopic Text*, vol. 4 (Arx Publishing, LLC, 2007).

12 Munitz, M. K., *Theories of the Universe* (Simon and Schuster, 2008).

第 2 章　上帝的物理學

1 Laistner, M., 'The Revival of Greek in Western Europe in the Carolingian Age', *History*, 9, 177–87 (1924).

2 Clark, G., 'Growth or Stagnation? Farming in England, 1200–1800', *Economic History Review*, 71, 55–81 (2018).

3 Nordlund, T., 'The Physics of Augustine: The Matter of Time, Change and an Unchanging God', *Religions*, 6, 221–44 (2015).

4 Gill, T., *Confessions* (Bridge Logos Foundation, 2003).

5 Al-Khalili, J., *Pathfinders: The Golden Age of Arabic Science* (Penguin, 2010).

6 Dinkova-Bruun, G. *et al.*, *The Dimensions of Colour: Robert Grosseteste's De Colore* (Institute of Medieval and Renaissance Studies, 2013).

7 Hannam, J., *The Genesis of Science: How the Christian Middle Ages Launched the Scientific Revolution* (Regnery Publishing, 2011).

8 Zajonc, A., *Catching the Light: The Entwined History of Light and Mind* (Oxford University Press, USA, 1995).

9 Meri, J. W., *Medieval Islamic Civilization: An Encyclopedia* (Routledge, 2005).

10 Lombard, P., *The First Book of Sentences on the Trinity and Unity of God*; https://franciscan-archive.org/lombardus/I-Sent.html.

11 Sylla, E. D., in *The Cultural Context of Medieval Learning*, 349–96 (Springer, 1975).

12 Riddell, J., *The Apology of Plato* (Clarendon Press, 1867).

第 3 章　剃刀

1 Hammer, C. I., 'Patterns of Homicide in a Medieval University Town: Fourteenth-Century

Oxford', *Past & Present*, 3–23 (1978).
2　Ibid.
3　Little, A. G., *Franciscan History and Legend in English Mediaeval Art*, vol. 19 (Manchester University Press, 1937).
4　Lambertini, R., 'Francis of Marchia and William of Ockham: Fragments From a Dialogue', *Vivarium*, 44, 184–204 (2006).
5　Leff, G., *William of Ockham: The Metamorphosis of Scholastic Discourse* (Manchester University Press, 1975).
6　Tornay, S. C., 'William of Ockham's Nominalism', *Philosophical Review*, 45, 245–67 (1936).
7　Ibid.
8　Loux, M. J., *Ockham's Theory of Terms: Part I of the Summa Logicae Paperback* (St Augustine's Press, 2011).
9　Goddu, A., *The Physics of William of Ockham*, vol. 16 (Brill Archive, 1984).
10　Freddoso, A. J., *Quodlibetal Questions* (Yale University Press, 1991).
11　Kaye, S. M., and Martin, R. M., *On Ockham* (Wadsworth/Thompson Learning Inc., 2001).
12　Sylla, E. D., in *The Cultural Context of Medieval Learning*, 349–96 (Springer, 1975).
13　Shea, W. R., 'Causality and Scientific Explanation, Vol. I: Medieval and Early Classical Science by William A. Wallace', *Thomist: A Speculative Quarterly Review*, 37, 393–6 (1973).
14　Leff, G., *William of Ockham: The Metamorphosis of Scholastic Discourse* (Manchester University Press, 1975).
15　Spade, P. V., *The Cambridge Companion to Ockham* (Cambridge University Press, 1999).
16　Ibid.
17　Kaye, S. M., and Martin, R. M., *On Ockham* (Wadsworth/Thompson Learning Inc., 2001).
18　Keele, R., *Ockham Explained: From Razor to Rebellion*, vol. 7 (Open Court Publishing, 2010).
19　de Ockham, G., and Ockham, W., *William of Ockham: 'A Letter to the Friars Minor' and Other Writings* (Cambridge University Press, 1995).
20　Mollat, G., *The Popes at Avignon: 1305–1378* (trans. J. Love), 38–9 (Thomas Nelson & Sons, 1963).
21　Brampton, C. K., 'Personalities at the Process Against Ockham at Avignon, 1324–26', *Franciscan Studies*, 26, 4–25 (1966). Birch, T. B., *The De Sacramento Altaris of William of Ockham* (Wipf and Stock Publishers, 2009).

第 4 章　權利有多簡單？

1　Van Duffel, S. and Robertson, S., *Ockham's Theory of Natural Rights* (Available at SSRN 1632452, 2010).

2. Deane, J. K., *A History of Medieval Heresy and Inquisition* (Rowman & Littlefield Publishers, 2011).
3. Mariotti, L., *A Historical Memoir of Frà Dolcino and his Times; Being an Account of a general Struggle for Ecclesiastical Reform and of an anti-heretical crusade in Italy, in the early part of the fourteenth century* (Longman, Brown Green, 1853).
4. Burr, D., *The Spiritual Franciscans: From Protest to Persecution in the Century After Saint Francis* (Penn State Press, 2001).
5. Haft, A. J., White, J. G., and White, R. J., *The Key to 'The Name of the Rose': Including Translations of All Non-English Passages* (University of Michigan Press, 1999).
6. de Ockham, G., and Ockham, W., *William of Ockham: 'A Letter to the Friars Minor' and Other Writings* (Cambridge University Press, 1995).
7. Knysh, G., 'Biographical Rectifications Concerning Ockham's Avignon Period', *Franciscan Studies*, 46, 61–91 (1986).
8. Leff, G., *William of Ockham: The Metamorphosis of Scholastic Discourse* (Manchester University Press, 1975).
9. Tierney, B., *The Idea of Natural Rights: Studies on Natural Rights, Natural Law, and Church Law, 1150–1625*, vol. 5 (Wm. B. Eerdmans Publishing, 2001).
10. Tierney, B., 'The Idea of Natural Rights-Origins and Persistence', *Northwestern Journal of International Human Rights*, 2, 2 (2004).
11. Ibid.
12. Witte Jr., J., and Van der Vyver, J. D., *Religious Human Rights in Global Perspective: Religious Perspectives*, vol. 2 (Wm. B. Eerdmans Publishing, 1996).
13. Tierney, B., 'Villey, Ockham and the Origin of Individual Rights', in Witte, J. (ed.), *The Weightier Matters of the Law: Essays on Law and Religion*, 1–31 (Scholars Press, 1988).
14. Chroust, A.-H., 'Hugo Grotius and the Scholastic Natural Law Tradition', *New Scholasticism*, 17, 101–33 (1943).
15. Trachtenberg, O., 'William of Occam and the Prehistory of English Materialism', *Philosophy and Phenomenological Research*, 6, 212–24 (1945).

第 5 章　點燃火苗

1. Etzkorn, G. J., 'Codex Merton 284: Evidence of Ockham's Early Influence in Oxford', *Studies in Church History Subsidia*, 5, 31–42 (1987).
2. Aleksander, J., 'The Significance of the Erosion of the Prohibition against Metabasis to the Success and Legacy of the Copernican Revolution', *Annales Philosophici*, 9–22 (2011).
3. McGinnis, J., 'A Medieval Arabic Analysis of Motion at an Instant: The Avicennan Sources to

the forma fluens/fluxus formae Debate', *British Journal for the History of Science*, 39(2) 189–205 (2006).
4 Copleston, F., *A History of Philosophy, vol. 3: Ockham to Suarez* (Paulist Press, 1954).
5 Goddu, A., 'The Impact of Ockham's Reading of the Physics on the Mertonians and Parisian Terminists', *Early Science and Medicine*, 6, 204–36 (2001).
6 Sylla, E. D., 'Medieval Dynamics', *Physics Today*, 61, 51 (2008).
7 Courtenay, W. J., 'The Reception of Ockham's Thought in Fourteenth-Century England', *From Ockham to Wyclif*, 89–107 (Boydell and Brewer, 1987).
8 Goddu, A., 'The Impact of Ockham's Reading of the Physics on the Mertonians and Parisian Terminists', *Early Science and Medicine*, 6, 204–36 (2001).
9 Heytesbury, W., *On Maxima and Minima: Chapter 5 of Rules for Solving Sophismata: With an Anonymous Fourteenth-Century Discussion*, vol. 26 (Springer Science & Business Media, 2012).
10 Wikipedia definition of speed, https://en.wikipedia.org/wiki/Speed#Historical_definition.
11 Barnett, L. and Einstein, A., *The Universe and Dr Einstein* (Courier Corporation, 2005).
12 Klima, G., *John Buridan* (Oxford University Press, 2008).
13 Goddu, A., *The Physics of William of Ockham*, vol. 16 (Brill Archive, 1984).
14 Tachau, K., *Vision and Certitude in the Age of Ockham: Optics, Epistemology and the Foundation of Semantics 1250–1345* (Brill, 2000).
15 Hannam, J., *God's Philosophers: How the Medieval World Laid the Foundations of Modern Science* (Icon Books, 2009).
16 Ibid.
17 Shapiro, H., *Medieval Philosophy: Selected Readings from Augustine to Buridan* (Modern Library, 1964).

第 6 章　過渡時期

1 Alfani, G., and Murphy, T. E., 'Plague and Lethal Epidemics in the Pre-Industrial World', *Journal of Economic History*, 77, 314–43 (2017).
2 Nicholl, C., *Leonardo da Vinci: The Flights of the Mind* (Penguin UK, 2005).
3 Ibid.
4 Ibid.
5 Reti, L., 'The Two Unpublished Manuscripts of Leonardo da Vinci in the Biblioteca Nacional of Madrid-II', *Burlington Magazine*, 110, 81–91 (1968).
6 Duhem, P., 'Research on the History of Physical Theories', *Synthese*, 83, 189–200 (1990).
7 Randall, J. H., 'The Place of Leonardo Da Vinci in the Emergence of Modern Science', *Journal of the History of Ideas*, 191–202 (1953).

8　Long, M. P., 'Francesco Landini and the Florentine Cultural Elite', *Early Music History*, 3, 83–99 (1983).

9　Funkenstein, A., *Theology and the Scientific Imagination: From the Middle Ages to the Seventeenth Century* (Princeton University Press, 2018).

10　Matsen, H., 'Alessandro Achillini (1463–1512) and "Ockhamism" at Bologna (1490–1500)', *Journal of the History of Philosophy*, 13, 437–51 (1975).

11　Dutton, B. D., 'Nicholas of Autrecourt and William of Ockham on Atomism, Nominalism, and the Ontology of Motion', *Medieval Philosophy & Theology*, 5, 63–85 (1996).

12　Reti, L., 'The Two Unpublished Manuscripts of Leonardo da Vinci in the Biblioteca Nacional of Madrid-II', *Burlington Magazine*, 110, 81–91 (1968).

13　Gillespie, M. A., *Nihilism Before Nietzsche* (University of Chicago Press, 1995).

14　Ibid.

15　Boysen, B., 'The Triumph of Exile: The Ruptures and Transformations of Exile in Petrarch', *Comparative Literature Studies*, 55, 483–511 (2018).

16　Petrarca, F., 'On His Own Ignorance and That of Many Others' (trans. Hans Nicod), in Cassirer, E., Kristeller, P. O., and Randall, J. H. (eds), in *The Renaissance Philosophy of Man: Petrarca, Valla, Ficino, Pico, Pomponazzi, Vives*, 47–133 (University of Chicago Press, 2011).

17　Medieval Sourcebook: Petrarch, *The Ascent of Mount Ventoux*; https://sourcebooks.fordham.edu/source/petrarch-ventoux.asp.

18　Rawski, C. H., *Petrarch's Remedies for Fortune Fair and Foul: A Modern English Translation of De Remediis Utriusque Fortune, With A Commentary. References: Bibliography, Indexes, Tables and Maps*, vol. 2, 226 (Indiana University Press, 1991).

19　Trinkaus, C., 'Petrarch's Views on the Individual and His Society', *Osiris* 11, 168–98 (1954).

20　Boucher, H. W., 'Nominalism: The Difference for Chaucer and Boccaccio', *Chaucer Review*, 213–20 (1986).

21　Keiper, H., Bode, C., and Utz, R. J., *Nominalism and Literary Discourse: New Perspectives*, vol. 10 (Rodopi, 1997).

22　Dvorak, M. *The History of Art as a History of Ideas* (trans. John Hardy) (Routledge & Kegan Paul, 1984).

23　Hauser, A., *Social History of Art, vol. 2: Renaissance* (Routledge, 2005).

24　Kieckhefer, R., *Magic in the Middle Ages* (Cambridge University Press, 2000).

25　Holborn, H., *A History of Modern Germany: The Reformation*, vol. 1 (Princeton University Press, 1982).

26　Oberman, H., *The Dawn of the Reformation: Essays in Late Medieval and Early Reformation Thought* (Wm. B. Eerdmans Publishing, 1992).

27 Gillespie, M. A., *The Theological Origins of Modernity* (University of Chicago Press, 2008).

28 Pekka, K., in *Encyclopedia of Medieval Philosophy: Philosophy Between 500 and 1500* (ed. Henrik Lagerlund), 14–45 (Springer, 2011).

第 7 章　日心說下的神秘宇宙

1 Krauze-Błachowicz, K., 'Was Conceptualist Grammar in Use at Cracow University?', *Studia Antyczne i Mediewistyczne*, 6, 275–85 (2008).

2 Matsen, H., 'Alessandro Achillini (1463–1512) and "Ockhamism" at Bologna (1490–1500)', *Journal of the History of Philosophy*, 13, 437–51 (1975).

3 Edelheit, A., *Ficino, Pico and Savonarola: The Evolution of Humanist Theology 1461/2–1498* (Brill, 2008).

4 Barbour, J. B., *The Discovery of Dynamics: A Study from a Machian Point of View of the Discovery and the Structure of Dynamical Theories* (Oxford University Press, 2001).

5 Sobel, D., *A More Perfect Heaven: How Copernicus Revolutionised the Cosmos*, 178 (A & C Black, 2011).

6 Ibid.

7 Gingerich, O., '"Crisis" Versus Aesthetic in the Copernican Revolution', *Vistas in Astronomy*, 17, 85–95 (1975).

8 Copernicus, N., *On the Revolutions* (trans. and commentary Edward Rosen) (Johns Hopkins University Press, 1978), http://www.geo.utexas.edu/courses/302d/Fall_2011/Full%20text%20-%20Nicholas%20Copernicus,%20_De%20Revolutionibus%20(On%20the%20Revolutions),_%201.pdf.

9 Gingerich, O., '"Crisis" Versus Aesthetic in the Copernican Revolution', *Vistas in Astronomy*, 17, 85–95 (1975).

第 8 章　打破天球

1 Thoren, V. E., *The Lord of Uraniborg: A Biography of Tycho Brahe* (Cambridge University Press, 1990).

2 Ibid.

3 Oberman, H. A., *The Harvest of Medieval Theology Gabriel Biel and Late Medieval Nominalism* (Harvard University Press, 1963).

4 Methuen, C., *Kepler's Tübingen: Stimulus to a Theological Mathematics* (Ashgate, 1998).

5 Field, J. V., 'A Lutheran Astrologer: Johannes Kepler', *Archive for History of Exact Sciences*, 31 (1984).

6 Spielvogel, J. J., *Western Civilization*, 467 (Cengage Learning, 2014).

7 Bialas, V., *Johannes Kepler*, vol. 566 (CH Beck, 2004).
8 Chandrasekhar, S., *The Pursuit of Science*, 410–20 (Minerva 1984).
9 Kepler, J., *The Harmony of the World*, vol. 209, 302 (American Philosophical Society, 1997).
10 Poincaré, H., and Maitland, F., *Science and Method* (Courier Corporation, 2003).
11 Dirac, P. A. M., 'XI. – The Relation Between Mathematics and Physics', *Proceedings of the Royal Society of Edinburgh*, 59, 122–9 (1940).
12 Kepler, J., *The Harmony of the World*, vol. 209, 302 (American Philosophical Society, 1997).
13 Martens, R., *Kepler's Philosophy and the New Astronomy*, (Princeton University Press, 2000).
14 Sober, E., *Ockham's Razors* (Cambridge University Press, 2015). Sober, E., 'What is the Problem of Simplicity', *Simplicity, Inference, and Econometric Modelling*, 13–32 (2002).
15 Fraser, J., The Ever Presence of Eternity, *Dialog*, 39, 40–5 (2000).

第 9 章　將簡單化為現實

1 Sober, E., *Ockham's Razors* (Cambridge University Press, 2015).
2 Reeves, E. A., *Galileo's Glassworks: The Telescope and the Mirror* (Harvard University Press, 2009).
3 Ibid.
4 Galilei, G., and Van Helden, A., *Sidereus Nuncius, or the Sidereal Messenger* (University of Chicago Press, 2016).
5 Wootton, D., *Galileo: Watcher of the Skies* (Yale University Press, 2010).
6 Galilei, G., and Wallace, W. A., *Galileo's Early Notebooks: The Physical Questions: A Translation from the Latin, with Historical and Paleographical Commentary* (University of Notre Dame Press, 1977).
7 Buchwald, J. Z., *A Master of Science History: Essays in Honor of Charles Coulston Gillispie*, vol. 30 (Springer Science & Business Media, 2012).
8 Sober, E., *Ockham's Razors* (Cambridge University Press, 2015).

第 10 章　原子與知靈

1 Wojcik, J. W., *Robert Boyle and the Limits of Reason*, 151–88 (Cambridge University Press, 1997).
2 Hunter, M., *Boyle: Between God and Science* (Yale University Press, 2010).
3 Ibid.
4 Ibid.
5 Ibid.
6 Ibid.
7 Pilkington, R., *Robert Boyle: Father of Chemistry* (John Murray, 1959).
8 Descartes, R., *Discourse on the Method of Rightly Conducting the Reason, and Seeking Truth in the Sciences* (Sutherland and Knox, 1850).

9　Goddu, A., *The Physics of William of Ockham*, vol. 16 (Brill Archive, 1984).
10　Hull, G., 'Hobbes's Radical Nominalism', *Epoché: A Journal for the History of Philosophy*, 11, 201–23 (2006).
11　Hobbes, T., *Hobbes's Leviathan*, vol. 1 (Google Books, 1967).
12　Ibid.
13　Gillespie, M. A., *The Theological Origins of Modernity* (ReadHowYouWant.com, 2010).
14　Lindberg, D. C., and Numbers, R. L., *When Science and Christianity Meet* (University of Chicago Press, 2008).
15　Medawar, P., *The Art of the Soluble* (Methuen, 1967).
16　Milton, J. R., 'Induction Before Hume', *British Journal for the Philosophy of Science*, 38, 49–74 (1987).
17　Hunter, *Boyle*.
18　Greene, R. A., 'Henry More and Robert Boyle on the Spirit of Nature', *Journal of the History of Ideas*, 451–74 (1962).
19　Wojcik, *Robert Boyle*.
20　Ibid., 174.
21　Descartes, R., 'Rules for the Direction of the Mind', in *The Philosophical Works of Descartes* (trans. E. S. Haldane and G. R. T. Ross), vol. 1, 7 (Dover Publications, 1955).
22　Wood, A., and Bliss, P., *Athenæ Oxonienses: An Exact History of All the Writers and Bishops who Have Had Their Education in the University of Oxford. To which are Added, the Fasti Or Annals, of the Said University* (F. C. & J. Rivington, 1820).

第 11 章　運動的概念

1　Stewart, L., 'Other Centres of Calculation, or, Where the Royal Society Didn't Count: Commerce, Coffee-Houses and Natural Philosophy in Early Modern London', *British Journal for the History of Science*, 32, 133–53 (1999).
2　Koyré, A., 'An Unpublished Letter of Robert Hooke to Isaac Newton', *Isis*, 43, 312–37 (1952).
3　Whitehead, A. N., *Principia mathematica* (1913).
4　Copleston, F., *A History of Philosophy, vol. 3: Ockham to Suarez* (Paulist Press, 1954).
5　Quoted in Kaye, S. M., and Martin, R. M., *On Ockham* (Wadsworth/Thompson Learning, 2001).

第 12 章　讓運動發揮作用

1　Feuer, L. S., 'The Principle of Simplicity', *Philosophy of Science*, 24, 109–22 (1957).
2　Kitcher, P., *The Advancement of Science: Science Without Legend, Objectivity Without Illusions*, 280 (Oxford University Press on Demand, 1995).

3 Brown, S. C., 'Count Rumford and the Caloric Theory of Heat', *Proceedings of the American Philosophical Society*, 93, 316–25 (1949).

第 13 章　生命的火花

1 von Walde-Waldegg, H., 'Notes on the Indians of the Llanos of Casanare and San Martin (Colombia)', *Primitive Man*, 9, 38–45 (1936).

2 von Humboldt, A., Bonpland, A., and Ross, T., *Personal Narrative of Travels to the Equinoctial Regions of America: During the Years 1799–1804*, vols 1–3 (G. Bell & Sons, 1894).

3 Lattman, P., 'The Origins of Justice Stewart's "I Know It When I See It"', *Wall Street Journal*, 27 September 2007, https://www.wsj.com/articles/BL-LB-4558.

4 Laertius, R. D. D., and Hicks, R. D., *Lives of Eminent Philosophers* (trans. R. D. Hicks) (Heinemann, 1959).

5 Finger, S., and Piccolino, M., *The Shocking History of Electric Fishes: From Ancient Epochs to the Birth of Modern Neurophysiology* (Oxford University Press USA, 2011).

6 Copenhaver, B. P., 'A Tale of Two Fishes: Magical Objects in Natural History from Antiquity Through the Scientific Revolution', *Journal of the History of Ideas*, 52, 373–98, doi:10.2307/2710043 (1991).

7 Ibid.

8 Finger, S., and Piccolino, M., *The Shocking History of Electric Fishes: From Ancient Epochs to the Birth of Modern Neurophysiology* (Oxford University Press USA, 2011).

9 Solomon, S., et al., 'Safety and Effectiveness of Cranial Electrotherapy in the Treatment of Tension Headache', *Headache*, 29, 445–50, doi:10.1111/j.1526-4610.1989.hed2907445.x (1989).

10 Copenhaver, B. P., 'A Tale of Two Fishes: Magical Objects in Natural History from Antiquity Through the Scientific Revolution', *Journal of the History of Ideas*, 52, 373–98, doi:10.2307/2710043 (1991).

11 Compagnon, A., *Nous: Michel de Montaigne* (Le Seuil, 2016).

12 Finger, S., and Piccolino, M., *The Shocking History of Electric Fishes: From Ancient Epochs to the Birth of Modern Neurophysiology* (Oxford University Press USA, 2011).

13 Ibid.

14 Wulf, A., *The Invention of Nature: Alexander Von Humboldt's New World* (Alfred A. Knopf, 2015).

15 Finkelstein, G., *Emil Du Bois-Reymond: Neuroscience, Self, and Society in Nineteenth-Century Germany* (MIT Press, 2013).

16 Gorby, Y. A., et al., 'Electrically Conductive Bacterial Nanowires Produced by Shewanella oneidensis Strain MR-1 and Other Microorganisms', *Proceedings of the National Academy of Sciences*, 103, 11358–63 (2006).

17 Vandenberg, L. N., Morrie, R. D., and Adams, D. S., 'V ATPase Dependent Ectodermal Voltage and pH Regionalization Are Required for Craniofacial Morphogenesis', *Developmental Dynamics*, 240, 1889–1904 (2011).

第 14 章　生命的重要方向

1 Wallace, A. R., *Darwinism: An Exposition of the Theory of Natural Selection with Some of its Applications* (Cosimo, Inc., 2007).

2 Kaye, S. M., *William of Ockham* (Oxford University Press, 2015).

3 Wallace Letters online, Natural History Museum, London; https://www.nhm.ac.uk/research-curation/scientific-resources/collections/library-collections/wallace-letters-online/index.html.

4 Wallace, A. R., 'On the Law Which Has Regulated the Introduction of New Species (1855)', *Alfred Russel Wallace Classic Writings*, Paper 2 (2009), http://digitalcommons.wku.edu/dlps_fac_arw/2

5 Ereshefsky, M., 'Some Problems with the Linnaean Hierarchy', *Philosophy of Science*, 61, 186–205 (1994).

6 Winchester, S., *The Map That Changed the World: A Tale of Rocks, Ruin and Redemption* (Penguin, 2002).

7 Ibid.

8 Goodhue, T. W., *Fossil Hunter: The Life and Times of Mary Anning (1799–1847)* (Academica Press, 2004).

9 Raby, P., *Alfred Russel Wallace: A Life* (Princeton University Press, 2002).

10 10. Bowler, P. J., *Evolution: The History of an Idea: 25th Anniversary Edition, With a New Preface* (University of California Press, 2009).

11 Raby, *Alfred Russel Wallace*.

12 Van Wyhe, J., 'The Impact of AR Wallace's Sarawak Law Paper Reassessed', *Studies in History and Philosophy of Science Part C: Studies in History and Philosophy of Biological and Biomedical Sciences*, 60, 56–66 (2016).

13 Ibid.

14 Davies, R., '1 July 1858: What Wallace Knew; What Lyell Thought He Knew; What Both He and Hooker Took on Trust; And What Charles Darwin Never Told Them', *Biological Journal of the Linnean Society*, 109, 725–36 (2013).

15 Beddall, B. G., 'Darwin and Divergence: The Wallace Connection', *Journal of the History of Biology*, 21.1, 1–68 (1988).

16 Shermer, M., *In Darwin's Shadow: The Life and Science of Alfred Russel Wallace: A Biographical Study on the Psychology of History* (Oxford University Press on Demand, 2002). Cowan, I., 'A Trumpery Affair: How Wallace Stimulated Darwin to Publish and Be Damned'; http://wallacefund.info/sites/

wallacefund.info/files/A%20Trumpery%20Affair.pdf.

17 Kutschera, U., 'Wallace Pioneered Astrobiology Too', *Nature*, 489, 208 (2012).

18 Dennett, D. C., *Darwin's Dangerous Idea: Evolution and the Meanings of Life* (Simon & Schuster, 1996).

19 Wallace, A. R., and Berry, A., *The Malay Archipelago* (Penguin, 2014).

第15章　關於豌豆、月見草、果蠅和盲鼴鼠

1 Wallace, A. R., *Mimicry, and Other Protective Resemblances Among Animals* (Read Books Limited, 2016).

2 Vorzimmer, P., 'Charles Darwin and Blending Inheritance', *Isis*, 54, 371–90 (1963).

3 De Castro, M., 'Johann Gregor Mendel: Paragon of Experimental Science', *Molecular Genetics & Genomic Medicine*, 4, 3 (2016).

4 Mendel, G., *Experiments on Plant Hybrids* (1866), translation and commentary by Staffan Müller-Wille and Kersten Hall, British Society for the History of Science Translation Series (2016), http://www.bshs.org.uk/bshs-translations/mendel.

5 Ibid.

6 Dobzhansky, T., 'Nothing in Biology Makes Sense Except in the Light of Evolution', *American Biology Teacher*, 35, 125–9 (1973).

7 Bergson, H., *Creative Evolution*, vol. 231 (University Press of America, 1911).

8 Watson, J., *The Double Helix* (Weidenfeld & Nicolson, 2010). Maddox, B., *Rosalind Franklin: The Dark Lady of DNA* (HarperCollins New York, 2002). Watson, J. D., Berry, A., and Davies, K., *DNA: The Story of the Genetic Revolution* (Knopf, 2017).

9 Karafyllidis, I. G., 'Quantum Mechanical Model for Information Transfer From DNA to Protein', *Biosystems*, 93, 191–8 (2008).

10 Dawkins, R., *The Selfish Gene* (Oxford University Press, 1976).

11 Sherman, P. W., Jarvis, J. U., and Alexander, R. D., *The Biology of the Naked Mole-Rat* (Princeton University Press, 2017).

12 Kim, E. B., et al., 'Genome Sequencing Reveals Insights Into Physiology and Longevity of the Naked Mole Rat', *Nature*, 479, 223–7 (2011).

13 Meredith, R. W., Gatesy, J., Cheng, J., and Springer, M. S., 'Pseudogenization of the Tooth Gene Enamelysin (MMP20) in the Common Ancestor of Extant Baleen Whales', *Proceedings of the Royal Society of London B: Biological Sciences*, rspb20101280 (2010).

14 Zhao, H., Yang, J.-R., Xu, H., Zhang, J., 'Pseudogenization of the Umami Taste Receptor Gene Tas1r1 in the Giant Panda Coincided With Its Dietary Switch to Bamboo', *Molecular Biology and Evolution*, 27, 2669–73 (2010).

15 Li, X., et al., 'Pseudogenization of a Sweet-Receptor Gene Accounts for Cats' Indifference Toward Sugar', *PLoS Genetics* 1 (2005).

第 16 章　所有可能世界中最好的一個？

1 Heisenberg, W., *Physics and Beyond: Encounters and Conversations* (1969) (HarperCollins, 1971).

2 Gribbin, J., *Science: A History* (Penguin UK, 2003). Gribbin, J., *Schrodinger's Kittens: And the Search for Reality* (Weidenfeld & Nicolson, 2012). Rovelli, C., *The Order of Time* (Riverhead, 2019). Fara, P., *Science: A Four Thousand Year History* (Oxford University Press, 2010). Cox, B., and Forshaw, J., *Why Does E= mc2?* (Da Capo, Boston, 2009). Al-Khalili, J., *The World According to Physics* (Princeton University Press, 2020). Green, B., *The Fabric of the Cosmos: Space, Time, and the Texture of Reality* (Penguin, 2004).

3 Norton, J. D., 'Nature is the Realisation of the Simplest Conceivable Mathematical Ideas: Einstein and the Canon of Mathematical Simplicity', *Studies in History and Philosophy of Science Part B: Studies in History and Philosophy of Modern Physics*, 31, 135–70 (2000).

4 Ibid.

第 17 章　簡約的量子世界

1 Betten, F. S., 'Review of: De Sacramento Altaris of William of Ockham by T. Bruce Birch', *Catholic Historical Review*, 20, 50–6 (1934).

2 McFadden, J., *Quantum Evolution* (HarperCollins, 2000).

3 Al-Khalili, J., and McFadden, J., *Life on the Edge: The Coming of Age of Quantum Biology* (Bantam Press, 2014).

4 Tent, M. B. W., *Emmy Noether: The Mother of Modern Algebra* (CRC Press, 2008).

5 Brewer, J. W., Noether, E., and Smith, M. K., *Emmy Noether: A Tribute to Her Life and Work* (Dekker, 1981).

6 Arntzenius, F., *Space, Time, and Stuff* (Oxford University Press, 2014). Chen, E. K., 'An Intrinsic Theory of Quantum Mechanics: Progress in Field's Nominalistic Program, Part I' (Oxford University Press, 2014).

7 Wigner, E. P., 'The Unreasonable Effectiveness of Mathematics in the Natural Sciences', *Communications on Pure and Applied Mathematics*, 13, 001–014 (1960).

第 18 章　展開剃刀

1 Russell, B., *Our Knowledge of the External World* (Jovian Press, 2017).

2 Bellhouse, D. R., 'The Reverend Thomas Bayes, FRS: A Biography to Celebrate the Tercentenary of His Birth', *Statistical Science*, 19, 3–43 (2004).

3 Wilmott, J., *The Debt to Pleasure* (Carcanet, 2012).
4 Jeffreys, H., *The Theory of Probability* (Oxford University Press, 1998).
5 Gull, S. F., in *Maximum-Entropy and Bayesian Methods in Science and Engineering*, 53–74 (Springer, 1988). Jefferys, W. H., and Berger, J. O., 'Sharpening Ockham's Razor on a Bayesian Strop', Technical Report (1991).
6 Sober, E., *Ockham's Razors* (Cambridge University Press, 2015).
7 Kuhn, T. S., *The Structure of Scientific Revolutions* (University of Chicago Press, 2012).
8 Koestler, A., *The Sleepwalkers: A History of Man's Changing Vision of the Universe* (Penguin, 2017).
9 Feyerabend, P., *Against Method* (Verso, 1993).
10 Kaye, S. M., and Martin, R. M., *On Ockham* (2001).
11 Kuhn, T. S., The Structure of Scientific Revolutions (University of Chicago Press, 2012).
12 Rorty, R. M., Rorty, R., and Richard, R., *Contingency, Irony, and Solidarity* (Cambridge University Press, 1989).
13 Blaedel, N., *Harmony and Unity: The Life of Niels Bohr* (Science Tech. Publ., 1988).
14 Carey, N., *The Epigenetics Revolution: How Modern Biology is Rewriting Our Understanding of Genetics, Disease, and Inheritance* (Columbia University Press, 2012).
15 Chater, N., and Vitányi, P., 'Simplicity: A Unifying Principle in Cognitive Science?', *Trends in cognitive sciences*, 7, 19–22 (2003).
16 Goodman, N., 'The Test of Simplicity', *Science*, 128, 1064–9 (1958).

第19章　所有可能世界中最簡單的一個？

1 McCurdy, E., *The Notebooks of Leonardo da Vinci*, vol. 156 (G. Braziller, 1958).
2 Fee, J., 'Maupertuis, and the Principle of Least Action', *Scientific Monthly*, 52, 496–503 (1941).
3 Randall, L., and Reece, M., 'Dark Matter as a Trigger for Periodic Comet Impacts', *Physical Review Letters*, 112, 161301 (2014).
4 Carroll, S., 'Painting Pictures of Astronomical Objects', *Discover*; https://www.discovermagazine.com/the-sciences/painting-pictures-of-astronomical-objects#.WcJ-s8ZJnIU.
5 Rubin, V. C., and Ford Jr, W. K., 'Rotation of the Andromeda Nebula From a Spectroscopic Survey of Emission Regions', *Astrophysical Journal*, 159, 379 (1970).
6 Oaknin, D. H., and Zhitnitsky, A., 'Baryon Asymmetry, Dark Matter, and Quantum Chromodynamics', *Physical Review D*, 71, 023519 (2005).
7 Barrow, J. D., and Tipler, F. J., *The Anthropic Cosmological Principle* (Clarendon Press, 1986).
8 Smolin, L., *The Life of the Cosmos* (Oxford University Press, 1999).
9 Smolin, L., *Time Reborn: From the Crisis in Physics to the Future of the Universe* (Houghton Mifflin Harcourt, 2013).

10 Lloyd, S., *Programming the Universe: A Quantum Computer Scientist Takes on the Cosmos* (Knopf, 2006).
11 Vilenkin, A., 'Creation of Universes from Nothing', *Physics Letters B*, 117, 25–8 (1982).
12 Dennett, D. C., 'Darwin's Dangerous Idea', *Sciences* 35, 34–40 (1995).

尾聲

1 Spade, P. V., *The Cambridge Companion to Ockham* (Cambridge University Press, 1999). Wissenschaften, H. C. d. d. K. A. d., *Vatikanische Akten zur Deutschen Geschichte in der zeit Kaiser Ludwigs Des Bayern* (University of Innsbruck, 1891).
2 Hoffmann, R., Minkin, V. I., and Carpenter, B. K., 'Ockham's Razor and Chemistry', *Bulletin de la Société chimique de France*, 2, 117–30 (1996).
3 Wheeler, J. A., 'How Come the Quantum?' *Annals of the New York Academy of Sciences*, 480, 304–16 (1986).

鷹之喙 03

越簡單越強大：
奧坎的剃刀如何釋放科學並塑造宇宙
LIFE IS SIMPLE: How Ockham's Razor Set Science Free and Shapes the Universe

作　　　者	約翰喬伊・麥克法登 JonJoe McFadden
編　　　者	吳國慶

副 總 編 輯	成怡夏
責 任 編 輯	成怡夏
行 銷 總 監	蔡慧華
封 面 設 計	莊謹銘
內 頁 排 版	宸遠彩藝

社　　　長	郭重興
發 行 人 暨 出 版 總 監	曾大福
出　　　版	遠足文化事業股份有限公司 鷹出版
發　　　行	遠足文化事業股份有限公司
	231 新北市新店區民權路 108 之 2 號 9 樓
電　　　話	02-2218-1417
傳　　　真	02-8661-1891
客 服 專 線	0800-221-029

法 律 顧 問	華洋法律事務所 蘇文生律師
印　　　刷	成陽印刷股份有限公司

初　　　版	2022 年 8 月
定　　　價	580 元

I S B N	9786269597666（平裝）
	9786269597673（PDF）
	9786269597697（EPUB）

◎版權所有，翻印必究。本書如有缺頁、破損、裝訂錯誤，請寄回更換
◎歡迎團體訂購，另有優惠。請電洽業務部（02）22181417 分機 1124、1135
◎本書言論內容，不代表本公司／出版集團之立場或意見，文責由作者自行承擔

Copyright© Johnjoe McFadden Limited 2021
This edition arranged with PEW Literary Agency Limited through Andrew Nurnberg Associates International Limited.

國家圖書館出版品預行編目 (CIP) 資料

越簡單越強大：奧坎的剃刀如何釋放科學並塑造宇宙 / 約翰喬伊．麥克法登 (JonJoe McFadden) 著；吳國慶譯. -- 初版. -- 新北市：遠足文化事業股份有限公司鷹出版：遠足文化事業股份有限公司發行, 2022.08
　面；　公分. -- (鷹之喙；3)
譯自：Life is simple : how Occam's razor set science free and shapes the universe
ISBN 978-626-95976-6-6(平裝)

1. 威廉 (William, of Ockham, approximately 1285-approximately 1349.)
2. 科學　　3. 科學哲學　　4. 歷史

300　　　　　　　　　　　　　　　　　　　　　　　　　　111006770